會展基礎知識

盧曉、丁蓉、李萌、傅國林等人 合著

崧燁文化

目 錄

序

　　隨著全球經濟一體化步伐的加快，旅遊會展業以其迅猛的發展勢頭為世界所矚目，得到了越來越多國家和政府的重視。

　　按照世界旅遊組織（UNWTO）、國際會議協會（ICCA）和國際展覽聯盟（UFI）的排名，中國與旅遊會展強國還有一定差距，形成這種局面的原因，一是中國旅遊會展業起步較晚，基礎較薄弱；二是缺乏高素質的人才。

　　希望透過努力，為正在蓬勃發展的旅遊會展產業，培養輸送一大批旅遊會展行業緊缺的策劃、規劃、管理、營銷、接待、設計和技術等方面的專門人才，齊心協力打造旅遊會展人才。

上海市旅遊事業管理委員會主任　道書明

前 言

　　會展有經濟發展和社會進步的「助推器」之稱。隨著中國經濟的快速發展，對外開放的擴大和申奧、申博成功，會展業以年平均20％的增幅迅猛發展，並開始逐步走向國際化、專業化、規模化和品牌化。據有關方面預測，中國上海對於吸引旅遊者，特別是參加各種國際會議和展覽的客人具有極大的潛力，將成為21世紀亞太地區的重要會展中心。會展經濟已成為上海經濟的新亮點。與會展業高速發展所不相適應的是高素質專業會展人才奇缺，專業會展人才緊缺已成為制約會展業進一步發展的「瓶頸」。為此，根據《上海緊缺人才培訓工程》的要求，由上海市旅遊事業管理委員會牽線，會同有關部門，設立了「會展策劃與實務」崗位資格考試項目。本書正是順應該項目的需要而編寫的。

　　作為會展學科的入門教材，本書融合了中外會展業發展的最新資訊，在結構上分為基礎知識、產業支撐和項目運作三個部分，在內容上詳細闡述了會展業最基本的概念、內涵以及會展業的整體發展過程。本書既可作為廣大會展從業和管理人員的必備參考書，也可作為高等院校會展管理專業的入門教材，還可作為會展、旅遊等專業培訓機構的參考用書。

　　本書共分八章，編寫分工如下：第一章、第二章由盧曉編寫，第三章、第四章由丁蓉編寫，第五章、第七章由李萌編寫，第六章、第八章由傅國林編寫。在編寫過程中，參考了眾多中外專家、學者的有關論著，在此向他們表示衷心的感謝！

　　本書在編寫過程中，曾與諸多同行與專家學者進行了多次的溝通、交流，感謝這些專家學者在本書的編寫結構和框架體系等方面提出的建設性的建議和意見。在本書編寫中，付坤女士和馬曉蓉女士做了大量工作，在此一併表示感謝！

由於時間倉促和編寫水平有限，本書難免有疏漏和不足之處，懇請各位專家和廣大讀者批評指正。

編者

第一章 緒論

◆章節重點◆

1.掌握會展的定義與內涵

2.瞭解會展業的內涵與屬性

3.掌握發展會展業所具備的基本條件

4.瞭解會議與展覽的起源與發展

5.瞭解歐美近現代的會展活動概況

6.瞭解中國近現代會展業的發展歷程

7.熟悉現代會展業的發展特點

8.掌握節事活動的有關概念與內容

9.掌握獎勵旅遊的有關概念與內容

會展業如今已經成為「朝陽產業」，它與旅遊業、房地產業一起並稱為新世紀「三大無煙產業」。會展業所具有的強大產業帶動效應，不僅能給城市帶來場租費、搭建費、廣告費、運輸費等直接收入，還能創造住宿、餐飲、通訊、旅遊、購物、貿易等相關收入。「如果在一個城市開一次國際會議，就好比有一架飛機在城市上空撒錢」，一位世界展覽業巨頭如此評說會展經濟的重要性。

在中國，會展業以每年20%左右的速度持續增長，創造了巨大的經濟效益和社會效益，已成為國民經濟新的增長點，正在被越來越多的人所熟悉和關注，具有廣闊的發展前景。會展被稱為「資訊衝浪」、「知識會餐」，更獲得了「財富平臺」、「城市的麵包」、「城市經濟的拉力器」等美譽。本章將從會展的定義

與內涵入手，探討會展的功能、特性、起源與發展以及會展業和旅遊業的關係。

第一節 會展與會展業

隨著會展熱潮的興起，會展一詞成為熱門話題。有人說：會展是經濟發展、產品走勢的風向球、晴雨表；有人說：會展是最經濟、最實惠、最有效的立體營銷廣告；有人說：會展是各種資訊交流、碰撞、傳遞與嬗變的資訊加工器；有人說：會展是一種新型的資訊與產品傳播的服務載體。那麼，究竟什麼是會展呢？如何定義會展呢？

一、會展的概念

（一）會展的定義與內涵

1.會展的定義

會展是一種旨在促進營銷的，在特定的空間、時間內多人集聚，圍繞特定主題定期或不定期所進行的集體性的物質、文化、資訊交流活動。

有不少人士認為會展就是「會議展覽」的簡稱，其實不然。從上述定義來看，會展的內涵非常豐富，只要是在一定地域空間，由多人集聚在一起，定期或者不定期的交流活動，都屬於會展活動的範疇。廣義的會展是會議、展覽、展銷、節慶、盛典及賽事等活動的統稱，它包括各種類型的大型會議、展覽展銷活動、體育競技活動、大型文化活動、節慶儀式、商業贊助等。展覽會、博覽會、交易會、展銷會、大型體育賽事以及國際會議等是會展活動的基本形式，其中世界博覽會、奧運會為特大型會展活動。

2.會展活動的內涵

綜上所述，會展活動包括會議、展覽、節事活動和獎勵旅遊四大部分。

（1）會議。在一定的時間和空間範圍內，為了達到一定的目的所進行的有組織、有主題的議事活動，均可以稱為會議。會議主要分為公司會議和協會會議兩類。

（2）展覽。展覽指個體或組織透過一定的場所陳列其產品或服務，藉以達到形象宣傳、商業交流、促成交易等目的的一種營銷方式。展覽具有主題明確、場所固定、時間集中短暫等三大特點。

狹義的會展可以僅指展覽和會議，在本書中主要介紹和探討的是狹義的會展，即以會議、展覽為主。關於節事活動和獎勵旅遊的有關內容，請參閱本章附錄1和附錄2。

（3）節事活動。節事活動指能對人們產生吸引，並有可能被用來規劃開發成消費對象的各類慶典和活動的總稱，包括節慶（Festival）、特殊事件（Special Event）和各類活動（Event），諸如體育賽事、舞會、狂歡節、旅遊文化節、頒獎典禮、紀念儀式、商業促銷等。

（4）獎勵旅遊。根據國際獎勵旅遊協會（SITE）的定義，獎勵旅遊（Incentive Tour）是現代企業管理的法寶，目的是協助企業達到特定的目標，並對實現該目標的參與人士，給予一個盡情享受、難以忘懷的旅遊假期作為獎勵。有時也是大公司安排的以旅遊為一種誘因，以開發市場為最終目的的客戶邀請團。其種類包括：企業年度會議（商務會議旅遊）、海外教育訓練、獎勵對公司運營及業績增長有功的人員。一般來說，獎勵旅遊包含會議、旅遊、頒獎典禮、主題晚宴或晚會等部分，企業首腦人物會出席作陪，與受獎者共商公司發展大計，因此它不僅有利於增強參與員工的榮譽感，也有利於促進企業團隊建設、塑造企業文化、提高組織的親和力和凝聚力。

美國獎勵旅遊執行者協會現任主席保羅‧弗拉基認為，獎勵旅遊與會議旅遊已由過去的涇渭分明，轉向了相互間的交融，且半數以上的獎勵旅遊中包括各種會議。其實，會展業發展到今天，已經表現出一個非常明顯的特徵，即「展中有會，會中有展，節中有會，節中有展，獎勵旅遊與會議相結合」。會議、展覽、節事活動和獎勵旅遊四個會展的組成部分有著密切的聯繫，已經形成「你中有我，我中有你」的緊密結合的局面。

（二）會展的基本功能

1.經濟功能

製造業要生存和提升國際競爭力，會展先行在西方國家已是普遍理念。各地第一產業和第三產業的發展，需要相關服務行業的支持。除了金融、保險、運輸外，會展是一項極其重要的服務內容。大型和專業性會展往往是產品或技術市場占有率及盈利前景的晴雨表，金融合作機構也往往會根據會展第一線的精確反應來決定相關的融資力度。而且會展有助於中心城市增強面向周邊地區的輻射力和影響力，增強對周邊地區的服務功能。

會展經濟的發展，將直接刺激外貿、旅遊、賓館、交通、運輸、保險、金融、房地產、零售等行業，從而有力推動當地第三產業的發展。據有關專家估計，展覽業的產業帶動係數為1：9，即展覽場館收入1元，相關收入為9元，為展覽業服務配套的服務業、旅遊業、廣告業、餐飲業、通訊業等行業將因此受益。另有介紹說，每增加1000平方公尺展覽面積，可創造近百個就業機會，1996年漢諾威世博會就創造了10萬個就業機會。

2.傳播功能

會展從本質上說，是為資訊交流而進行的傳播活動。會展過程中人們將資訊變獨有為共有，透過資訊的相互作用，傳播思想、傳播實踐、傳播技術。傳播的各種形態，如跨文化傳播、發展傳播、新聞、輿論、宣傳、廣告、公關、營銷等在會展中都有體現。會展傳播效果是參展者（與會者）發出的資訊經會展媒介傳至觀眾（其他與會者），導致人們思想觀念、行為方式產生變化，進而產生教育宣傳效果。

大量人流、物流、資訊流和資金流匯聚在一起，為大陸國內外企事業單位、各種消費者以及社會團體之間提供溝通與交流，促進各種新知識、新觀念、新技術、新理念的傳播。會展活動是實施資訊傳播的大平臺，從傳播對象看，它面向全社會不同層次和不同性別、年齡、職業、文化水平、習俗的各種人群，圍繞不同主題開展理論研討、專業切磋、新產品發布與展示等多種活動，從而促進國際性、國家性或區域性的溝通與交流。

3.教育功能

就會議而言，各類會議都滲透著思想上的互相交流、互相啟發，因此也就包

含著某種思想教育的意義。透過會議本身的形式、聲勢、口號、報告及宣言等可以顯示會議組織者、參與者的政治取向、價值取向和情感取向。就知識性的展覽而言，科技館、博物館被公認為「活生生的課堂」、「生活的百科全書」。「百聞不如一見」，親眼所見的事物比耳朵聽來的更為可靠、有效。觀眾在展覽中「見」到的藝術形象直接逼真，「見」來的知識比較可信且更有時效。

4.營銷功能

會展不僅具有廣告、促銷、直銷、公共關係等一般營銷工具的溝通特點，它還造成展示品牌和形象的作用。它為宣傳產品、打造國優品牌創造了機會，尤其對新產品上市作用更為明顯。展覽是生產商、批發商、分銷商交流溝通貿易的彙集點，也是調查有關資訊的場所。能夠幫助參展商、客商準確把握行業發展趨勢，制定符合實際的生產、經營戰略、策略和計劃，它是低成本的營銷中介體。據有關資料介紹，就尋找一個客戶的平均費用而言，它與推銷員推銷、公關推銷、廣告推銷等手段相比是1：6。顯然優於其他手段。以上這些功能，是參展商、客商青睞展會的客觀基礎，也是辦展商辦好展會的立足點。此外，它常常被用來展示城市、行業等方面的成就、形象、環境，作為宣傳、招商引資的一種有效手段。在當今的經濟生活中，展覽會發揮著為大量的買家和賣家提供面對面接觸機會的作用，是當今唯一能夠讓人們發揮視覺、聽覺、味覺、觸覺、嗅覺作用而進行面對面交流的營銷媒介。

二、會展業

會展業是高收入、高贏利的產業，其利潤大約是20%～25%。而且，會展活動的開展對社會經濟發展、文化交流有著巨大的作用。

（一）會展業的內涵與屬性

1.會展業的內涵

雖然目前對會展業的內涵還沒有統一和權威的界定，但是不管如何定義，專業人士都認可會展業是一種確實存在的產業，而且是一種綜合性強的產業，它對經濟效益和社會效益的帶動作用都非常巨大。有專家指出，所謂會展業，是指現

代城市以必要的會展企業和會展場館為核心，以完善的基礎設施和配套服務為支撐，透過舉辦各種形式的會議或展覽活動，吸引大批與會人員、參展商及一般公眾前來進行經貿洽談、文化交流或旅遊觀光，以此帶動城市相關產業發展的一種綜合性產業。

會展業，廣義説包括會議業、展覽業和獎勵旅遊業等所有活動業，狹義的概念是會議業和展覽業的總稱，隸屬於服務業。根據國際展覽業權威人士估算，國際展覽業的產值約占全世界各國GDP總和的1%，如果加上相關行業從展覽中的獲益，展覽業對全球經濟的貢獻則達到8%的水平。國際會議同樣是一個巨大的市場，根據國際會議協會（ICCA）的統計，每年國際會議的產值約為2800億美元。在美國、德國等會展業發達的國家和地區，會展業對經濟的帶動作用達到1：9的水平。

2.會展業的屬性

從本質上説，會展業屬於第三產業，屬於服務業的範疇。即透過舉辦各種形式的會議和展覽，包括大型國際博覽會、展覽會、交易會、運動會、招商會、經濟研討會等，吸引大量商務客和遊客，促進產品市場的開拓、技術和資訊交流、對外貿易和旅遊觀光，並以此帶動交通、住宿、商業、餐飲、購物等多項相關產業的發展，被稱為「無煙工業」。會展業經過一個多世紀的發展，其形式、內容、功能和舉辦方式都發生了巨大變化，會展已表現為一種經濟形式，成為各國經濟結構中不可缺少的組成部分。

3.會展業的產業特性

（1）經濟效益顯著。會展業在其自身創造經濟效益的同時，還在創造就業機會、改變產業結構、帶動相關產業發展、推動城市基礎設施建設、加強資訊溝通等方面發揮著日益重要的作用，帶來了巨大的社會效益。據有關數據顯示，會展業利潤率可高達25%左右，屬於高收入、高盈利、前景廣闊的朝陽產業。1999年以來，香港每年參觀展覽的人數達407萬人次，展覽業本身收益為15億港元，酒店業收益高達126億港元，占第三產業總收入的59%，餐飲業收益635億港元，參觀展覽的人士在香港的商店總消費達27　億港元，占零售業總收入的

12%。

（2）高度相關性。歐美近百年的會展活動歷史表明，會展活動的舉辦給舉辦地（城市）帶來了相關產業的連鎖效應，也稱會展效應。包括花卉種植業、印刷業、酒店業、餐飲業、零售業、旅遊業、通訊業、交通運輸業、廣告業、航空業、倉儲郵政業、資訊傳輸業、電腦服務和軟體業、批發與零售業等第一、第二、第三產業的相關產業，其中與第三產業關係最為緊密。德國著名經濟研究院——IFO研究院曾經對慕尼黑展覽業所引起的直接和間接經濟效益進行調查，研究院透過調查1998年和2001年參展商和參觀者在慕尼黑參展的總支出，對城市就業、稅收和產業帶來的效益進行分析並核算其年平均值。最後得出如下結論：如果展覽活動的收益為1，那麼會展活動的經濟效益就為9。這也就是會展經濟拉動（帶動）係數1：9的由來。但這種拉動係數只是一個平均值，具體還要取決於這個展覽活動的結構、規模等因素。國際化強的海外觀眾、參展者多的展會拉動係數相對較大，而中國國內、本地區性展會拉動係數相對較小，在中國，有人曾對大連某一本地性展會的拉動係數進行調研，得出1：8.5～1：9結論；上海會展業的直接經濟拉動係數為1：6，間接拉動係數達到1：9。會展拉動係數或會展的經濟效益引發了眾多城市看好會展這個相關性強、邊際輻射性強的朝陽產業。大量的會展活動的舉辦給城市帶來了巨額的利潤。法國每年的展會營業額達85億法郎，美國每年舉辦200多個商業展覽會，帶來了38　億美元的收入，香港每年的會展收入達75億港元，1999年中國昆明世博會期間，僅雲南省旅遊收入就達到174億元人民幣。會展活動給所在地區（城市）帶來了可觀的經濟效益的同時，也在促進城市功能合理化、產業結構調整和市民文明素質提高等方面產生深遠的影響。

（3）綜合性強。任何一個成功的會展都離不開主辦機構、承辦機構、贊助商等組織機構和企業，需要各種場館和設施及其配套專業服務，需要住宿、餐飲、交通、遊覽、娛樂、購物等各種生活接待服務部門的通力協作，從會展業提供的服務產品可以看出，會展業是一個綜合性很強的行業。

（二）會展業的作用

1.高度開放的展示窗口

會展業常被稱作「都市名片」，它是現代都市展示形象、塑造城市品牌的窗口，是資訊溝通、技術交流、經濟合作、文化往來的重要橋梁，也是體現都市風光、風貌的最大的、最有特色的「置入性行銷」。透過各種會議或展覽，能夠向中外參會參展人員宣傳一個城市的經濟實力、科技發展水平，展示城市的風采和形象，提高城市在國際和國內的知名度和美譽度，擴大城市影響，打造城市的無形資產。

2.城市建設的加速器

在國際上，一個城市召開國際會議和舉辦國際展覽的數量和規模，已成為衡量這個城市能否躋身於國際知名城市行列的一個重要標誌。一旦一個城市獲得了大型展會的舉辦權，當地政府都會積極進行綜合性、全方位的城市建設和城市基礎設施改造，如改善交通條件、鋪設通訊網路、興建現代化的大型會展場館、提高會展住宿娛樂等接待設施能力、加強城市環保、美化城市環境、營造城市人文環境等，從而最終推動城市的發展。如1996年德國漢諾威舉辦的世界博覽會，德國政府為此撥款70億馬克進行基礎設施建設，大大改善了基礎設施環境；1999年昆明世界園藝博覽會在開幕之前完成18項重點配套工程，在城市基礎設施建設方面投資40億元人民幣，這些基礎設施的強化涉及道路交通、生態環保、管理資訊等，使昆明的城市基礎設施建設整整提前了10年；2004年雅典奧運會對雅典的城市建設和人民生活是一個很大的推動，其城市建設水平提前了20年。

3.高效靈活的交易中心

大型會展為買賣雙方搭建了交易的平臺。作為中國會展「大哥大」的廣交會，堪稱中國歷史最長、規模最大、商品種類最全、到會客商最多、成交效果最好的綜合性國際貿易盛會，透過廣交會這個窗口，給眾多中外企業創造了交流資訊、洽談業務、推介品牌、採購產品的機遇。廣交會每屆成交額數百億美元，2006年全年的成交額高達662.8億美元，比上年增長了13%。許多民營企業透過廣交會走向了世界，中國馳名品牌「長城陶瓷」進入廣交會後，在省政府、廣東

團和大會的支持下，展位不斷擴大，既展示了企業形象，又結交了大批客戶，成交量也逐屆增加；湖南一家民營企業也是在這裡實現了海外銷售零的突破。幾年前這家企業還名不見經傳，現在是國家300家重點扶持的民營企業之一。這家企業生產的廚具、日用品遠銷日、美、法、德、韓、俄等40多個國家和地區，出口能力位居湖南省民營企業前10名；工具業作為鎮江市參展企業中特色最鮮明的行業，透過廣交會實現了四大轉變：由中國國內市場向國際市場轉變，由間接出口向直接出口轉變，產品由低檔向高檔轉變，從生產傳統產品轉向注重發展品牌。作為廣交會孿生兄弟的「網上廣交」也發展神速，僅2006年的百屆廣交會，網上意向成交額就高達4.4億美元，堪稱中國第一大網上交易會。廣交會已經成為企業成長的「加速器」。

4.經濟與社會發展的助推器和晴雨表

會展經濟的發展與經濟發展水平有著密切的關係，它是隨著世界經濟的發展而不斷發展的。然而，值得注意的是，會展對經濟波動具有較強的抵禦能力。在世界經濟經歷的四次經濟大危機中，會展經濟也經歷創傷，但同其他營銷方式相比，它對經濟波動的承受能力更強。根據《美國貿易展覽週刊》（Tradeshow Week）統計資料顯示，在全球經濟發展緩慢的情況下，貿易展覽一直以良好的勢頭發展，其發展速度大大快於GDP的增長，這也是會展業成為舉世矚目的一大產業的原因之一。

從全球各國會展經濟發展狀況來看，由於各國經濟實力、經濟總體規模和發展水平不同，各國會展經濟的發展也不均衡。舉辦展覽會的數量和規模，與主辦國的經濟實力和科技水平密切相關。一些發達國家憑藉其在科技、交通、通訊、服務業等方面的優勢，在世界會展經濟發展過程中處於主導地位，並占有絕對的優勢。當前，歐洲的德國、法國、義大利、英國，北美的美國都是世界級的會展業大國，在全球會展市場上占有較大的份額。而發展中國家由於受經濟體制、技術發展水平的制約以及觀念的影響，會展經濟的發展水平明顯落後於發達國家。

（三）會展業的發展條件

綜觀國際會展業發達的國家、城市或地區，它們基本上都具有以下條件。

1.優越的地理位置

會展是商品、資金、技術等物流和資訊流的交換與集聚,涉及參展商品、客商以及觀眾的運送和傳輸,因此舉辦會展的城市地理位置和交通狀況至關重要。目前,全世界發達的會展城市,或居於所在國家或地區的中心位置,或地處港口,或瀕臨江海,或為交通樞紐,四通八達,地理位置優越。中國香港位居東南亞各國中心,自香港開埠以來,就確立了其重要港口和轉口港的作用,擁有18萬餘家貿易公司,其中跨國公司逾800家。同時香港是一個面向內地的門戶,隨著CEPA的簽署與實施,香港與內地的經貿合作日趨深入。此外,香港還處於世界時區中心,又地處歐亞大陸東南部、南海與臺灣海峽之交,是亞洲及世界的航道要沖,與倫敦、紐約構成全球全天候運作的金融市場,這些天然的優勢為香港會展經濟提供了最低成本交易。它憑藉其優越的地理位置以及產業優勢造就了以消費品商展為主的知名展會,吸引了大量的中外參展商和買家。中國的主要會展城市除北京、上海、香港、大連等地理位置優越外,逐漸崛起的東北和中西部會展經濟帶的中心城市也以各自的省會城市為主,都在本地區處於中心地位,並發揮著樞紐作用。

2.便捷的交通

一個城市的對外交通運輸是促使這個城市產生發展的重要條件,交通運輸對城市的會展業發展也起著決定性作用。香港地面道路發達,公共交通服務種類繁多,地鐵、巴士、的士線路遍布全港,智慧運輸系統使港內交通運輸系統更安全可靠、更具效率和有利於環保。香港擁有設備完善的現代化深水港,是華南海上貿易活動的樞紐,2006年處理貨櫃2350萬個標準箱,是華南地區最大的貨櫃港,亦是最繁忙的港口之一。香港是主要的國際和區域航空中心,至2006年年底,共有85家航空公司每週提供約5400班來往香港與全球超過150個城市的定期航班,全年客運量4445萬人次,飛機起降量280508架次,航空貨運量358萬噸,貨運總值17450億元港幣。香港國際機場的國際貨運量為全球之最,客運量位列世界第五。

3.先進的會議展覽中心及完善的配套設施設備

德國著名會展城市漢諾威並不是一線城市，不沿邊也不靠海，60年前，人們對德國的瞭解僅限於法蘭克福、柏林等城市，沒有太多人知道漢諾威。漢諾威展覽這個品牌是從1947年開始建立的。那年，英國作為二戰的戰勝國，在其占領區倡議舉辦第一屆漢諾威博覽會，50多年來，漢諾威靠其先進的會議展覽中心及完善的配套設施設備的強大吸引力以及世界最大的工業博覽會——漢諾威國際博覽會這個品牌展會而聞名世界。

4.檔次齊全、種類豐富的酒店、餐飲、購物、娛樂等服務設施

香港服務業長期以來一直是整體經濟增長的主要動力，過去5年，整體服務業增長39%，受惠於訪港旅客的增多和會展業發展，飲食及酒店業顯著增長，約占本地生產總值的29%。香港旅遊發展局備案的擁有會議場地的星級酒店就有近百家，會議面積逾25000平方公尺，客房數近45000間。優質高效的現代服務業催生的旅遊業成為香港經濟主要支柱之一，2006年訪港旅客達到2525萬人次，其中來自內地的旅客1359萬人次，酒店平均入住率87%，酒店房間總數年增長幅度7.4%。發達的服務業與旅遊產業，使香港會議及展覽活動頻繁，2006年約有218項會議及78項展覽活動在港舉行，吸引逾779000名來自世界各地的旅客。

5.具有健全的金融、貨運、保險、房地產業等為會展業配套的產業

會展業是一項涉及多產業的服務性行業，需要大力發展商務辦公、餐飲、賓館、購物、娛樂等會展商務活動的配套服務機構，重視金融、法律、資訊、技術標準檢測等專業性服務機構的發展。會展業發達的國家或城市往往重視建設會展行業資訊化的公共服務平臺，積極提供有效的資訊服務，為參展商服務。

6.現代化的通訊設施

現代化的通訊設施必不可少，尤其在如今這個技術迅速發展、資訊瞬息萬變的時代。綜觀會展業發達的國家或城市，它們的通訊設施都非常發達。德國著名的新慕尼黑展覽中心在場館的入口處、展廳以及國際會議中心均配備終端技術和多媒體技術，每個展廳有300個遠程通訊接口、300個電腦接口和80個寬頻電纜接口，用高速資訊網路來傳輸聲音、圖像和資訊，以實現參展商在館內和對外的通訊聯繫。在電話系統方面，每個參展商都可獲得一個電話號碼，並且可以在慕

尼黑不同的展覽會上使用。

7.政府支持

會展業需要政府的支持。在德國，政府將展覽業作為支柱產業加以扶持，不僅興建了規模龐大的展館，還頒布一系列鼓勵措施和優惠政策，吸引展會組織者和參展商。在場館建設上，德國的展覽面積總計將近700萬平方公尺，僅漢諾威一城就擁有40多萬平方公尺，相當於上海展覽面積的3倍多。在漢諾威，地鐵票和會展門票實現「一票通」，從中可見政府的支持力度。

8.具有獨特的自然及人文旅遊景觀

世界著名的會議城市大多或擁有優美的自然景觀或擁有豐富的歷史文化遺蹟。被譽為「世界之都」的日內瓦是瑞士境內國際化程度最高的城市，一直是世界排名前十位的主要國際會議舉辦城市。它位於西歐最大的湖泊——美麗的日內瓦湖之畔，臨近法拉山和阿爾卑斯山，擁有許多名勝古蹟，如著名的宗教改革國際紀念碑、聖—皮埃爾大教堂、大劇院、藝術與歷史博物館、日內瓦大學等。在日內瓦眾多的博物館內，收藏了很多中國、日本、希臘及羅馬等古國的珍貴文物，在鐘錶博物館（Watch　Museum）內可找到人們為尋求時間的認知所作出努力的歷史。

9.擁有一批高素質的會展業人才

與其他行業一樣，會展業健康快速發展的關鍵也是人才問題。無論一個城市具備多高的知名度、擁有多發達的會展基礎設施，如果沒有一批高素質的會展組織管理人才，其會展業很難生存發展下去。因此可以說，人才是會展業的根本。許多發達國家都非常重視會展人才的培養，發達的會展業也已經形成了成熟的會展經理人市場。尤其在德國和美國，不僅建立了一套完善的會展人才教育培訓體系，而且還建立了專門的會展專業人才認證制度。德國會展業工作人員專業素質相當高，一些大型的展覽公司每年的營業額可達到2～5億德國馬克，擁有數百名專業員工，各個博覽會都是由熟悉本專業且經驗豐富的組織者承辦的。

知識連結1—1：

新加坡會展業的競爭優勢

新加坡應該說是個「袖珍」的國家，資源不多，但精緻到了極點。國土總面積不過60多平方公里，其中還有不少是填海造田的。雖然自然資源奇缺，但智力資源卻是無限的。各種國際會議和展覽對新加坡的經濟造成了重要的促進作用。

據一些媒體統計，新加坡的國際展會規模及次數居亞洲第一位，在世界居第5～6位。據新加坡旅遊局展覽會議署林慧華經理介紹，僅2000年在新加坡舉行的各種國際會議、展覽及獎勵旅遊就達5000次，前來參加這些會議、展覽的人數多達40多萬人次，每年前往新加坡旅遊觀光及參加各種國際會議、展覽的人數比新加坡的總人口還多。毫無疑問，旅遊、會展對新加坡的經濟發展造成了重要的促進作用。

地利優勢占幾何？

中國國內現在有不少城市也非常重視會議、展覽對本地經濟的促進作用，但地理環境是首先要考慮的問題，並非所有城市都適合搞會展。

新加坡搞國際會展的地理位置十分優越。在以新加坡為中心的三小時飛行距離內，有2.5億人口活動，每年僅中轉旅客就達250多萬，新加坡正處在這樣一個樞紐的位置。而且新加坡的出入境十分方便，新加坡機場被一些媒體稱為世界上最好的機場之一。當地人稱，旅客下飛機後，十分鐘內就可以拿到託運的行李。樟宜機場曾11次被媒體評為國際上最好的機場。多家媒體曾將新加坡評為最適宜舉辦國際會展的城市之一。目前，新加坡有64家國際航空公司的航線，可直飛50個國家的154個城市，這樣非常適合搞國際性的會展。

政府能起什麼作用？

現在中國國內一些地方政府以「政府搭臺，企業唱戲」的形式搞了許多會議和展覽。有一些確有效果，但也還存在一些問題，如有些會議、展覽帶有點攤派性質，有些會展並不符合市場需要等。

新加坡旅遊局的展覽會議署建於1974年，主要任務是協助、配合會展公司

開展工作，向國際上介紹新加坡搞國際會展的優越條件，對在新加坡舉辦的各種會展進行促銷。新加坡旅遊局展覽會議署不是管理部門，只是協調配合，而且不向新加坡的會展公司收取任何費用。在新加坡舉辦會展沒有任何管理法規，舉辦展會也不需要任何審批手續。

在促進會展經濟發展中，政府的主要作用是促進活躍經濟和加強基礎設施建設。比如新加坡旅遊局展覽會議署每年都有計劃地向世界各地介紹新加坡旅遊會展方面的情況，如上半年去歐洲，下半年就去美國，並且在世界各地舉辦新加坡會展經濟方面的研討會，讓各國都瞭解新加坡在這方面的優勢。

基礎設施必不可少

發展會展經濟，展館建設是首要條件之一。新加坡政府每在展會基礎設施方面投入1元錢，就會產生10元錢的效益。

新加坡博覽中心就是由有政府背景的新加坡港務集團投資建立的。博覽中心展覽面積達6萬平方公尺。一家德國公司稱，這裡是除日本之外在亞洲最好的展館，頂棚高，無柱子，很適合舉辦大型機械展覽。這裡有地鐵站，有三條高速公路相通，有大型停車場；還有新加坡第二大的廚房（第一大的廚房在機場），可同時提供一萬人不同檔次的商務用餐。這與中國國內展覽參展商常常只能蹲在地上吃盒飯大不一樣。每年場地出租率達45%。另一處非常有特色的展覽會場是新加坡國際會議與展覽中心（新達城），是1980年代由11位香港商業巨子向李光耀總理提議建立的。新加坡深受漢文化影響，風水學盛行，這個建築群是典型風水學的體現，4座45層和一座18層的大樓環立，象徵人的五指，中間是一座世界上最大的噴泉，寓財源滾滾之意。所有建築物的雨水都彙集起來用作灌溉花草和洗車之用，既環保又有像徵肥水不外流之意。據瞭解，新達城建成的第二年就賣出了兩棟樓，收回了投資。該中心總面積10萬平方公尺，新加坡最大的無支柱會議大廳就建在這裡，可容納1.2萬名會議代表，還配備了先進的翻譯、通訊、傳播系統。每年在這裡舉辦的各種會議、展覽等活動有1200多個，許多國際高峰會議都在這裡舉行，由於該中心是非上市公司，不披露財務情況，但該中心有出租辦公樓、大型商場、展覽場、會議館、停車場等多項收入，效益應該相當不

錯。

成熟的經驗和理念

說到這裡，好像新加坡搞會展經濟全憑得天獨厚的地理位置和硬體條件，但在亞洲，與新加坡條件相近的國家和城市並不少，為什麼新加坡能搞得這麼有聲有色呢？這與新加坡有著比較成熟的市場經驗和經營理念不無關係。

一、展會也要創品牌。國際上最大的會展公司勵展集團亞洲總部就設在新加坡。新加坡展覽人士認為，辦展會也要創品牌，如果展會有了自己的品牌，就能吸引參展商來參加，就可一屆一屆地辦下去。一個展會如果只辦一次的話是肯定要賠錢的，必須創出品牌，一屆一屆辦下去，才可能盈利。

二、針對市場需求辦展覽。新加坡的會展公司一般都有自己的市場調研部門或人員。針對市場需求確定會展項目。所謂展會市場就是一邊是有參展需求的廠商，一邊是有參觀瞭解這方面展會的人群，而形成的市場，能將這兩者結合起來的就是會展公司。勵展集團每年舉辦的大型國際展覽超過440個，每年舉辦的這些會展為來自全球的十五六萬多家參展廠商及超過900萬家買家創造商機。並由此形成了一大批長期客戶，現在許多參展廠商已經習慣於跟著會展走，想要開拓一個國家或地區的市場時，先透過會展公司舉辦展覽，以展覽會的形式開拓市場。

三、競爭並不一定就是價格戰。新加坡只是彈丸之地，但有數十家有一定規模的會展公司，這是否會引起價格競爭，如降低場租、參展費等，事實上幾乎所有公司都還沒有出現這類現象。如勵展集團曾想搞家具展，可後來一調查發現已有別的公司搞過這類展覽，就放棄了這個項目。新加坡展覽服務私人有限公司也曾想搞一個建築業方面的展覽，後來發現別的公司已做過這方面較好的展覽，也就不做了。這與中國國內時常出現的一個展覽做成功，後面就會出現許多類似的展覽，直到把這個市場做濫的習慣大不一樣。新加坡多數展會公司都是強調服務取勝。最主要的是提高展會的質量。它們認為，展會參觀者的數量並不是最主要的，關鍵是看參觀者的質量，即是不是參展商希望見到的專業人士。通常是向參觀者發放調查表，以瞭解參觀者的基本情況，最重要的是能讓參展商做成生意。

勵展集團每次展覽後3至6個月內都要進行一次調查,瞭解一下參展商透過展覽捕捉到了多少商業機會。

中國市場很重要

大多數新加坡的會展公司在中國都開展了一些業務,並且非常重視中國市場,認為中國展會市場的潛力巨大。但它們普遍認為目前中國市場的展會太多且濫,真正形成規模和品牌的展會還不多。而且在中國辦展會還要申請批准,所以必須在中國國內找一個合作夥伴才能辦展覽,這樣會增加一大塊成本。而且中國的展覽常常是兩種價格,即國外參展商一種價格,國內參展商一種價格,比較複雜。另外,中國廠商出國參展也比較麻煩,有的公司統計,一次會展大約有40%的中國廠商因為出國手續方面的原因不能成行。但新加坡很多會展公司仍然認為中國會展市場前景會越來越好,而且開展了很多具體的合作項目,多數新加坡會展公司也在中國開展了各種活動。

(資料來源:國際商報)

第二節 會展的起源與發展

一、會展的起源與發展

會議和展覽都具有十分悠久的歷史,目前在世界發達國家,會議展覽業已經發展得相當成熟,發展中國家的會展活動也方興未艾。

(一)會議的起源與發展

會議是自有人類以來就存在的一種社會現象。據中國西安半坡氏族聚落點遺蹟的考古發現,每個氏族都有自己開會議事和進行公共活動的大房子。傳說在堯舜禹時代,凡有緊急事情就舉行會議。《書‧周官》記載:「議事之制,政乃不迷」。

隨著生產力發展,人類會議活動逐漸增多。階級和國家出現之後,不同形式、不同層次的會議逐漸增多,處理國家內部和國際事務的會議也相繼產生,並

且會議的組織工作也有一定模式。如東周列國時代諸侯之間的集會，公元前651年，齊桓公曾同宋、魯、衛、吳等國諸侯會盟於葵丘，至公元前546年，多年爭霸的晉楚兩國，在宋都商丘召開了評兵大會。這是一次和會，與會國有14個。在西方，公元前8世紀出現的《荷馬》史詩亦記載了希臘各邦之間舉行會議討論戰爭或媾和問題。國際會議的雛形首先在中國和希臘出現。

考古學家在考察古代文化的時候，發現了許多古代人用來討論諸如狩獵、戰爭事宜，和平談判以及部落慶典的場所。在那時，城市已成為人們相互交流和進行商貿活動的中心場所。位於市中心的羅馬廣場，就是用來進行公共討論和審判的地方；當時政治家們的辯論和演說則主要在古羅馬的演講臺上進行。今天會展業的許多專業用語都來源於拉丁文，如「Conference」來源於中世紀的「Conferential」一詞，其原意是把「大家帶到一起來」；「Auditorium」來源於「Auditorius」，原意是「聽的地方」。

據史學家意見，具有現代意義的國際會議當推1648年的威斯特伐利亞會議。會議簽訂了和約，結束了歐洲國家間的30餘年的宗教戰爭。這個會議先由戰爭雙方，即天主教公國和新教公國代表，分別舉行平行的會議，然後構成一個大會，歷經4年的討論達成協議。它開創了透過國際會議解決爭端的先例。中世紀時羅馬教皇也曾召開萬國宗教會議，參加者不僅有僧侶代表，還有世俗國君的代表，但討論的是宗教世俗問題，具有濃厚的宗教特色。具有歷史意義的歐洲第一個政治性的國際會議應是1814年9月至1815年6月的維也納會議。拿破崙戰爭結束之後，相互敵對多年的6個歐洲君主舉行了會議，重新調整歐洲各國的疆界，達成了新的「力量平衡」，使歐洲強國的均勢得以持續30餘年。19世紀，國際會議日趨頻繁，成為國際生活的重要組成部分，以至有人稱19世紀為「國際會議的世紀」。

今天，歷史進入了資訊時代。儘管藉助於各種現代通訊設備，人與人資訊交流已經非常便捷，但這並不能取代人與人之間面對面的會議。相反，會議的數量在增加，會議藉助現代資訊技術手段，組織工作更加科學化、規範化，會議正成為一個不容小覷的產業在世界各國蓬勃發展。古代的會議多在政治領域，如今，

商務會議已經是會議產業的主角。會議活動作為人與人之間傳播資訊、交流思想、解決問題的有效手段，將伴隨人類的全部生存與發展史。

（二）展覽的起源與發展

1.展覽活動的形成條件

（1）物物交換

第一次社會大分工促進了生產力的發展，導致了剩餘產品的出現，產生交換剩餘產品的需要，並開始出現交換活動。

原始的物物交換是一種偶然的交易，時間和地點都不固定，規模也很小。這種形式包含了展覽的基本原理，即透過展示來達到交換的目的，但顯然與現代展覽差別很大，僅僅是具備了展覽的一些特徵，因而我們稱這是展覽的原始階段，也是展覽的原始形式。

（2）集市、廟會

①中國古代的集市和廟會。隨著生產力的發展，剩餘產品的種類和數量急劇增加，交換的次數也隨之增多，交換的規模和產品範圍也在不斷擴大，偶然的、時間和地點不固定的物物交換逐漸演變成在相對固定的時間和地點進行的集市貿易。

廟會最初是一種宗教活動。在宗教節日，許多信徒從四面八方趕到寺廟或祭祀場所求神拜佛，一些小生產者、小商販趁機兜售商品。久而久之在寺廟或祭祀場所附近自然而然形成了集市。這樣的集市是因宗教活動引發並在宗教場所附近進行，因此這樣的集市稱為廟會，也稱廟市。寺廟、祭祀場所大多在城鎮，所以廟會大多發生在中心城鎮。與農村的集市相比，城鎮的廟會內容更加豐富多彩，除了商品交易外，還有宗教、文化、娛樂活動。

中國古代的集市和廟會已具備了展覽會的一些基本特徵，但它只是鬆散的展覽形式，規模還是很小，並具有濃厚的農業社會特徵，還處於展覽的初級階段。因此，我們可視集市和廟會為展覽的古老形式。

②歐洲的古代集市。歐洲古代集市的產生時間比中國稍晚，但它在發展過程中表現出明顯的規模性和規範性。一方面，歐洲的集市在規模上相對集中，舉辦週期較長，且功能相對齊全，包括零售、批發甚至國際貿易、文化娛樂等；另一方面，各國政府先後制定了集市管理的法規。有關管理集市的最早法規是羅馬人制定的，法國人則在11世紀制定出一部比較完善的管理法規。英國的法律規定，每個臣民從家步行不超過三分之一天的時間便可到達一個集市；若兩個集市有衝突，歷史久者優先，歷史短者必須搬至距前者20英里（32.18公里）之外。由於歐洲的商業發展相對遲緩，集市成了歐洲商品交換的主要形式。

有一些西方學者認為，歐洲集市起源於古希臘的奴隸市場以及後來的奧林匹克大會和城邦代表大會，在召開會議的同時舉辦集市，由此也可見，會展中的展、會是相互促進、互為因果的。

到中世紀，德國、法國等國家出現了眾多由官府管理的、頗具規模的集市，其中一些還有貨幣兌換、交易仲裁等功能。到了17世紀，歐洲的一些集市開始向專業化方向發展，側重突出某方面功能。工業革命後，集市的作用逐漸變小，一些集市為適應工業發展的需要而轉變成樣品博覽會，這便是現代貿易展覽會的雛形。

生產力不斷發展，勞動分工越來越細，任何個人和組織都不可能實現完全的自給自足，而需要進行交流和交換，這就形成了最原始的會展形式。隨著社會的進步，會展也在不斷發展，在經歷了古代階段和近代階段後，會展活動在19世紀末進入了現代階段，並形成一個完整的體系。在歐美展覽經濟帶動下，全球展覽經濟呈現出全方位、多格局、高增長的發展格局，會展業已經發展成為一個比較成熟的行業。

2.展覽的形成

顧名思義，展就是展示，覽即觀看，與此同時會穿插一些交流活動。因此，展覽是參展商在固定的場所、日期進行物品展示，實現宣傳、交流、推介、交易、教育的目的和功能的活動。

展覽是一種古老的市場形式，是一種既有市場性又有展示性的經濟交換形

式。它起源於古代的集市、廟會。幾千年來，它始終伴隨著人類經濟發展而發展，展覽的發展與市場經濟的發展相互促進，相得益彰。西方學者施密德（Schmidt）提出：貿易展覽會是能夠提供經濟發展趨勢有關數據的唯一市場媒介。所以，人類的展覽歷史也是一部人類進行展覽活動，促進經濟發展的歷史。

原始社會的物物交換是一種原始的偶然交易，這是人類展覽活動最原始的階段。隨著社會經濟的發展，出現了具有一定規模和相對固定的場所和時間的集市、廟會，這被認為是展覽活動的古代階段。中世紀時代，歐洲一些城市就定期或不定期地在人口集中、商業較為發達的市區舉行貿易集市，這就是展覽會的前身。但那時的集市規模不大，往往是在教堂的周圍舉行。如電影《巴黎聖母院》中多次出現的聖母院廣場和熙熙攘攘的市場場面那樣。當地和鄰近地區或國家的商人、手工作坊業主、農民和藝人聚集在一起進行商品交換。

15世紀末和16世紀初，「地理大發現」使得世界各大洲便於航行的地區之間的經濟及文化交流很快密切起來，形成了連接大西洋、太平洋、印度洋的國際市場。作為促銷工具的展覽會也不再侷限於一地區或一國範圍，只要哪裡有市場的需要，展覽會就出現在哪裡。17世紀的英國工業革命以及後來的法國、美國、德國發生的產業革命，推動了世界科學技術的迅猛發展，特別是先進的通訊和運輸工具得到應用，展覽會不再以舊的貿易集市方式進行。當時較有名氣的城市，如萊比錫、法蘭克福、米蘭、巴黎、阿姆斯特丹、倫敦、維也納等，紛紛將其貿易集市發展成為具有較大規模的國際展覽會或博覽會，並花巨資建造常設的展覽場館。工業革命推動了歐洲經濟的發展，並影響全球工業經濟的發展，同時也帶來了展覽業的變革，宣傳性的工業展覽會產生了，展覽會進入了近代階段。

世界展覽會的現代階段表現為展覽會的市場性和展示性相結合，貿易展覽會和博覽會應運而生，並成為產品流通的主要渠道之一，這一階段的標誌是1894年萊比錫舉辦的第一屆國際樣品博覽會。這屆博覽會不僅規模空前，吸引了來自各地的大批展覽者和觀眾，更重要的是對展覽方式和宣傳手段等方面進行了改革和創新。如按國別和專業劃分展臺，從而便於貿易談判與成交。這種方式引起了展覽界的重視，歐洲各地的展覽會紛紛效仿，展覽業從此進入了全新的發展階

段。

三、歐美的近現代會展活動

（一）歐洲

17～19世紀，在工業革命的推動下，歐洲出現了工業展覽會。工業展覽會有著工業社會的特徵，這種新形式的展覽會不僅有著嚴密的組織體系，而且將展覽的規模從地方擴大到國家，並最終擴大到世界。

工業革命極大地改變了全球經濟活動的內容和形式，與此同時，會展活動成為重要的經濟活動之一。工業革命使英國成為當時的「世界工廠」，為了炫耀自己的強大，英國1851年在倫敦舉辦了「萬國工業博覽會」，即第一屆世界博覽會。來自世界各地（包括中國）的1.7萬多個參展商參加了展覽。該博覽會以其壯觀的由玻璃、鐵架、木頭等材料建成的面積達7.4萬平方公尺的「水晶宮」展館，標誌著舊貿易集市向標準的國際展覽會與博覽會過渡。此後，法國、奧地利、荷蘭、瑞士、義大利、美國也都曾相繼舉辦過這種大規模的博覽會。

第一次世界大戰破壞了國際自由貿易環境，影響了很多國家的經濟運行，於是這些國家依靠國內和盟國市場，發展以內向型為主的經濟以維持生存。作為促進經濟發展的一個重要手段，綜合性貿易展覽會因此獲得了很大發展。

1916年，法國里昂舉辦了第一屆里昂國際博覽會。這次博覽會歡迎所有行業的企業參展，並歡迎盟國參展者，展場按行業劃分區域。共有1342個參展商參加了本次博覽會，其中來自瑞士、義大利和英國的國外參展商為143個。1917年第二屆里昂國際博覽會參展商達到2169個，其中國外參展商424個。當時儘管一戰仍在進行，但展覽卻獲得了巨大成功。一戰後，里昂於1919年舉辦了第三屆國際博覽會，有4700個參展商，國外參展商為1500個。

里昂國際博覽會的成功舉辦促使其他國家紛紛效仿，於是貿易展會便以非常快的速度在歐洲迅速普及。僅德國，從1919年到1924年，貿易展覽會的數量從10個迅速增加到112個。1924年，國際商會在巴黎召開國際展覽會議。在此基礎上，國際博覽會聯盟（UFI）在義大利米蘭成立。

第二次世界大戰後，技術進步和社會經濟加速發展，社會分工更加細密，新產品層出不窮，這使得原先包羅萬象的綜合貿易展覽會無法容納品種繁多的產品，而且龐大的綜合展覽會不僅使組織工作變得非常困難，而且參展商和觀眾也感到十分不便。於是，綜合貿易展覽會開始朝專業化方向發展。到1960年代，專業展已成為歐洲展覽業的主導形式。

近代在歐洲舉辦的會議（主要是政治會議和學術會議）數量少，影響不大。1820世紀初，歐洲會議業獲得迅猛發展。1970年代以來，會議（尤其是商務型會議）市場以其廣泛的影響、高額的利潤和巨大的潛力，引起了越來越多國家和地區的注意，市場競爭也越來越激烈。歐洲很多城市以其良好的會議目的地形象招徠了很多會議，湧現出一大批「會議之都」。國際會議協會（ICCA）和國際協會聯盟（UIA）的統計表明，巴黎和倫敦是舉辦國際會議最多的城市，其次是布魯塞爾、馬德里、維也納等。

（二）美國

一般認為，美國的會展活動開始於18世紀，是直接從歐洲傳過去的，這些會展活動剛開始主要集中在早期的殖民地城市波士頓。1765年，美國的第一個展覽會在溫索爾市誕生。

美國的展覽會起源於專業協會的年度會議。起初，展覽只是作為年度會議的一項輔助活動，而且只是一種資訊發布和形象性展示，展覽會的貿易成交和市場營銷功能曾在很長一段時間裡不為企業所重視。

20世紀初，美國的會展業開始發展起來，並創造了貿易市場和貿易中心兩種新的展覽形式。貿易市場可視為常年設置的展覽，在貿易市場中，製造商、批發商、進口商可用比較低的成本接觸較多的零售商，而不必派營銷人員到處推銷，而零售商也可以在同一地點接觸到較多的供應商，透過比較商品，瞭解商情，以低廉的成本採購貨物。美國最早的貿易市場是1915年在舊金山建立的西部商品市場；1928年芝加哥建立了歷史上最大的貿易市場，1000個參展者代表4300個製造商，展品多達200萬種。貿易中心是美國政府在其他國家設立的長期展。從1962年開始，美國先後在法蘭克福、倫敦、東京、曼谷、米蘭、斯德哥

爾摩、巴黎、墨西哥城等城市設立了美國貿易中心。設立貿易中心的主要目的是幫助出國展覽經驗缺乏的中小企業開拓海外市場。

1820世紀初，美國成立了很多會議局做會議的推廣和服務。1896年，底特律首先成立了世界上第一個會議局。當時全國的行業協會、學會以及社團組織都非常希望能夠定期地把它們分布在全國各地的會員聚集在一起召開會議。最初，飯店業為招徠會議生意，需要對外宣傳它們的設施和服務，同時，也會順帶宣傳飯店所在的城市和地區。會展業為舉辦地所帶來的經濟效益逐漸被各個城市所認知，於是，各個城市都開始競相爭取會議業務。在這種背景之下，1896年，底特律的商人們聚集在一起成立了世界上第一個會議局，僱用了一個專職的銷售人員，專門對外推銷本地的會議設施與服務。結果表明，這一方法非常有效，於是，其他各個城市紛紛效仿。1904年，克里夫蘭成立了會議局；1908年，大西洋城成立了會議局；1909年，丹佛和聖路易斯成立了會議局；1910年，洛杉磯成立了會議局。剛開始，會議局只從事會議的推廣和服務，後來也推廣「旅遊」，於是在名稱中又加入了「旅遊」一詞，變成會議與旅遊局（簡稱CVB）。1914年，美國成立了國際會議局協會（IACB），主要目的是便於各個會議局之間相互交流會展業的資訊，提高會展業的招攬和服務水平。1974年國際會議局協會的名稱中加入了「旅遊」一詞，更名為國際會議與旅遊局協會（簡稱IACVB）並一直沿用至今。如今，CVB的主要職責依然是宣傳和促銷當地的會議設施與服務，而IACVB的主要宗旨依然是幫助成員提高專業水平，改善形象。

四、中國近現代會展業的發展歷程

近代，中國的社會、經濟和科技發展明顯落後於歐洲，會展業也不例外。雖然中國很早就出現了集市、廟會，但現代會展業並沒有在中國產生，它和其他工業文明一樣，也是舶來品。關於中國近現代會展發展歷程，還沒有非常科學合理的階段劃分，在這裡，我們把它劃分為三個階段，即明末清初到1949年前、1949年到1978年前、1978年後至今。

（一）第一階段：明末清初到1949年前

明末清初，隨著資本主義萌芽的出現，中國也開始舉辦一定規模的具有現代

特徵的博覽會和貿易展覽會。從明末清初到建國前舉辦的會展活動都有一個共同的特徵,即「官辦」,幾乎所有的會展活動都是由政府舉辦,政治色彩和宣傳氣氛比較濃厚。在這一時期,近代形式的會展活動對經濟發展造成一些促進作用,但在商品流通領域的作用是微不足道的。

清光緒三十一年(1905年),清政府在北京設立勸工陳列所。清宣統元年(1909年),當時的政府在武昌、南京舉辦了商品陳列所,也稱物品展覽會,用以展示國貨。宣統元年的9月至10月,武漢勸業獎進會在武昌平湖舉辦,這是中國近代史上的第一個博覽會。

1910年的南洋勸業會是中國有史以來的第一次全國性博覽會,並初具世博會的性質。南洋勸業會會場占地700畝,設省展覽館30餘個,並設參考館分別展出英、美、日、德等國展品,還有暨南館一所,展示南洋華僑展品,會期5個月,參觀人數達到20餘萬人。但南洋勸業會僅舉辦了一次。

1915年,北洋軍閥政府農商部所屬勸業委員會設立商品陳列所。一些大城市也相繼舉辦了類似的展覽會,如1926年的上海中華國貨展覽會。

1929年6月6日至10月10日,浙江省政府在杭州舉辦西湖博覽會。參會的有一些省、區和東南亞國家。西湖博覽會設革命紀念館、博物館、藝術館、農業館、教育館、衛生館、絲綢館、工業館、特種館陳列所、參軍陳列所,展品約15萬件,觀眾達2000萬人次。1935年11月28日到1936年3月7日,中國藝術國際展覽會在倫敦舉辦,這是中國第一次出國辦展。

抗戰期間,國共兩黨分別在各自控制地區舉辦了多次會展活動,目的是展示成就、鼓舞士氣、促進經濟發展,以抵抗日本侵略。這些會展活動宣傳性質非常明顯,但在規模和展示手段上比較落後。例如分別於1939年、1940年、1943年在陝甘寧邊區舉辦的三屆農工業展,也稱生產展,比較全面地反映瞭解放區的生產建設成就。

雖然自20世紀初以來,會展活動開始緩慢發展,但因為國力虛弱,政局動盪,戰爭頻繁,始終沒能與世界會展活動發展同步。只是到了1950年代後,特別是1978年以後,會展活動才獲得了迅猛發展,並極大地改變了社會經濟生活

的內容和形勢。

（二）第二階段：1949年後到1978年前

從1949年到1978年放前，中國舉辦了少數類似近代歐洲國家工業展的展覽會，如上海工業展覽會、全國農業成就展等由政府安排的、不講究回報的宣傳展。廣州中國出口商品交易會是例外情況，廣交會是在特殊時代背景下由中國政府舉辦的現代國際貿易展覽會。

由於國際政治、經濟環境的制約，這一時期的會展活動無論是從其功能、形式，還是運作方式上，都與現代意義上的商業會展活動大相逕庭。會展，在全國範圍內還遠沒有發展成為一個產業。

（三）第三階段：1978年後至今

1978年以後，中國的會展經濟從無到有，從小到大，從單一到多樣，從綜合到專業，以年均20%左右的高速度遞增，並開始走向世界。

中國的會展活動經過20多年的國內外競爭，一批專業的展覽會逐漸形成全球知名的展覽會，例如北京的機床展、印刷展，上海的汽車展、家具展等，這些展覽會在展覽規模、服務水平等方面都已接近國際水準，有能力參與全球競爭。

目前，中國的會展業已初具規模，這使得近年來各種區域性、以城市為特色的博覽會、交流會和貿易洽談會此起彼伏。除傳統的「廣交會」之外，「深圳高新技術商品交易會」、「杭州西湖博覽會」、「青島國際啤酒節」、「大連國際服裝節」、「義烏國際小商品博覽會」、「濰坊國際風箏節」、「昆明商品交易會」、「華東商品交易會」、「合肥高新技術項目—資本對接會」等都定期舉行。從內在品質看，中國舉辦的展覽會的層次正在不斷提升，對經濟發展的帶動作用也在不斷加大。

在展覽取得飛速發展的同時，中國的會議業也取得了突破性發展。一些高規格的會議，如上海的「」99《財富》全球論壇」、2001年的「APEC會議」，北京的「世界婦女大會」，武漢的「高新技術與國際資本市場論壇」，以及「博鰲亞洲論壇」等，大大改善了中國很多城市作為會議目的地的形象，提升了中國的

辦會能力和水平，中國的會議業也迎來了發展的契機。

隨著經濟發展從東部沿海地區向中西部地區的擴散，如今，從北部邊關黑河到南部海島海南，從東方明珠上海到西域寶地烏魯木齊，從首都北京到雪域之城拉薩，越來越多的城市都在舉辦規模大小不一的會展活動，使中國的會展業出現了空前的大好局面。在一些地區和城市，會展業甚至成為地區經濟發展的支柱產業。尤其是經過中國政府和全國人民的共同努力，我們已經取得了2008年奧運會和2010年世博會的舉辦權，給中國會展業的發展創造了前所未有的機遇和美好的發展前景。

五、現代會展業的發展特點

（一）市場化

市場化運作是現代會展業的特點，也是會展業自身發展的需要。會展業在發展的初期離不開政府的培育和扶持，比如會展場館設施等基礎設施建設，由於投資大，收效慢，且屬於社會公益設施，一般應由政府投資建設。當會展業發展起來後，政府的職能應體現在：加強宏觀規劃和指導，避免造成重複建設和資源浪費；加強與會展相配套的城市交通、運輸、通訊、廣告、旅遊、住宿、餐飲等行業的發展；加強對會展業和會展公司資質進行評估和認證工作；加強對主辦、承辦機構的辦會、辦展活動的管理和監督。會展活動的具體運作主要依靠各類會展公司、專業協會等，不論是國有、民營、股份制企業，還是外資公司，只要符合經營會展的條件，都可以辦展會。但必須走市場化運作道路，用市場的方法去經營會展，才能使各種會展在市場競爭中不斷提升水平。

（二）品牌化

品牌會展是指具有一定規模，能代表這個行業的發展動態，能反映這個行業的發展趨勢，對該行業具有指導意義並具有較強影響力的會議或展覽。顯然，會展的品牌化特點蘊涵了專業化和規模化。

會展品牌化的主要標誌是：

1.權威協會和代表企業的強力支持

在國際上，政府一般不干預企業辦展、辦會，會展活動的成功與否，多取決於整個行業和企業對辦展企業的認可程度。會展公司若能獲得權威行業協會和該行業內主要企業的支持與合作，無形中就增加了其會展活動的聲譽和可信度，這對於整個展覽（或會議）的招展（會）、宣傳和組織都會有極大好處。同時，由於權威行業協會的參與，協會與會展公司之間可以優勢互補，以保證會展活動的質量。

2.規模效應

品牌會展活動的另一個明顯特徵就是其規模。在短短幾天的會展活動期間，整個行業似乎濃縮、聚集在一個屋簷下。德國之所以能成為世界展覽大國，主要原因就是世界上絕大多數大規模的展覽會都在德國舉行。中國品牌會展活動不多，但說起廣交會、高交會、汽車展、航空展幾乎無人不知，正是因為其規模大，才帶來了巨大的宣傳效果和影響力。

3.代表行業的發展方向

代表行業的發展方向是品牌會展活動的重要標誌，因為它體現了展會的專業性和前瞻性。能代表行業發展方向的會議或展覽有明確的目標客戶和目標市場，能提供幾乎涵蓋這個專業市場的所有資訊。會議或展覽提供的資訊越是全面，越是專業，企業和專業人士參會或參展的積極性就越高。這種會展活動不再追求外表的轟轟烈烈，而是注意與會者或參展商和專業觀眾的交流。

4.提供專業的會展服務

會展服務是否專業化也是品牌會展活動的一個重要標誌。專業的會展服務囊括會展公司的整個運作過程，如市場調研、題目立項、營銷手段、觀眾組織、會議安排等，甚至包括會展公司的所有對外文件、信件的格式化、標準化。專業的會展服務還要求現場服務迅速高效，服務內容應有盡有。

5.媒體的支持和不斷更新的數據庫

新聞媒體宣傳是打品牌戰的一個重要環節，一個好的會展活動應在行業內有一定的知名度，頻繁的新聞報導和適當的「炒作」更能促進會展活動的宣傳，從

而形成良性互動,使會展活動更具感召力。

品牌會展活動與一般會展活動的另一個區別還在於擁有一個完整的並不斷更新的數據庫,即隨時跟蹤行業內企業的變化,不斷保持與新老客戶的聯繫,提供翔實全面的數據資料。

6.長遠規劃,不急功近利

培育一個品牌化的會議或展覽並不容易,企業要想透過舉辦一兩次會議或展覽就能達到目的是不現實的。會展公司必須要有長遠眼光,要敢於投資,敢於承擔風險,精心呵護,耐心培育,急功近利只能適得其反。

(三)國際化

隨著經濟全球化進程的加快,國際化經營已經成為許多會展企業的必然選擇,會展活動的國際化趨勢日益突出。會展企業的國際化運作主要體現在三個方面:一是品牌項目的跨國「移植」;二是會展項目的出售和收購;三是會展企業的兼併與合作。

1.品牌展會的跨國「移植」

當前,會展「移植」之風越刮越盛。一些世界頂尖的會展公司憑藉其豐富的辦會辦展經驗和雄厚的經濟實力,紛紛實行海外擴張戰略。它們利用廣泛的業務網路,將一些國際名牌的會展項目移植到國外舉辦。如英國勵展集團目前已經在30多個國家舉辦了440多個展會,橫跨49個行業;德國漢諾威展覽公司把國際資訊和通訊技術領域最大的CeBIT展覽會移植到上海舉辦等。

2.會展項目的出售和收購

進入21世紀後,世界會展項目的收購潮一浪高過一浪,著名的展覽公司博聞集團以12.6億美元的高價將其在美國和拉丁美洲約40個大型貿易展覽會和相關刊物出售給了卡爾頓通訊公司。

國際會展業的一些跨國巨頭也在收購中國的一些展覽項目,如漢諾威展覽公司直接收購了上海企龍展覽公司的地板展覽會,將其併入了自己的地面裝飾展覽

會。

3.會展企業的兼併與合作

與其群雄紛爭，不如強強聯手、合作經營；與其四面出擊，不如集中資源、發展自己的核心優勢項目，這是未來會展運作國際化的新動向。近年來，一些大型會展公司往往以兼併與合作的方式建立戰略聯盟，進行國際化運作。德國會展業的三大巨頭漢諾威、杜塞道夫、慕尼黑展覽公司聯手進軍中國市場，投資建設了上海新國際博覽中心，搶占中國會展市場。

（四）網路化

以資訊技術為核心的新一輪科學技術革命使世界市場各個組成部分的時空差距大大縮小，為全球貿易、投資和金融業務的開展提供了更為便捷的手段。隨著現代資訊技術及其他相關技術的迅速發展，阻礙電子商務發展的外部困難正被迅速克服，一個越來越大的互聯網應用群體正快速形成，電子商務日益普及。

省時、高效、低投入的網上會議或展覽能不能逐步取代現有的會展形式？美國國際展覽協會曾在其成員中進行了一個名為「資訊技術對展覽業未來影響」的專題調查，其調查結果是：86%的被調查公司表示討論過高科技和互聯網對展覽的影響，14%沒有；66%的公司表示曾有過書面陳述，34%沒有；有趣的是100%的被調查公司都認為不管網路將來如何發展，它都是對現有會展形式的補充，是用來與客戶聯繫的另一種工具。網上的虛擬會展活動永遠不會對現有的會展活動造成生存威脅，永遠都不可能取代人與人之間的面對面的交流。

因而，會展企業要正視電子商務帶來的挑戰和機遇，把網路技術與現有的會展活動形式結合起來，使其發揮各自優勢，相得益彰。

本章附錄1

節事活動按不同的分類方法可以分為多種類型。根據規模和重要性可以分為特大型、標誌型、重要型和中小型活動。特大型節事活動指那些規模龐大以至於影響整個經濟，並對參與者和媒體尤其是國際媒體有著強烈的吸引力並引起反響的活動。如奧運會、世界博覽會、世界盃是當之無愧的特大活動。標誌型活動指

那種在一地重複舉辦的，大多是一年一次的，並隨著活動的發展和成熟，與當地融為一體，成為該地的代名詞的活動。如西班牙的鬥牛節、愛丁堡文化節、慕尼黑啤酒節、義大利威尼斯狂歡節及中國的大連服裝節、濰坊國際風箏節等。重要型是指那些能吸引大量觀眾、媒體報導並能帶來經濟利益的活動。如財富論壇、大師杯網球公開賽等。各類會議、慶典、頒獎儀式或企業、政府的社交活動大多屬於中小型節事活動。節事活動按主題可以分為宗教性、文化性、商業性、體育性、政治性等類，按組織者還可以分為政府性、民間性和企業性三類。

　　節事活動具有地方性。節事活動舉辦地在漫長的歷史過程中，透過文化的創造、交流和融合逐漸形成各具特色的節事傳統，這種獨特的地方文化或傳統是節事活動舉辦地具有旅遊目的地吸引力的源泉。隨著旅遊的發展，有些已經成為反映旅遊地形象的指代物。如廣州的廣交會是在國際市場推廣廣州形象的重要節事，而每年一度與中國傳統佳節春節相連的廣州花會，則是體現花城廣州的地方特色的節事活動。廣州國際美食節則體現了聞名海內外的「食在廣州」美譽，從1987年起，廣州旅遊部門每年在秋交會前後，都要組織一次「廣州國際美食節」活動。美食節期間，廣州各類酒家、飯店都拿出自家的名牌產品參加評選，每屆美食節都評選出各類名菜、名點、名小食或創新菜式百餘款，不斷為繁榮的廣州飲食業添加新品種。廣州國際美食節原在各大賓館飯店舉行，後移師荔灣廣場設擺攤檔展示，從1998年起，則固定在每年9月在氣勢宏偉的天河體育中心舉行，一連數天，以吸引更多的海內外遊客前來觀光，招徠更多的中外同行前來切磋烹飪技藝。每屆都吸引了來自30多個省市自治區的1000多家著名企業近20萬的專業人士參展、參賽和觀摩各項活動，活動期間群眾參與人數超過150萬人次。現在廣州國際美食節不僅是中國餐飲業最具規模的盛會，也已經成為一個具有國際性的民間節慶活動。潑水節總是和傣族的形象聯繫在一起，那達慕大會也總是代表著內蒙古的形象。節事活動還具有參與性、短期性和多樣性的特點。越來越多的節事組織者想方設法拉近活動與消費者的距離，把服飾、飲食、遊藝競技、民間工藝等有機結合起來，豐富活動的內容，促進當地旅遊資源綜合開發，使活動更為綜合性和多樣化。

　　舉辦節事活動不僅可以吸引旅遊者、消費者、贊助商、承包商等參與者，而

且在成功舉辦後可給所在地帶來多種牽動效應。一方面推動當地經濟的發展，帶來物質文明方面的經濟效益，另一方面為當地文化的定位奠定了基礎，帶來了精神文明方面的社會效益。尤其是大型節事活動，對國家或地區或城市會產生難以估量的推動作用。這些作用包括促進目的地旅遊發展，削弱淡旺季差別，增加旅遊收益；促進相關產業的發展和當地基礎設施的建設，提高就業率；塑造主辦城市形象，提升其知名度；弘揚傳統文化，展現現代文化內涵，推進精神文明建設等。

如今，節事活動已經成為國際旅遊業的重要組成部分，世界各國政府非常重視節事旅遊的發展。由於節慶和重大活動影響著全世界，許多國家的大城市都紛紛爭奪大型活動的舉辦權，如奧運會、世界盃；眾多協會也爭相舉辦各種大型活動，如節日慶典、花車遊行、慶祝、週年紀念、慈善義演等活動。美國的玫瑰花節、義大利的狂歡節、馬來西亞的國際風箏節等都對本國節事旅遊業的發展造成了不可代替的作用。

贊助商和志願者也是節事活動取得成功的必不可少的重要因素。沒有贊助，地方、國家乃至國際活動都將難以維持。活動贊助對於活動組織者和企業來說是一項雙贏的舉措，大型活動渴望得到贊助，有些活動甚至完全依賴捐贈。因為舉辦活動往往需要大筆的資金，來自企業的贊助是活動資金流的關鍵部分，是其得以啟動和順利開展的基礎。贊助有著比廣告更真實的特點，可以提升贊助企業的形象、提高產品銷售和品牌知名度，贊助活動是品牌深化與提升的加速器。透過活動所營造的愉快的、積極的理想環境，把品牌帶給公眾或消費者，使他們自然接受產品資訊，更為重要的是透過活動現場的魅力，促使他們產生消費衝動，馬上購賞或網上消費。許多商家透過贊助公眾喜愛的活動，運用標誌、促銷手冊和媒體策略等手段，向儘可能多的潛在的消費者宣傳企業或品牌，提高產品銷售量，獲得更多的商機和利潤。「超級女聲酸酸乳」作為中國整合營銷的奇蹟，大大提高了蒙牛酸酸乳的銷售量和蒙牛品牌的知名度。據AC尼爾森的調查結果表明，2005年6月蒙牛酸酸乳在廣州、上海、北京、成都四城市的銷量是前一年同期的5倍。同年8月，蒙牛乳業在香港發布了其2005年上半年的財務報告，公司上半年營業額由去年同期的34.73億元人民幣上升至47.54億元人民幣。除了銷量

飆升，蒙牛在品牌美譽度方面也嘗到甜頭。央視索福瑞對主要品牌乳酸飲料的調查報告表明，當年5月蒙牛酸酸乳的品牌第一提及率躍升為18.3%，反超競爭對手伊利優酸乳3.8個百分點，無論是從品牌力還是從市場占有率看，蒙牛酸酸乳都已經成為當年乳飲料方面的第一品牌。由於節事活動的舉辦過程需要大量的服務者，志願者就成為活動取得成功的關鍵因素。沒有志願者，大多數大型活動將無法進行。志願者是指自願貢獻個人時間和精力，在不計物質報酬的前提下，為推動人類發展、社會進步和社會福利事業而提供服務的人員。志願服務是公眾參與社會生活的一種重要方式。志願者來自各行各業：商人、學生、教師、家庭主婦、醫生、律師、教授、老人和青少年，以及體育愛好者，簡而言之，包括來自全世界、全國和各行各業的男人、女人和年輕人。志願者項目已經成為了奧運會組織工作的基本組成部分。一份作為1992年巴塞羅那奧運會官方報告組成部分的奧運會術語彙編第一次給出了奧運志願者的清晰定義：「奧運志願者是一個在奧運會這個組織裡，對集體作出個人和利他承諾的人，他（她）承諾將盡其所能完成交與他（她）的任務，並且不接受金錢或獎品等類似性質的獎賞。」在洛杉磯奧運會時，有近約30000名志願者經過統一和有組織的安排，從事著各類工作：賽場支持，醫療衛生，媒體，陪同代表團和個人，公共關係，鑒定服務，技術和通訊，運輸，賽場的入口控制，餐飲，財政，行政管理等。同時，有一支特別的志願者在奧運會下設的25個分委員會中工作。奧運會志願者的人數也從1984年洛杉磯奧運會的28742人、1988年漢城奧運會的27221人、1992年巴塞羅那奧運會34548人增加到1996亞特蘭大奧運會60422人、2000年悉尼奧運會的46967人。北京第29　屆奧運會與第13屆殘奧會預計各招募7萬和3萬名共10萬名志願者，主要從事禮賓接待、語言翻譯、交通運輸、安全保衛、醫療衛生、觀眾指引、物品分發、溝通聯絡、競賽組織支持、場館運行支持、新聞運行支持、文化活動組織支持等工作。中國政府非常重視奧運會志願者的招募工作，制定了「北京奧運會志願者行動計劃」，在海內外廣泛宣傳，接受港澳、臺灣、華僑華人和外國人有志之士的報名。此計劃包括「迎奧運」志願服務項目、奧運會賽會志願者項目、殘奧會賽會志願者項目、奧組委前期志願者項目等四個項目。以堅持以人為本、堅持大眾參與、堅持奧運規則、堅持科學高效、堅持中國特色為志

願者行動準則，以促進全民廣泛參與、促進志願服務事業發展、促進志願者全面發展、促進中外文化交流為志願者行動方向，並提出：「奧運志願者的微笑就是北京最好的名片」。

由於節事活動數量在不斷擴大，不僅為活動提供服務的工作人員及志願者不斷增加，而且節事活動管理機構也正在脫穎而出。人們逐步運用現代化的手段進行活動的促銷和組織，使得節事活動管理走向職業化，出現了職業協會，如國際特殊活動協會（ISES）、國際節日和活動協會（IFEA）、新南威爾士節日和活動協會（NSWFEA，組織行業會議）、澳大利亞會議協會（MIAA，為行業提供培訓）等；還出現了專門的教育和培訓計劃、職業資格認證，如CSEP（註冊大型活動專業組織者）、CFEE（註冊節慶師）、CMP（註冊會議專業組織者）、CMM（會議管理師證書）、CME（註冊展覽經理人）、CHA（註冊飯店管理人）等。

據國際節慶協會（IFEA）總裁兼首席執行長官史蒂文的介紹，目前，全球常規性的節慶活動已逾100萬次，創造的收益達250億美元。節慶作為一個新興的產業正在全世界範圍內蓬勃發展。根據有關方面的統計，中國各類民族傳統節日和現代節慶活動總數已達5000餘個。從傳統的端午節、中秋節、清明節到現代的哈爾濱國際冰雪節、上海國際藝術節、吳橋國際雜技藝術節，諸如此類的節慶活動層出不窮，內容包羅萬象。中國節事活動的發展經歷了數量由少到多，規模從小到大，內容從單一到多樣，方式從旁觀到參與，組織層次從初級向高級發展的過程，已經成為了國際節慶活動的大國。但中國節事活動還存在不少問題，如數量眾多，呈現普遍開花的趨勢，但品牌知名度高、走向國際化的節事活動比較少；地域分布不均衡，東部多，西部少；主題選擇上撞車現象比較多，特色活動較少；政府干預過多，往往政府部門牽線主辦，較少考慮企業承辦，造成活動成本高，財政負擔過重，市場作用未發揮，節事績效不顯著；經濟文化結合力度不夠，很多活動單純追求經濟效益，而忽視了人的情感需求和精神文化追求，公眾參與不理想，文化內涵尚有待於挖掘。隨著中國節事活動業的發展，對節事活動的組織和管理也正逐步走向正規。一些創辦比較久、有一定歷史的品牌活動正在逐漸向市場化的運作模式轉變，青島國際啤酒節就是其中比較成功的一例，走出

了一條從政府主辦到民辦公助再到以節養節的路子，實行「管辦分離」，啤酒節辦公室的身分不再既是承辦者也是管理者，而是騰出更多的精力做好規劃、管理、協調、服務和保障等工作，具體活動由企業承辦，使各項活動更加專業化、市場化、規範化，從而實現與國際通行的重大節慶活動承辦方式的有機接軌。

本章附錄2

獎勵旅遊1960年代起源於美國，當時不少公司發現由公司支付費用表彰和獎勵那些工作成績突出的銷售人員及其配偶到有異國情調的旅遊目的地去旅行，能成為非常有用的激勵手段，後來逐步被全世界許多國家採用。目前美國一半企業都採取獎勵旅遊的辦法激勵員工。在英國，企業五分之二的獎勵資金是以旅遊的方式支付的。在法國和德國，也有超過半數企業實行獎勵旅遊方式。在東南亞一些國家和地區如新加坡等，獎勵旅遊非常流行，已成為企業獎勵員工的主要方式。而在中國，儘管獎勵旅遊市場的開發剛剛起步，但已表現出巨大的潛力和強勁的發展勢頭。

參加獎勵旅遊的對象不僅包括企業員工，而且包括企業外部的企業產品供應商、經銷商、企業品牌的忠實消費者，他們共同構成了參與的主體。生產商對零售商的獎勵這種類型的獎勵旅遊在國際上常常可見。生產商往往會將對零售商的旅遊獎勵，當成是產品促銷策略中的重要一環。如日本佳能公司複印機部對零售商制定的政策就是，不同的複印機按不同的點數計算，只要銷售達到一定的點，比如100點，就有資格參加每年的出國獎勵旅遊。獎勵旅遊作為一種現代的管理工具，從一定程度上而言，它真正目的是為企業樹立形象、宣傳企業的理念，力求最終能提高企業的業績，促進企業未來的發展；而提供獎勵旅遊服務的是專業機構，如旅行社、旅遊公司等，它們是具體獎勵旅遊活動的組織、安排和實施者。由於獎勵旅遊團規模大、檔次高，並非所有的旅行社、旅遊公司都具有承辦獎勵旅遊的能力，只有那些經驗豐富、具有相當高的專業素質、臨時應變能力和危機處理能力強的才能保證行程順利進行。

一些研究管理問題的心理學專家在經過大量調查和分析後發現，把旅遊作為獎品來獎勵員工、客戶時，所產生的積極作用遠比金錢和物質獎品的刺激作用要

強、要好得多。透過獎勵旅遊中的一系列行之有效的活動，如：頒獎典禮、主題晚宴、企業會議、贈送貼心小禮物等，將企業文化、理念有機地融於獎勵旅遊活動中，還有，如企業的高層人物若出面作陪等，這對參加者既是一種殊榮，也對其他員工造成了教育作用，同時還可有效地調整企業上下層、企業與客戶間的關係，增強他們對企業的認同感，尤其是連續多年的獎勵會使員工產生強烈的期待感，能夠形成良性的循環作用。獎勵旅遊也為企業與員工、企業與客戶、員工與員工、客戶與客戶之間創造了一個在放鬆的情境下比較特別的接觸機會，加強了彼此間的溝通與瞭解，為今後開展工作和業務交流提供了便利。而且較大規模的獎勵旅遊完全也可視為企業的一次市場宣傳活動，如SARS過後，北京的一些旅行社推出的慰問白衣天使的活動，免費獎勵在SARS一線工作過的醫生護士到北戴河或馬來西亞旅遊，就是為樹立企業形象而選擇的獎勵旅遊方式。

　　獎勵旅遊產品屬於「三高」產品，即高端旅遊產品、高利潤旅遊產品和高效用旅遊產品。獎勵旅遊具有高消費、高檔次、高要求的特點，每個旅遊者手中有較多的錢用於購物，是一項非常有潛力的高消費的專項旅遊活動。一個獎勵旅遊團的平均規模（人數）是110人，而每一個客人的平均消費（僅指地面消費，不包括國際旅行費用）是3000美元；一個豪華獎勵旅遊團隊通常是一個普通旅遊團的5倍，要求豪華酒店、特殊安排的旅遊線路、大型晚宴、一流的會議設施設備、專業化和高質量活動，而且在旅遊活動內容、組織安排以及接待服務上要求盡善盡美。高利潤旅遊產品體現在參加獎勵旅遊團的人數較多。北京市旅遊局曾對北京高端旅遊市場進行了調研，結果顯示，北京高端旅遊中，消費水平最高的部分是獎勵旅遊和會議（特別是人數較少的公司會議）。其中獎勵旅遊以其相對很少的數量和相對很高的消費顯示出這一市場未來的巨大發展潛力。根據國際獎勵旅遊協會的研究報告，獎勵旅遊市場回報率極高，一個中等規模獎勵旅遊團的平均投資回報比率為1：47，即每投資1元，市場將回報47元。獎勵旅遊團在季節上一般都錯開了旅遊的旺季月份，而這無疑又填補了旅遊公司、旅行社的淡季業務空白。活動結束後，客戶在未來12個月的時間裡回頭諮詢反饋的比率是80%，其中有效比率（即實際成團的比率）為15%～20%。新加坡旅遊局經過分析發現，到新加坡的中國獎勵旅行團的消費能力比一般旅行團要高出1.4倍。而

其高效用性是指參與者往往還要附帶一定的工作任務，為了更好地滿足旅遊需求，他們也希望能獲得旅行社提供的旅遊之外的服務；目的地都經過特別的挑選，一般為本國人不易前往，必須耗費大量旅資才可前往的地方；活動內容由有關旅遊企業特別安排，並且在旅遊期間公司首腦往往還組織受獎者共商公司發展大計。獎勵旅遊不同於一般意義上的觀光和商務旅遊，它通常需要提供獎勵旅遊服務的專業公司來為企業「量身定做」，使獎勵旅遊活動中的計劃和內容儘可能地與企業的經營理念和管理目標相融合，並隨著獎勵旅遊的開展，逐漸體現出來。因此無論是對獎勵旅遊產品的本身，還是對設計這些旅遊產品的專業公司都提出了較高的要求。

目前全球每年有350萬人次的獎勵旅遊市場，歐洲和美國是國際上最大的獎勵旅遊市場。美國是獎勵旅遊市場最發達的國家，占整個國際市場的1／2，歐洲為其主要的海外旅遊目的地。1996年，美國26%的公司傾向於以非現金方式獎勵員工，當年228億美元的獎勵花費中至少有35億美元用於獎勵旅遊。2000年美國企業用於獎勵的269億美元中，近98億美元花費在獎勵旅遊上，占總花費的36%。英國是歐洲最大的獎勵旅遊市場，1997年其獎勵旅遊消費達4.5億歐元。歐洲短途獎勵旅遊目的地多為法國、德國、西班牙、義大利等國，而長途獎勵旅遊目的地以美國及加勒比海為主。亞太地區獎勵旅遊市場主要分布在澳大利亞和日本。日本東京一直以來都是許多亞洲企業選擇的獎勵旅遊城市，面對更多大城市的激烈競爭，東京近期最主要的訴求主題是「Tokyois Changing」。為了發展更多的獎勵旅遊市場，東京將進行三處重要建設計劃，包括Poppongo Hillarea（六本木商業區）、Shinbashi-Shiodomearea（新橋汐商業區）及Shinagawaarea（品川商業區）等。日本的出國旅遊中，20%是獎勵旅遊。

亞洲的獎勵旅遊業雖然相對落後，但近幾年頗受各國政府重視並得到了快速的發展。旨在增進亞洲地區MICE產業交流及聯絡的亞洲IT&CMA（獎勵旅遊及會展旅遊）已經連續舉辦了11屆。其中，第11屆會議的主題是「開拓你的疆界與機會」，於2003年11月4日～6日在泰國曼谷舉行，買家來自全世界39個國家，其中歐洲最多，占48%，亞洲占42%，北美占6%，中東占1%。由於亞洲IT&CMA從2002年起連續三年在泰國召開，這給了泰國旅遊界一個極好的展示和

推廣會議與獎勵旅遊產品、服務和設施的機會。泰國旅遊局表示，推廣會議及獎勵旅遊是要在2006年將泰國建成「亞洲旅遊之都」計劃的重要內容。而據泰國獎勵會議部門統計，2002年，泰國會議和獎勵旅遊出席人次達到412919，同比增長了23.12%；隨同團隊達到59365個，增長21.50%；包括隨同團隊的花費，所有活動的收入為3429.7億泰銖，比上年增長了23.75%。由於具有高度安全的環境，交通便利，加上多國免簽證等優勢，香港旅遊發展局也把獎勵旅遊客源視為焦點市場，並於2003年8月率先推出了首個「Imagine Hong Kong」活動。針對短途市場，邀請50多個東南亞的旅遊業界人士參與一個4天的行程；針對長途市場，邀請了70位來自歐洲、美國、加拿大、澳大利亞及新西蘭的獎勵旅遊代理商及傳媒參加新一輪的獎勵旅遊推廣活動，為代表們特別安排了有風水師沿途講解的維港遊等別具特色的行程。而且為2004年3月31日前到香港的獎勵旅遊團，特設了「Hong Kong Rewards！」即給予10人或以上的海外團體超值優惠及30人或以上的海外團體可選擇更多由香港旅遊發展局贊助的各種文化表演節目。新加坡是國際頂級的會展之都，擁有良好的軟、硬體設施可以承辦各種類型的會議、展覽及獎勵旅遊。過去10年來，新加坡的獎勵旅遊市場每年都有較大的增長。自1994年起，平均每年約有3100個獎勵旅遊團體、超過12萬名獎勵旅遊旅客前往新加坡。中國獎勵旅行團目前是新加坡第三大的旅客來源，據新加坡旅遊局2003年9月份的統計，從中國到新加坡參加獎勵旅遊的人，比上年增加了將近60%。

中國占全球獎勵旅遊的市場份額很小，不到1%。近年來，旅遊部門和旅遊企業開始積極培育和推廣獎勵旅遊市場。北京是中國獎勵旅遊市場最發達的城市，豐富的歷史文化遺存，使得北京擁有發展獎勵旅遊的良好條件。從2000年開始，北京即以主題為「現代皇城」的獎勵旅遊為切入點開始了對高端旅遊市場的開發。在過去的幾年中，北京市旅遊局每年邀請世界各地的會議及獎勵旅遊商來京考察，該局組織的「Beijing Motivation」活動也取得了良好的效益。經過數年的耕耘，如今北京已是中國獎勵旅遊開展最活躍的城市。而去年年末，國際獎勵旅遊協會組織（SITE）中國分會在北京正式成立，又讓北京擁有了開展獎勵旅遊的國際平臺。經中國香港旅遊協會協助組織，2003年北京市旅遊局邀請來自

美國、加拿大、英國、新西蘭等國家的26　家頗具實力的經營獎勵旅遊的旅行社總裁、副總裁近百人，於2007年3月25日至27日到北京進行了為期三天的獎勵旅遊資源考察，並簽下多個訂單。國、中、青和廣之旅等旅行社幾年前就成立了專門開發和推廣獎勵旅遊產品的會獎旅遊部（處），並舉辦過一定範圍的獎勵旅遊產品推介會；和平國旅還加入了國際獎勵旅遊協會（SITE），成為中國大陸的唯一會員，並在美國註冊了「中國獎勵旅遊網」；隨著政府及業內對會獎旅遊的重視，北京已經連續成功舉辦了兩屆中國商務及會獎旅遊展覽會，上海也於2006年舉辦了首個會議展覽獎勵專業旅遊展覽會——中國（上海）會議展覽獎勵專業旅遊展覽會，主辦方不僅邀請了眾多跨國公司、國有大型企業、行業協會的特邀買家及VIP貴賓到會參觀，而且安排了一系列有關差旅管理及獎勵旅遊的話題講座，為境內外旅遊供應商、企業挑選旅遊產品，給出專業的解決方案；不少旅遊商務網站和旅行社企業的網站上都有專門的獎勵旅遊產品和獎勵旅遊線路介紹。尤其2006年11月在西班牙巴塞羅那召開的「國際獎勵旅遊協會組織（SITE）國際大會」上，中國正式成立了第一個總部設在北京的「SITE中國分會」，使得中國2006年年底和2007年年初掀起了會獎旅遊的小高潮，在中國會獎旅遊市場上颳起了不小的旋風。

經過精心培育和不斷推廣，獎勵旅遊作為一個新興的旅遊項目，越來越受到中國國內一些企業和員工的青睞。現在參加的企業由外企逐步發展到民企、國企；地域也從北京、上海、廣州等發達城市拓展到了西安、成都等西部城市；目的地也由省內、國內走向了國外；人數和費用也都不斷提高。北京是中國外國遊客首選的獎勵旅遊目的地。

隨著旅行社業的更加開放和更多外資旅行社的進入，對中國剛剛起步的獎勵旅遊市場無疑將是一個巨大的挑戰。對此我們的旅遊企業要提前作好準備。一是要加強研究、探索和交流，積累經驗，不斷提高開發獎勵旅遊市場的專業化水平，逐步做到設計專業化、產品專業化、接待專業化、服務專業化；二是要著眼於產品的高價值，保持獎勵旅遊市場的高端性，避免無序的價格競爭，影響中國作為獎勵旅遊目的地的市場形象和品牌形象；三是要多條腿走路，既要組織中國國內企業的獎勵旅遊團走出去，更要把國外大型的獎勵旅遊團請進來；四是要把

獎勵旅遊和會展旅遊、商務旅遊等綜合起來考慮，加強區域合作，透過培訓加快培養獎勵旅遊專業人才。

第二章 基本概念

◆章節重點◆

1.掌握會議的概念與不同分類

2.熟悉會議內容的有關概念

3.掌握會議人員構成方面的基本概念

4.掌握展覽的概念與類型

5.熟悉展覽內容的有關概念

6.掌握展覽人員構成方面的基本概念

7.掌握其他與會展相關的專業詞彙概念

　　什麼是會議？什麼是展覽？會議包括哪些類型？如何對展覽進行分類？什麼是議題、主題？什麼是世界博覽會？本章將對此做基本的界定與介紹。

第一節 會議基本概念

一、會議的分類

　　會議是由三個人或三個人以上參與的有組織有目的的一種短時間聚集的集體活動方式。

　　（一）根據會議參加者以及名稱的分類

　　根據會議的參加者和英文名稱的不同，通常有如下區分：

　　（1）會議（Meeting）。它是為了某一目的進行聚會的通用總稱。該詞含義

很廣，它的最初意思是指與某人見面或聚首。在這裡，凡是一群人在特定時間、地點聚集起來研商或進行某項特定活動均可以稱為會議。它是各種會議的總稱，包含年會、專門會議、代表會議、研討會、論壇等，以及各類有準備或無準備的、正式或非正式的、時間可長可短的、規模可大可小的、參加人數可多可少的各種會議。如要明確會議種類，需要對會議名稱進行進一步劃分。

（2）大會（Assembly）。大會是指一個組織或公司、協會、俱樂部的正式全體會議。參加者以其成員為主，其目的可以是決定立法方向、政策、內部選擇、同意預算、財務計劃等。所以，大會通常在固定的時間及地點定期舉行，也有一定的會議程序。如每年的聯合國大會（General Assembly of the United Nations）。

（3）專門會議（Conference）。它是有一個特定的主題的正式會議，通常有許多與會者參加討論和參與活動，一般持續幾天。專門會議的議題通常涉及具體問題，並就此展開討論，可以召開分組會，也可以召開大會。如中文網誌年會（en-Chinese Blogger Conference）、世界重油大會（World Heavy Oil Conference）、由聯合國舉辦的第四屆世界婦女大會（World Conference on Women）等。相比較而言，專門會議一般是指特殊專業或學術活動。

（4）大會或年會（Convention）。大會是指就某一特定的議題展開討論的聚會，議題可以涉及政治、貿易、科學或技術等領域。年會通常包括全體代表大會和附帶的小型分組會議，有時還附帶展覽。一般由社團、專業學術協會或非政府組織主辦，而且多數年會是週期性的，最常見的週期是一年一次。例如中國連鎖經營協會主辦的中國特許加盟大會（Chinese Franchise Convention）等。年會（Convention）這一字眼常被貿易界用於一般性的會議，而專門會議（Conference）是常常被科技界使用的術語，貿易界也使用這個詞。因此，兩者沒有實際意義上的區別，僅僅是慣用語不同而已。

（5）代表會議（Congress）。代表會議一詞最常被歐洲人和國際性會議使用。基本特點是政府或非政府組織的代表或委員參加。它的舉辦常常是為瞭解決爭端、討論計劃和公眾利益。通常規模大，有代表性，範圍廣。在性質上，代表

會議是與專門會議相類似的活動，如全國人民代表大會〔簡稱「全國人大」，National People's Congress（NPC）〕、世界休閒大會（World Leisure Congress）。

（6）論壇（Forum）。其特點是就某一主題反覆深入地討論，一般由小組組長或者演講者來主持，有不少聽眾參與其中，小組組長和聽眾提出各種問題，發表各種不同的意見與想法，再進行反覆討論，兩個或更多的發言人可以就各自的不同意見向聽眾，而不是向對方，進行闡述，最後由主持人做總結。論壇參與者的身分均須事先被認可。如博鰲亞洲經濟論壇（Bo'ao Forum for Asia）、體育營銷國際年會（International Sportmarketing Annual Forum）。

（7）專題學術討論會（Symposium）。它的複數形式為Symposiums或者Symposia。專題學術討論會專指特殊學術討論的集會。在專題會上，某一特定領域的專家、學者和與會者就特定主題發表論文，並共同就問題加以討論和提出建議。與專門會議（Conference）相比較，專題學術討論會一般更狹義，特指某一範圍，在規模上專題會比討論會小，因為有時候一個討論會包括幾個同時舉行的專題會（如衛星專題會）。與forum相類似，參與人數較多，會期在2～3天，進行方式比論壇更為正規。典型的特點是一些個人或者專門小組要做示範講解。一定數量的聽眾會參與討論。但是相對論壇而言，會議中較少有觀點和意見的交流。

（8）研討會（Seminar）。它是指一群具有不同技術但有共同特定興趣的專家為達到訓練或學習的目的而聚集在一起所召開的一次或一系列會議。與其他類型的會議相比，研討會通常有充分的參與性，與會者討論一個由幾個主要發言者提出的題目或特殊主題，同時，其他的人先聽之後參與討論，由一位主持人協調各方。這是一種演講（前）加討論（後）的會議模式。

（9）研習會（Workshop）。通常指就專項問題或任務進行的討論，與與會者分享知識、經驗、技能，強調實踐演示、示範與操作。研習會的特點是面對面的活動，使所有與會者充分參與進來，通常被用來進行技能培訓和訓練。

（10）學習討論會（Colloquium）。通常指大型的學術會議分小組討論。邀

請一群某一領域的專家或業內人士參加,與會者表達他們在特定領域的思想和看法,聽眾可以提問。

(11)講座(Lecture)。講座是一種比較正式或者說組織較為嚴密的活動,通常由一位專家單獨做演講或示範,會後有時會安排聽眾提問。講座規模的大小不定。

(12)靜修會(Retreat)。靜修會通常是小型會議,一般在邊遠地區召開,其目的是為了增進瞭解和友誼,或是進行項目策劃工作,甚至純粹是為「躲清靜」。

(13)專題討論組(Panel)。由一位組長主持,一小群專家作為座談小組成員,他們針對專門課題提出其觀點再進行座談。小組成員之間、主要發言人與組員之間都可進行討論。

(14)討論分析課(Clinic)。討論分析課常用於培訓項目,就某一課題進行指導和操練。形式基本以小組為主。

(15)高峰論壇,峰會,首腦會議(Summit)。它是一種政府首腦級的或企業、行業最高級別的會議,如G8 summit(八國峰會)、2005CCW CIO & CEO Summit(2005中國「IT兩會」中國IT財富峰會年會、中國資訊主管峰會年會)等。

除以上提到的會議名稱外,還有集會(Rally)、聚會(Gathering)等。

(二)根據會議的目的分類

根據會議的目的,可以分為:

1.研討會議

研討會議通常專業性較強,參與的人數不是很多,除非是行業標準討論,一般不會超過100人。這類研討會的關鍵點是會場及地點選擇。

除一般性的主會場外,通常需要一些小型會所以便分組討論。主會場的布置除主持人座位外,其他座位應當體現平等精神,發言用的麥克風應該每個座位都

有——除非人數少於15人。

關於地點,通常選擇相對封閉、安靜、利於保密的地點,最好能在郊區環境優美的會所——應當滿足夜間娛樂休閒、團隊精神訓練、場景變換、交通相對方便等要求。

2.培訓會議

培訓會議也是專業型會議,通常由企業內部或者教育部門舉辦。除帶有研討性質外,更多的是技能交流及知識傳授,所以培訓會議對場地的要求相對較高——除了一般的封閉式會場外,應該還有各類拓展訓練設施或者場地,可能的話還應該有高品質的休閒放鬆場地。培訓會議的關鍵點:場地、培訓設施及培訓師。

3.社團會議

社團會議通常為純會議,往往需要發布一些宣言或者決議之類的書面資訊。所以社團會議經常配合新聞發布會舉行。舉行此類會議,表決設施、現場會員排序及會場控制是關鍵。作預算的時候應當考慮新聞傳媒成本——包括記者的邀請、交通、住宿及餐飲安排等。

4.公益性／技術性論壇

此類會議多為公開性會議,系列分會將是此類會議的特點,所以會議場所的選擇非常重要,基本要求是場地可以分割或者主會場附帶小會場,對會議設施要求也比較高——同聲傳譯、傳媒記者招待、多媒體、視頻直播以及討論場地等均有可能要求提供。此外,如果會議主辦地的會場不能滿足幾種分割要求,那麼會務交通就成為需要重點考慮的內容。

5.訂貨交流會議

此類會議實際上兼有展覽性質,因此會場的要求相對特別。理想的場地應該是專門的展覽館或者會展中心,帶有商務會所或者類似場地則更好。如果是小型訂貨交流會,可以設立在大型商務型酒店。組織或者代理此類會議的關鍵點是:場地選擇、會場控制、展覽布置。

6.獎勵會議

獎勵會議是對員工、分銷商或客戶的出色工作表現進行表彰獎勵的會議。

除此之外，根據會議的範圍，還可以分為國際會議和國內會議。所謂國際會議，主要是指數國以上的代表為解決互相關心的國際問題、協調彼此利益，在共同討論的基礎上尋求或採取行動（如通過決議、達成協議、簽訂條約等）而舉行的多邊集會。國際會議各式各樣，可以劃分為許多類型：雙邊的或多邊的；政府間的或民間的；單一議題的或多種議題的；國際組織召開的或非國際組織召開的；世界性會議或區域性會議；發展中國家會議或發達國家會議等。就國際會議本身所討論、解決的問題而言，又可以分為：和平會議、軍事會議、外交會議、經濟會議、政治會議等。現在國際會議更為頻繁、涉及的範圍更加廣泛，國際會議大多致力於解決人類社會普遍關心的共同問題，如經濟發展、社會進步、生態保護等。同時，非政府性的、民間的國際會議大幅度增加。國內會議指與會代表均來自於國內。

二、會議活動中的若干基本概念

（一）會議內容的有關概念

1.主題與議題

會議主題是會議主要內容和實質問題經過高度概括化後形成的會議目標。透過它，會議潛在參與者可以瞭解會議的大體內容。選好會議主題是會議成功的重要因素。會議中所有發言、專題討論、小組討論及活動安排都要緊緊圍繞會議主題。

會議議題是圍繞會議主題並對會議主題具體化的數個擬討論的問題。

下面以首屆「世界佛教論壇」會議為例，來看看主題和議題的確定。

知識連結2—1：

首屆「世界佛教論壇」會議

首屆「世界佛教論壇」將於2006年4月13日至16日在浙江省杭州市和舟山市

舉行。會議主題為：「和諧世界 從心開始」。

「和諧世界」——不同國家、不同民族、不同宗教共同致力於建設一個持久和平、共同繁榮的和諧世界。

「從心開始」——心淨國土淨，心安眾生安，心平天下平。

首屆「世界佛教論壇」會議分議題如下：

1.佛教的團結合作

著重探討：佛教中和諧的理念，進一步發掘佛教教義中淨化心靈、自淨其意的豐富資源；增進佛教大乘與上座二乘、南北傳、三大語系的團結與合作；推進新世紀僧伽教育的和諧發展，加強佛教教育與社會教育之間的互動；因應網路時代，推進佛教弘法利生事業；探討佛教第七次結集的可行性；加強世界各地佛教組織的聯繫與合作；展望世界佛教青年活動的未來。

2.佛教的社會責任

著重探討：佛教與環保，增進人與自然的和諧；運用佛教倫理幫助提升社會道德，促進人與人之間的和諧；探討佛教與科學的和諧關係；進一步推進佛教社會慈善事業，興辦慈善機構，扶危濟困，賑災救難；探討身心淨化與人類的永續發展問題。

3.佛教的和平使命

著重探討：人類的共存共榮問題，研究如何消解地區間紛爭與衝突，共同建設人間淨土；佛教對世界文化發展的貢獻；如何增進世界不同文明之間的對話、減少文明隔膜與衝突。

知識連結2—2：

第六屆亞歐財長會議主題

第六屆亞歐財長會議的主題是「進一步深化亞歐財金合作」，主要討論三項議題。

一、全球宏觀經濟形勢，旨在促進財長們就對亞歐各成員國具有戰略意義的

宏觀經濟問題進行討論和交流。財長們將重點討論全球經濟不平衡及全球經濟可持續發展面臨的挑戰，如油價攀升，利率上漲及其應對政策。

二、全球發展問題，旨在促進亞歐對發展問題的對話。財長們將就兩地區千年發展目標的進展進行審議，並對實現千年發展目標面臨的挑戰及其政策應對措施進行討論。

三、深化亞歐財金合作，旨在透過具體行動促進亞歐財金合作，並探討進一步加強亞歐長期合作的新途徑。財長們將就天津倡議的四項主要內容，即亞歐信託基金、加強亞歐能力建設、亞歐會議更緊密經濟夥伴關係工作組報告的後續行動及建立亞歐應對突發經濟和金融事件的緊急對話機制等進行深入討論。

2.會議場地

會議場地包括：會議室、休息室／貴賓室、會中休息處、大廳、登記臺、辦公室、展覽場地及其他區域。

會議室是開會的場所，同時又是放置會議電視設備的場所，因此會議室的設計合理性決定了會議電視圖像的質量，也直接影響開會的效率。完整的視訊會議室規劃設計除了可提供參加會議人員舒適的開會環境外，更重要的是逼真地反映現場（會場）的人物和景物，使與會者有一種臨場感，以達到視覺與語言交換的良好效果，由會議室中傳送的圖像，包括人物、景物、圖表、文字等，應當清晰可辨。

會議室的類型。會議室的類型按會議的性質進行分類，一般分為公用會議室與專業性會議室。公用會議室適用於對外開放的會議，包括行政工作會議、商務會議等。這類會議室內的設備比較完備，主要包括電視機、話筒、揚聲器、受控攝像機、圖文攝像機、輔助攝像機（景物攝像等），若會場較大，可配備投影電視機（以背投為佳）。專用性會議室主要供學術研討會、遠程教學、醫療會診使用，因此除上述公用會議室的設備外，可根據需要增加供教學、學術用的設備，如白板、錄像機、傳真機、影印機等。

會議室大小。會議室有大小之分，大會議室用於舉行全體大會，小會議室用

於召開大會的會議主席團會議、委員會祕書處會議、分組討論會或者小型會議。會議室的大小與電視會議設備、參加人員數目有關。可根據會議所參加的人數多少，在扣除第一排座位到主席臺後的顯示設備的距離外，按每人2㎡的占用空間來考慮，甚至可放寬到每人占用2.5㎡的空間來考慮。天花板高度應大於3㎡。

會議室的環境。會議室內的溫度、濕度應適宜，通常18℃～25℃的室溫，60%～80%濕度較合理。為保證室內的合適溫度、合適濕度，會議室內可安裝空調系統，以達到加熱、加濕、製冷、去濕、換氣的功能。會議室要求空氣新鮮，每人每時換氣量不小於18m³。會議室的環境噪聲級要求為40dB（Ａ），以形成良好的開會環境。若室內噪聲大，如空調機的噪聲過大，就會大大影響音頻系統的性能，其他會場就難以聽清該會場的發言。

休息室／貴賓室是會議貴賓或代表在會前或會議進行中稍作休息的場所，這種臨時性的休息處對於一般會議出席者可安排在會議室外面的沙發上，而對於貴賓來說就需要有貴賓室作為單獨的休息場所；會中休息處是會議中間休息時與會者喝咖啡或喫茶點的地方，也是與會者交談、交流的場所。可以利用會議室旁邊專門的房間，也可以利用會議室的後面或大廳、門口空閒處；大廳可以用作與會者現場註冊（報到）、等待、集合、社交的場所；登記臺一般設置於大廳內，用於與會者現場註冊（報到）、交費等；辦公室是會議組織者在會議期間辦理會議事務的地方，為會議提供打字、翻譯、複印、錄音、傳真等服務；展覽場地用於舉辦與會議主題密切相關的附設展覽；其他區域如存儲區用於存放附設展覽展品。

3.會議室布置

（1）會議室桌椅的排列方式

下面是常用的排座方式：

禮堂式（Auditorium Style）／劇院式（Theatre Style）

這是最常用的排座方式之一，最前面是主席臺，一排排坐椅面對主席臺，中間留有較寬的過道。這種排座方式適合不用記太多筆記的大會、講座和論壇等

（如圖2-1所示）。

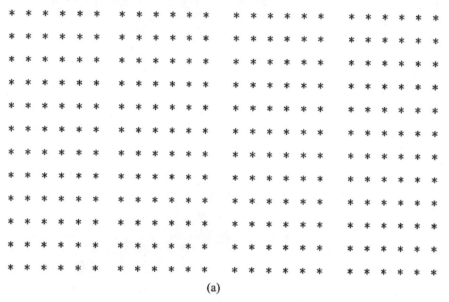

（a）

（b）

圖2-1（a）（b）（c）禮堂式／劇院式排座

(c)

圖2-1 續

　　特點是在留有過道的情況下，最大限度地擺放坐椅；觀眾沒有地方放資料，也沒有桌子可用來記筆記。

　　禮堂式／劇院式排座有多種變形，可以是半環繞形（圖2-2）、半圓形（圖2-3）及V形（圖2-4）。

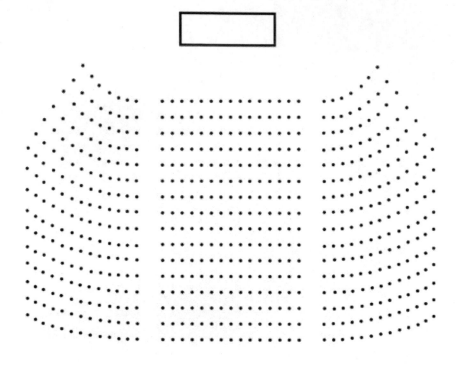

圖2-2 半環繞形

　　最後要注意主席臺上的桌子是否圍上桌裙，桌裙下擺是否和主席臺上桌子的高度一樣。

　　教室式／課堂式（Classroom Style / Schoolroom Style）

　　教室式／課堂式（圖2-5）也是最常見的會議場地布置方法之一，最前面是投影屏幕或白板，接著是講臺，聽眾席上擺放桌子和椅子，與會者可以做記錄。這種布置排列形式就像課堂一樣，不僅適用於大型會議，也適用於小型會議、典禮、小型演講會或討論活動，所以又稱為研討式排座。可以結合房間面積和觀眾人數，將桌椅端正擺放或成「V」型擺放，每一排的長度取決於會議室的大小及出席會議的人數，中間留有1～3個走道，方便發言人走進與會者中間和大家交流。在安排布置上有一定的靈活性。其排座方式的優缺點基本與劇院式/禮堂式

相似，可以增加會議的嚴肅氣氛並將會議出席者的注意力集中到主席臺，還可以
最大限度地利用場地空間，所以場地小而人數較多的會議多採用此方式。但因有
前後排之分，較難為看重平等身分和地位的會議出席者安排座位，並且前排往往
容易擋住後排的視線。

圖2-3 半圓形

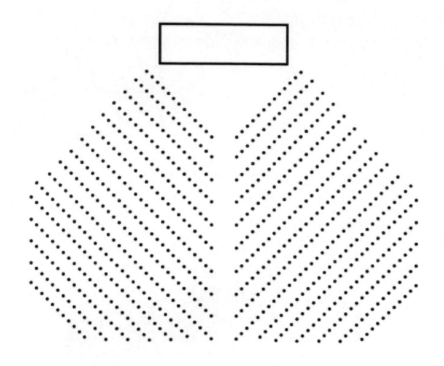

圖2-4 V形

馬蹄形或「U」形（Horseshoe / U-shape）

　　馬蹄形和「U」形的排座非常相似，主席臺可以與與會者的座位相連，也可以擺放於U形或者馬蹄形的開口上方，每個會議出席者都面向主席臺，彼此互不遮擋，適用於講演者使用視聽設備進行陳述的活動。兩者比較而言，只不過馬蹄形的布置形式把主席臺和一般與會者座位的距離更近些，感覺更隨意些，而且看上去排列的線條更柔和。

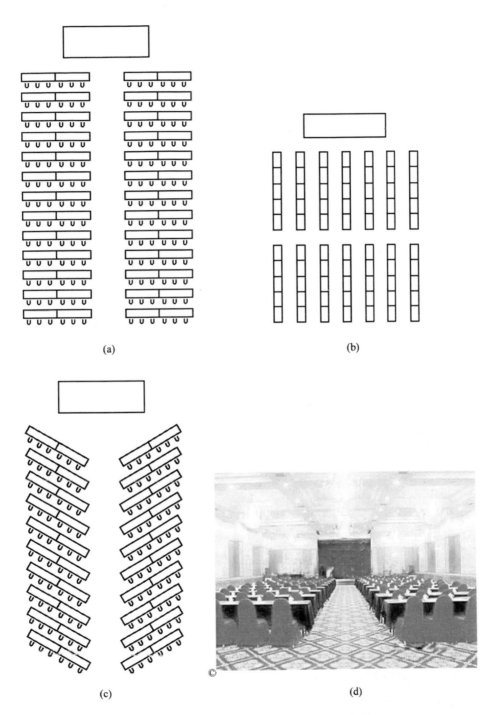

(a)

(b)

(c)

(d)

圖2-5 （a）（b）（c）（d）教室式／課堂式排座

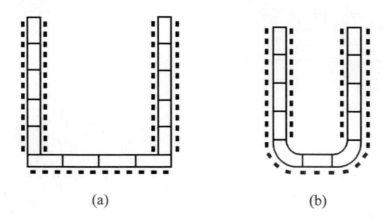

(a)   (b)

(c)

圖2-6 （a）（b）（c）馬蹄形或「U」形

　　還有一種是疊層U形（圖2-7），特點基本與U形相同，即主席臺放在疊層U形的開口上方，而安排的人數較U形多，裡面的U形安排較重要的與會者，外層的U形安排普通與會者。

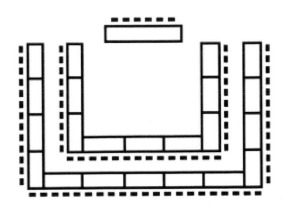

圖2-7 疊層U形

　　椅子可以擺在桌子外圍也可以內外都擺放，但需要注意的是所有會議桌前的桌裙高度要和桌子的高度一致。

　　方形（圓）中空式（Hollow Square / Hollow Circular）這種布置適合不想安排主席臺或將主席臺與與會者桌子連接在一起以體現與會者各方身分與地位平等的會議。會議桌擺成方形或圓形，也可以為多邊形，桌子之間緊密相連，不留缺口，在其中間的空隙內，可以擺放一些花草裝飾以增加會議的溫馨感。坐椅安排在桌子的外側，而且需要在桌子的內側圍上桌裙。

　　方形（圓）中空式排座（圖2-8）通常用於會議人數不多，最多為40人，規格較高，與會者身分都重要的國際會議或討論。其中圓形布置適用於不具有談判性質的會議，正方形或多邊形適用於具有多邊會談或多邊談判性質的會議。

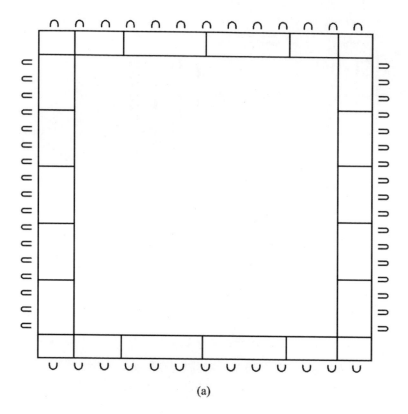

(a)

(b)

圖2-8 （a）（b）中空方形排座

橢圓形（長方形）中空式（Hollow Oval / Hollow Rectangle）

這種布置形式與方形（圓）中空式非常相似，將主席臺與與會者連接在一起，形成橢圓形或長方形，中間留有空隙，可以擺放花草裝飾，椅子放置於桌子外圍。不同的是座位有主次之分，不像方形（圓）中空式那樣與會者和與會者各方完全平等。

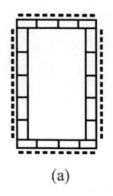 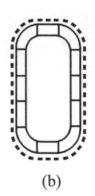

(a)　　　　　　　　　　(b)

(c)

圖2-9 （a）（b）（c）橢圓形（長方形）中空式

「T」形（T-shape）

「T」形排座是「U」形排座的一種變形。如圖2-10，主席臺中心部位伸出

一排臺子，由一排或兩排會議桌椅面對面擺放，長度可按需要而定。適用於與會者人數較少的會議。

「E」形（「E」-shape）

「E」形是「U」形排座的另一種變形，可以安排更多的與會者。在椅子之間留出一定的距離，可供人員走動。

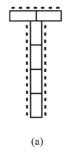

(a)

(b)

圖2-10 （a）（b）T字式排座

長桌式或談判式（Board of Directors）

小型會議最通常的排座方式是長桌式，也稱為董事會式或談判式或傳統式。將長度相同的兩張長形桌子並在一起按一行排座，長度可按實際需要而定。許多酒店的會議室通常都用上好質地的木桌和豪華舒適的坐椅，布置成固定的長桌式會議廳。橢圓形長桌式是長桌式的變形，只是在長桌式的基礎上，兩邊分別加上一個圓桌就可以了。

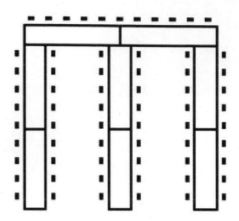

圖2-11 E形排座

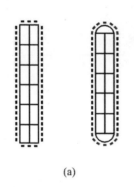

(a)

(b)

圖2-12 長桌式或談判式排座

圓桌式（Round Table）

　　所謂圓桌式，是指一種平等對話的協商會議形式，與會者均圍圓桌而坐，不分主次。在國際會議的實踐中，主席和各國代表的席位不分上下尊卑，可避免其他排座方式出現的一些代表席位居前、居中，另一些代表居後、居側的矛盾，更好地體現了各國平等原則和協商精神。

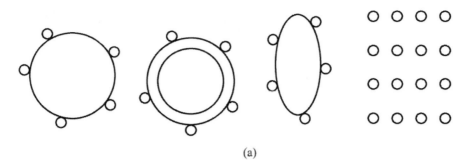

(a)

(b)

(c)

圖2-13（a）（b）（c）圓桌式排座

圓桌式排列最經常見的是在宴會會場，所以又叫宴會式。多用於與酒會、飲食結合在一起的會議，中間的圓桌上可以放上鮮花或其他展示物，顯得比較隨意，很方便進行分組討論，有利於調動與會者參與的積極性。

（2）會議室基本設施與布置

會議室一般配置講臺、JVC實物展示臺、音響、幻燈機、錄像機、多媒體投影機、投影機架、VCD／LCD／DVD機、銀幕、錄音等基本設施與設備。

為保證會議室供電系統的安全可靠，應採用三套供電系統。第一套供電系統作為會議室照明供電；第二套供電系統作為整個終端設備、控制室設備的供電，並採用不中斷電源系統（UPS）；第三套供電系統用於空調等設備的供電。

接地是電源系統中比較重要的問題。控制室或機房、會議室所需的地線，宜在控制室或機房設置的接地總線上引接。如果是單獨設置接地體，接地電阻不應大於4W；設置單獨接地體有困難時，也可與其他接地系統合用接地體，接地電阻不應大於0.3W。必須強調的是，採用聯合接地的方式，保護地線必須採用三相五線制中的第五根線，與交流電流的零線必須嚴格分開，否則零線不平衡電源將會對圖像產生嚴重的干擾。

會場四周的景物和顏色，以及桌椅的色調也很重要。一般忌用「白色」、「黑色」之類的色調，這兩種顏色對人體視覺會產生「反光」及「奪光」的不良效應。所以牆壁四周、桌椅均採用淺色色調較適宜，如牆壁四周用米黃、淺綠色，桌椅用淺咖啡色等，南方宜用冷色，北方宜用暖色。可以考慮在室內擺放花卉盆景等清雅物品，增加會議室整體高雅、活潑、融洽氣氛，對促進會議效果很有幫助。

燈光照度是會議室需要考慮的因素。攝像機均有自動彩色均衡電路，能夠提供真正自然的色彩，從窗戶射入的光（色溫約5800K）比日光燈（3500K）或三基色燈（3200K）偏高，如室內有這兩種光源（自然及人工光源），就會產生有藍色投射和紅色陰影區域的視頻圖像。另外，召開會議的時間是隨機的，上午、

下午的自然光源照度與色溫均不一樣。因此會議室應避免採用自然光源,而採用人工光源,所有窗戶都應用深色窗簾遮擋。在使用人工光源時,應選擇冷光源,如「三基色燈」(R、G、B)效果最佳。避免使用熱光源,如高照度的碘鎢燈等。會議室的照度,對於攝像區,如人的臉部應為500LUX,為防止臉部光線不均勻(眼部鼻子和全面下陰影)三基色燈應旋轉適當的位置,這應在會議電視安裝時調試確定。對於監視器及投影機,它們周圍的照度不能高於80LUX,在50~80LUX之間為宜,否則將影響觀看效果。為了確保文件、圖表的字跡清晰,對文件圖表區域的照度應不大於700LUX,而主席區應控制在800LUX左右。

4.會議發言人

會議發言人是指在會議上發言、演講、講話的人。會議發言人的選擇很重要,他(她)的名聲、地位、水平等對人們是否參加會議有著重要的影響,關係到會議目標能否順利實現的問題。所以,會議組織者應儘量邀請高級別的會議發言人到會,比如著名的人物或學術權威往往能吸引大量的人參加會議。

5.會議通知

會議通知就是把要召開會議的各種資訊以廣告、小冊子、通訊報導、網頁等形式公開告知潛在的與會者,以吸引他們注意並參加的一種會議宣傳、促銷方法。一般包括三輪會議通知。第一輪通知比較簡單,主要告知會議的基本資訊,包括會議的目的、主題;會議的日期;會議的地點;會議的聯繫途徑等。第二輪會議通知主要關於論文徵集。第三輪會議通知是關於會議註冊報名的,包括邀請信、組織機構、會議發言人、會議主持人等的身分和報告題目、會議的詳細議程、會議資訊、會議註冊及註冊表、賓館預訂、會議娛樂活動安排、付款方式、退款須知、聯繫方式、地圖等。

(二)會議的人員構成

所謂會議,是指人們懷著各自相同或不同的目的,圍繞一個共同的主題,進行資訊交流或聚會、商討的活動。一次會議的利益主體主要有主辦者、承辦者和與會者(許多時候還有演講人),其主要內容是與會者之間進行思想或資訊的交流。

1.主辦者（Organizer）

會議通常都是由主辦者舉行的。主辦者又叫發起單位，是對擁有會議的舉辦權並對會議承擔主要法律責任的組織的統稱。主辦者主要可以分三類：公司、協會以及非營利性機構。公司和協會是會議市場的主要組成部分。

（1）公司

公司舉辦的會議具有的特點有：籌會時間較短，一般不超過一年；沒有固定週期；年度會議可能選擇在不同地點召開，平時會議基本選擇在同一地方舉行，市區酒店選擇最多；由於是公司會議，僱員或員工必須出席，沒有選擇權；會議的期限較短，持續3天最為常見；對會議價格不敏感；與會人數可多可少，平均參加人數在20～100人之間；會議參加者類別有公司僱員（銷售員和非銷售員）及公司以外成員（分銷商、零售商和消費者、使用者）；由公司總裁（或其助理、祕書）、部門經理（或其助理、祕書）、市場營銷部門、人力資源部門、商務會議策劃人員、會議管理公司和公司內設的旅行社等管理者和部門對會議進行決策。

公司舉辦的會議類型有：全國和地區性銷售會議、新產品發布會、專業技術會議、管理會議、培訓會議、股東會議、獎勵會議等。

（2）協會

協會舉辦的會議以會員以及組織的目標和任務為核心，舉辦會議是協會組織最主要的經濟來源。協會的規模有大有小，組織的會議可以是國內會議，也可以是國際會議。一般協會籌備會議時間較長，提前很長時間進行考察和策劃；開會的時間固定，地理區域模式明顯；會議舉辦場所主要有酒店、會議中心、大學和學院、輪船、療養地和主題公園、公共建築等；所有會員自願決定是否參加會議；協會會議的期限一般時間較短，大多數在3天左右；與會人數可多可少；協會會議的決策者為協會董事會、理事會、主席、會長、祕書長／選址委員會、工作小組／全體大會。

協會會議的類型有年會、地區性會議、大會、專題研討會、董事會和委員會

會議等。

（3）非營利機構

諸多公眾團體、組織等非營利性機構也經常舉辦不同的會議。

2.承辦者（Host或者Contractor）

承辦者指直接負責會議的實際策劃、設計、規劃、管理、運作工作的個人或組織。

（1）人選

承辦者可以是主辦方內部或外部的人選。如果承辦的負責人來自組織內部，他需要在組織內部組建一個團隊來完成會議的籌備和運作；如果來自外部，他通常是會議或者相關行業中的專業人士。現在，越來越多的會議策劃與服務公司擔任起會議承辦者的角色。

（2）國際會議承辦的方式

要爭取主辦一個國際會議，首先要瞭解該會議的組織章程規定的承辦方式是採用哪一種，方能對症下藥，爭取成功。①會員輪流主辦。這種國際會議的爭取主辦方式較為單純，只要加入國際組織，成為正式會員，就有機會主辦，其輪流方式有以入會先後次序或國名英文字母順序等方式排列的，也有以會員主動提出優惠條件，經會員或這個組織的監理會同意即可的。例如亞洲祕書協會組織會議就是以入會先後次序輪流主辦。②地區性輪流主辦。有些重要國際組織會員分布在全球，每年或每兩年在全球各地區召開一次國際會議，為了讓分布在全球各地區的會員都有機會主辦，可由相關地區有意爭取主辦的會員提出申請企劃書或僅以書面方式表示有意承辦，再由這個組織的監理事或特別成立的「評估小組」來表決，由獲選的會員主辦。一般來說，組織的知名度、會議的效益及權威性越高，會員之間的競爭也就越激烈。③競標方式。這種方式對有意爭取主辦權的會員來說最具挑戰性，然而這些會員競爭激烈的國際會議必定是全球知名的國際組織會議，令全球的矚目，並具有權威性。

各類國際會議的承辦方式及爭取條件在相關國際組織的章程中皆有明列，爭

取會議主辦之前,得先瞭解章程的規定及如何爭取,才能事半功倍,爭取成功。

3.贊助商(Sponsor)

贊助商指那些以出資、實物或其他形式幫助和支持會議得以順利進行的企業。許多大公司把贊助看成一種獲得社會好感的公關手段,視為市場營銷戰略的一部分。對於贊助商們來說,會議的出席人數可能沒有媒體有關報導的涵蓋面重要,他們希望透過贊助拉近與客戶的關係。除此之外還有協辦單位、支持單位等。

4.與會者(Attendee)

與會者指參加會議的國內外註冊者。

5.貴賓(VIP)

會議常常邀請官員、影視明星、著名作家或當時的公眾人物等貴賓參加會議或發表演講,藉助他們的知名度來擴大會議的影響。貴賓應該受到特殊的對待,有時需要特殊的保密措施、安全措施以及保護措施。

6.其他與會議有關的人員

(1)臨時工作人員

包括當地工作人員、表演者、模特以及臨時工等。

(2)志願者

志願者是一個沒有國界的名稱,指的是在不為獲得任何物質報酬的情況下,為改進社會而提供服務、貢獻個人的時間及精神的人。

志願服務泛指利用自己的時間、自己的技能、自己的資源、自己的善心為鄰居、社區、社會提供非營利性、無償性、非職業化援助的行為。

志願精神:聯合國祕書長安南指出,志願精神的核心是服務、團結的理想和共同使這個世界變得更加美好的信念。

在大型會議中,往往需要大量的志願者提供諮詢、簽到、現場聯絡、接待等

服務工作。

以上與會議有關的人員的表現代表著主辦單位，如果他們得到良好的訓練，有著良好的服務技能，將會給與會者留下深刻而美好的印象。他們也是會議形象的代表。

第二節 展覽基本概念

一、展覽的概念與分類

（一）展覽的概念

展覽或展覽會作為一個概念，《辭海》下的定義是：「用固定或巡迴方式公開展出工農業產品、手工業製品、藝術作品、圖書、圖片以及各種重要實物、標本、模型等供群眾參觀、欣賞的一種臨時性組織」。這一定義似乎並不準確，值得探討。

展覽指個體或組織透過一定的場所陳列其產品或服務，藉以達到形象宣傳、商業交流、促成交易等目的的一種營銷方式。展覽具有主題明確、場所固定、時間集中短暫等特點。

（二）展覽名稱的種類及含義

在實際應用中，展覽會名稱相當繁雜。英語國家中，有exhibition，general exhibition，industrial exhibition，agricultural exhibition，consumer exhibition，international exhibition，regional exhibition，local exhibition，private exhibition，major exhibition，minor exhibition，solo exhibition，peripatetic exhibition，exposition，show，trade show，moveable show，road show，boat show，plane show，catalogue show，fair，multi-trade fair，trade mart，display等。在中文裡，展覽會名稱有博覽會、展覽會、展覽、展銷會、博覽展銷會、看樣訂貨會、展覽交流會、交易會、貿易洽談會、展示會、展評會、樣品陳列、廟會、集市、墟、場等。另外，還有一些展覽會使用非專業名詞。比如：日（澳大利亞全國農業日，Australian National Field Days），週（柏林國際綠色週，

Berlin International Green Week)、市場(亞特蘭大國際地毯市場,International Carpet and Rug Market)、中心(漢諾威辦公室、資訊、電信世界中心,World Center for Office-Information-Telecommunication)等,加上這些非專業的名稱,展覽會名稱將更多。

展覽會名稱雖然繁多,其基本詞是有限的,比如英文裡的fair,exhibition,exposition,show,中文裡的集市、廟會、展覽會、博覽會。其他名稱都是這些基本詞派生出來的,下面說明一下展覽會基本詞的含義。

1.集市

在固定的地點,定期或臨時集中做買賣的市場。集市是由農民(包括漁民、牧民等)以及其他小生產者為交換產品而自然形成的市場。集市有多種稱法,比如集、墟、場等。在中國古代,常被稱做草市。在中國北方,一般稱作集。在兩廣、福建等地稱作墟。在川、黔等地稱作場,在江西稱作圩。還有其他一些地方稱謂,一般統稱作集市。集市可以認為是展覽會的傳統形式。在中國,集市在周朝就有記載。目前,在中國農村,集市仍然普遍存在,集市是農村商品交換的主要方式之一,在農村經濟生活中起著重要的作用。在集市上買賣的主要商品是農副產品、土特產品、日用品等。

2.廟會

在寺廟或祭祀場所內或附近做買賣的場所,稱作廟會。常常在祭祀日或規定的時間舉辦。廟會也是傳統的展覽形式。因為村落不大可能有較大規模的寺廟,所以廟會主要出現在城鎮。在中國,廟會在唐代已很流行。廟會的內容比集市要豐富,除商品交流外,還有宗教、文化、娛樂活動。廟會也稱作廟市、香會。廣義的廟會還包括燈會、燈市、花會等。目前,廟會在中國仍然普遍存在,是城鎮物資交流、文化娛樂的場所,也是促進地方旅遊及經濟發展的一種方式。

3.展覽會

從字面上理解,展覽會也就是陳列、觀看的聚會。展覽會是在集市、廟會形式上發展起來的層次更高的展覽形式。在內容上,展覽會不再侷限於集市的貿易

或廟會的貿易和娛樂，而擴大到科學技術、文化藝術等人類活動的各個領域。在形式上，展覽會具有正規的展覽場地、現代的管理組織等特點。在現代展覽業中，展覽會是使用最多、含義最廣的展覽名稱，從廣義上講，它可以包括所有形式的展覽會；從狹義上講，展覽會用以指貿易和宣傳性質的展覽，包括交易會、貿易洽談會、展銷會、看樣訂貨會、成就展覽等。展覽會的內容一般限一個或幾個相鄰的行業，主要目的是宣傳、進出口、批發等。

4.博覽會

中文的博覽會指規模龐大、內容廣泛、展出者和參觀者眾多的展覽會。一般認為博覽會是高檔次的，對社會、文化以及經濟的發展能產生影響並能起促進作用的展覽會。但是在實際生活中，「博覽會」有被濫用的現象。

英文展覽會基本詞的含義與中文的不大相同，下面做一些簡單的說明。

5.FAIR

在英文中Fair是傳統形式的展覽會，也就是集市與廟會。Fair的特點是「泛」，有商人也有消費者，有農產品也有工業品。集市和廟會發展到近代，分支出了貿易性質的、專業的展覽，被稱作「Exhibition」（展覽會）。而繼承了「泛」特點的，規模龐大的、內容繁雜的綜合性質的展覽仍被稱為Fair。但是在傳入中國時則被譯成了「博覽會」。因此，對待外國的「博覽會」，要認真予以區別：是現代化的大型綜合展覽會，還是傳統的鄉村集市。

6.EXHIBITION

在英文中Exhibition 是在集市和廟會基礎上發展起來的現代展覽形式，也是被最廣泛使用的展覽名稱，通常作為各種形式的展覽會的總稱。

7.EXPOSITION

Exposition起源於法國，是法文的展覽會。在近代史上，法國政府第一個舉辦了以展示、宣傳國家工業實力為目的的展覽會，由於這種展覽會不做貿易，主要是為了宣傳，因此，Exposition便有了「宣傳性質的展覽會」的含義。由於其他國家也紛紛舉辦宣傳性質的展覽會，並由於法語對世界一些地區的影響，以及

世界兩大展覽會組織：國際博覽會聯盟和國際展覽會局的總部均在法國，因此，不僅在法語國家，而且在北美等英語地區，Exposition也被廣泛地使用。

8.SHOW

在英文中show的原意是展示，但是在美國、加拿大等國家，Show已替代Exhibition。在這些國家，貿易展覽會大多稱作Show，而宣傳展覽會被稱作Exhibition。

（三）展覽的分類

展覽的分類應考慮兩個方面：一是展覽的內容，即展覽的本質特徵，包括展覽的性質、內容、所屬行業等；二是展覽形式，即屬性，包括展覽規模、時間、地點等。

（1）按照展覽性質，可以分為貿易和消費兩種性質的展覽。貿易性質的展覽是為產業即製造業、商業等行業舉辦的展覽，展覽的主要目的是交流資訊、洽談貿易。消費性質的展覽基本上都展出消費品，目的主要是直接銷售。展覽的性質由展覽組織者決定，可以透過參觀者的成分反映出來：對特定行業人士舉辦的展覽是貿易性質的展覽，對公眾開放的展覽是消費性質的展覽。具有貿易和消費兩種性質的展覽被稱作是綜合性展覽。經濟越不發達的國家，展覽的綜合性傾向越重；反之，經濟越發達的國家，展覽的貿易和消費性質分得越清。

由於貿易展覽的觀眾侷限於行業會員，所以需要在會前註冊，提供本協會會員證明或在本行業工作的許可證明，以確保其符合與會條件。在貿易展覽會上，參展商往往給與會的零售商們很大的折扣，從根本上說，展會的專業觀眾都是零售商。展會上的大部分銷售也是由許多大的訂單構成，訂單簽訂後，商品從參展商的工廠直接運到零售商那裡，而通常不是從展會上提取。而消費品展覽會的觀眾是普通大眾，只要購買相應的門票就可以入場。展出的商品類型廣泛，並且可以在展會現場銷售。它通常透過傳統媒體如廣播、電視和報紙進行廣告宣傳，有時也會使用直郵的方式。不管是貿易型展覽會還是消費型展覽會，展會的時間長短基本相同，通常是4 天3 夜。不同的是貿易展覽會的觀眾來自世界各地或全國各地，需要入住酒店；而消費展覽會的觀眾以當地人為主。他們幾乎不會到酒店

住宿，即使入住，最多也就是一個晚上。而且消費展覽會的觀眾與參展商的比率要高於貿易展覽會。據統計，貿易展覽會的觀眾與參展商的比率只有25：1，而消費展覽會上的觀眾與參展商的比率是63：1，甚至可以高達444：1。

（2）按照展覽內容，可以分為綜合展覽和專業展覽兩類。綜合展覽指包括全行業或數個行業的展覽會，也被稱作橫向型展覽會，比如工業展、輕工業展；專業展覽指展示某一行業甚至某一項產品的展覽會，比如鐘錶展。專業展覽會的突出特徵之一是常常同時舉辦討論會、報告會，用以介紹新產品、新技術等。

中國展覽業應當在參照國際標準、考慮中國國情的基礎上盡快為中國展覽會制定分類標準。中國國家統計局曾於1985年就國民經濟部門分類提出建議。此建議是在研究國際流行經濟理論以及國家經濟分類的基礎上提出來的。因此可以作為中國展覽會分類的重要依據。

（3）按照展會規模，可以分為國際、國家、地區、地方展，以及單個公司的獨家展。這裡的規模是指展出者和參觀者所代表的區域規模，而不是展覽場地的規模。不同規模的展覽有不同的特色和優勢。

（4）按照展覽時間，劃分標準比較多。定期和不定期：定期的有一年四次、一年兩次、一年一次、兩年一次等，不定期展則是視需要而定；長期和短期：長期可以是三個月、半年、甚至常設，短期展一般不超過一個月。在發達國家，專業展覽會一般是三天。在英國，一年一次的展覽會占展覽會總數的3/4。展覽日期受財務預算、訂貨以及節假日的影響，有旺季、淡季。根據英國展覽業協會的調查，3～6月及9～10月是舉辦展覽會的旺季；12～1月以及7～8月為舉辦展覽會的淡季。

（5）按照展覽場地劃分。大部分展覽會是在專用展覽場館舉辦的。展覽場館最簡單的劃分是室內場館和室外場館。室內場館多用於展示常規展品的展覽會，比如紡織展、電子展等；室外場館多用於展示超大超重展品，比如航空展、礦山設備展。在幾個地方輪流舉辦的展覽會被稱作巡迴展。比較特殊的是流動展，即利用飛機、輪船、火車、汽車作為展場的展覽會。

展覽會還可以根據參展商的來源，分為國際展覽和國內展覽。在中國，國際

展覽指在中國舉辦（承辦）的且國際參展單位（商）參展面積達到該次展出面積20%以上的展覽。國內展覽指在中國舉辦（承辦）的全國範圍內的各類展覽。

（四）展覽的作用

人類的貿易起源於物物交換，這是一種原始的、偶然的交易，其形式包含了展覽的基本原理，即透過展示來達到交換的目的，這是展覽的原始階段，也是展覽的原始形式。隨著社會和經濟的發展，交換次數的增加、規模和範圍的擴大，交換的形式發展成為有固定時間和固定地點的集市。17至19世紀，在工業革命的推動下，歐洲出現了工業展覽會，工業展覽會有著工業社會的特徵，這種新形式的展覽會不僅有著嚴密的組織體系，而且將展覽的規模從地方擴大到國家，並最終擴大到世界。可見，在古代，展覽曾在經濟交流中起過重要的作用。而在現代，它仍在很多方面發揮作用，包括宏觀方面的經濟、社會作用和微觀方面的企業市場營銷作用。

1.展覽是經濟交換（流通）的一種形式

展覽是人類經濟交換的主渠道，現在仍然起著重要的作用。展覽是一種既有市場性也有展示性的經濟交換形式。展覽因經濟的需要而產生並發展。幾千年來，展覽的原理基本未變，即透過「展」和「覽」達到交換的目的。但其形式卻一直在更新。當舊的展覽形式不能適應經濟發展的需要時，它就會被淘汰，被新的展覽形式所代替。展覽的發展取決於經濟的發展，並反過來服務於經濟。展覽是一種特殊的流通媒體，從流通性質上講與批發、零售等流通媒介相同。透過展覽，買主與賣主簽約成交，促成買賣，但是，展覽也是有其特殊性的，有別於其他流通媒體。

2.展覽能顯示經濟發展趨勢

德國政府早在1950年代就指出：經濟的發展在展覽會上能得到反映，同時展覽也影響經濟的發展。貿易展覽與經濟發展的關係是兩方面的。一方面是經濟發展狀況決定展覽的興衰，並在展覽會上反映出來。另一方面展覽所呈現出的主調也會影響、刺激經濟發展趨勢。但在發達國家，由於大型綜合經濟貿易展覽會已基本消失，而眾多的專業展覽只能反映相關行業各自的狀況和趨勢，因此必須

在觀察一系列專業展覽會的基礎上分析掌握經濟的發展趨勢。

3.生產商、批發商、分銷商交流、溝通、貿易的彙集點

由於展覽具有一般營銷溝通工具的共性：廣告、促銷、直銷、公共關係等特點，因而得到廠商的青睞。儘管展覽會種類繁多，但其一個共同的特點是：資訊高度集中。這一共同的特點，成為聯繫買家和賣家的紐帶。展覽會是人類發展史上最高效的營銷手段，它在短時間內集中一個行業內主要的生產商、批發商、分銷商及買主，成為他們交流商品資訊、學習新技術及開展貿易的彙集地。展覽為展商和採購商提供相互認識、相互洽談並實現交易的平臺，是參展商推介商品，擴大影響，開闢潛在市場的良好機遇，並提供了參展商之間，參展商與採購商之間，研究機構與參展商、採購商之間相互交流資訊的機會，推動市場與經濟的發展。

4.展示品牌和形象，招商引資的一種有效手段

展覽常常被用來展示城市、行業等成就、形象、環境，作為宣傳、招商引資的一種有效手段。參展者是藉助於展覽這一形式來展示「展的」形象的。所謂「展的」，是指展覽的組織者和參展者所要展示的物品及其所包含的內容，包括科學技術知識、社會經濟發展成果、人物先進事跡、各種各樣的商品等。而展的形象則代表了產品形象、公司形象、企業形象及品牌形象，開展綜合公關，為企業發展創造良好的社會氛圍。它還能給展地的旅館、餐飲、交通運輸、旅遊、電信等多個行業帶來綜合效益。這是政府支持展會，有時還主辦展會的主要原因。

貿易展的主辦者多為各種類型的商會、協會，或者是與其有千絲萬縷聯繫的展覽公司。在中國，政府或政府有關部門也經常介入這類展會。如果說教育性展覽的主辦者，是想透過舉辦展覽強化某種觀念、道德或藝術價值，那麼貿易展的主辦者，則主要是想透過舉辦展覽，搭建一個平臺，供參展商和觀眾（採購商與消費者）彼此見面，洽談生意。主辦者的中介角色是明顯的。主辦者的這一身分，直接影響了展覽的功能。

從另外一個角度來說，展覽的作用可以從直接與間接兩個方面考察。直接功能指展覽直接達到的主要效果，如商業展覽中所獲得的訂單，投資貿易洽談類展

覽所獲得的投資協議等。間接功能是指展覽會的衍生功能，如提高城市的知名度，促進城市建設與管理的改進，促進城市旅遊的發展和商業的繁榮等。展覽的直接功能，是相對於某一或某類展覽而言；展覽的間接功能，很大程度上是相對展覽的一般特性而言，是一系列展覽的共同結果。當然，由於不同展覽會的檔次差別，展覽功能所發揮的作用是不同的。評估展覽對一個城市的作用時，對間接功能的研究與把握是十分必要的。但是，對某一個展覽或某一類展覽而言，人們關心的主要是展覽的直接功能。

5.調查有關資訊的場所

展覽可以幫助參展商、客商準確把握行業發展趨勢，制定符合實際的生產、經營戰略、策略和計劃。它是低成本的營銷中介體。據有關資料介紹，就尋找一個客戶的平均費用而言，它與推銷員推銷、公關推銷、廣告推銷等手段相比是1：6。顯然優於其他手段。以上這些功能作用，是參展商、客商青睞展會的客觀基礎，也是辦展商辦好展會的立足點。

貿易投資洽談類展會是另外一類商業展，其「展的」不是一般的商品，而是招商引資項目，是當地的投資環境等。貿易投資洽談類展會的功能可以歸納為以下幾點：

第一，創造條件，使引資方業主與投資商有彼此認識、彼此瞭解的機會，探討投資（貿易）合作的意願、條件等。有人形象地把投洽會喻為婚姻介紹所。投洽會作為一種投資的中介活動，不能替代投資商做決策，主辦者的責任是提供良好的服務，保證投資洽談順利進行。

第二，宣傳中國及各地的投資環境。這裡的投資環境是廣義的，包括吸引外資的方針、政策、法規、優惠措施等，也包括基礎設施方面的，如水、電、路、港口、機場等，還包括各地的資源、市場情況等。

第三，為某些地區、部門和大型企業展示自己的形象提供平臺。

第四，開拓參展商與客商的視野，為更長遠的合作打下基礎。

表面上看，這四種功能可以獨立存在。而一旦把某一個功能作為實現的單一

目標，就會使投資洽談類展會顯得異常的單調、蒼白，從而大大降低其吸引力。因此，投資洽談類展覽的四種功能，是一個彼此相互聯繫的整體，它們相互補充，相互倚重，相互影響。其中第一種功能是基本的，第二、三、四種功能是輔助的，從屬的，是為第一種功能的實現服務的。

（五）展覽系統[1]

現代展覽是由若干相互聯繫的要素有機構成的一個系統，在這個展覽系統中存在著五大基本要素：一是展覽會的主體，即展覽會的服務對象，是參展廠商，也即展覽會的客戶；二是展覽會的經營部門或機構，即專業行業協會和展覽公司，是展覽會的組織者；三是展覽會的客體，即展覽會的展示場所，具體為展覽館或展覽中心；四是展覽市場，即參展廠商獲取資訊和宣傳企業形象的渠道；五是參觀展覽的觀眾，即最終的用戶和消費者。

1.參展廠商——系統的動力層次

參展廠商亦稱參展客戶，之所以稱參展廠商是系統的動力層次，是基於三個方面的原因：一是參展廠商為系統最基礎的要素，是指參加展覽會的企事業單位、團體以及個體，沒有參展廠商的參與根本就不存在展覽會。參展廠商之所以成為系統的動力層次，主要是由於市場的需求和參展廠商的存在，才產生了展覽系統的其他要素；二是參展廠商是系統存在和發展的原始動力。如果沒有參展廠商的展覽行為，就不會產生展覽組織者和觀眾的行為，也就無所謂展覽系統了；三是參展廠商是系統活力的前提。參展廠商數量的多少和行為的活躍與否，直接關係著展覽系統的生命力。

2.展覽組織者——系統的主體

凡以經營展覽業務為盈利手段的單位都屬於展覽經營部門。目前中國的展覽組織者有專營、兼營和代理三種形式。在成熟的展覽系統中，展覽組織者這個要素是指專營展覽業務的機構和部門，即展覽公司和一些行業協會。展覽組織者必須具備兩個條件：一是與特定的參展廠商發生業務關係，有特定的服務對象；二是創造出服務的產品——展覽會，即提供展示環境和資訊。展覽組織者在展覽系統中的作用使它成為系統的主體。這是因為，參展廠商雖然是活動的起點，但它

只是以服務對象的身分提出自己的服務要求，至於展覽以什麼形式和如何組織，能夠取得什麼效果，參展廠商是無能為力的；展覽場所（媒體）是展覽的舉辦地點，它只能決定展覽在什麼時候舉行，提供最基本的服務而一般不參與展覽會的組織與運作工作；展覽市場是展覽賴以存在的條件，但市場的經濟性質決定它是以被動的方式參與展覽活動；觀眾（消費者）雖然是展覽過程的終點，但觀眾是既定展覽的接受者，也不可能參與展示產品的生產過程。在展覽系統中，只有展覽組織者處於核心和支配地位，他不但決定展覽的性質、特點和形式，而且決定展覽的最終效果，所以，展覽組織者的狀況決定展覽系統狀況。

3.展會的媒體（展示場所）——系統的神經

展覽媒體是指展示傳播資訊的媒介物，這種媒介物在展覽上稱為展示場所——展覽館或展覽中心。展覽項目策劃出來後，如果不透過一定的方式集中向消費者展現其中的成果，展覽的意義也就不存在了。在展覽系統中，展覽的生命在於展現和傳播，媒體與展覽組織者（主辦單位）、市場和觀眾（消費者）發生密切的聯繫。參展廠商與展館的聯繫透過展覽組織者來實現。在展覽系統中，展覽場所的主要功能就是透過提供媒介及形象展示，付出智商，傳播資訊，其功能恰似系統的神經。

4.展覽市場——系統結構的紐帶

狹義的市場是商品交換的場所，廣義市場是指商品所反映的各種經濟關係和經濟活動現象的總和。展覽系統中的市場是指廣義的市場，因為展覽系統是一個開放的系統，它所涉及的內容和經濟關係遠遠超出了純粹商品交換的範圍。在這個系統中，既有以展覽為媒介反映參展廠商和消費者關係的商品交換行為，也有反映參展廠商與展覽組織者和展館之間關係的分工協作行為，所有這些關係都不是狹義的市場能夠反映和包容的。在展覽系統中，市場這個要素的重要性隨著商品經濟的發展日益顯著，一方面它使系統其他要素的功能發生有機的聯繫，實現商品交換；另一方面，市場以它特殊的功能調整著系統各要素之間的關係，因為各要素的行為方式的變化和行為結果，都要從市場中得到反饋，這樣，透過市場這個媒介反映出的展覽資訊必然會影響各個要素的關係，並以此為據，做出相應

的反應和調整。所以,市場是展覽系統的紐帶。

　　5.參觀展覽的觀眾(消費者)——系統結構的起點和終點

　　消費者就是商品的購買者或使用者,包括生產消費者和生活消費者。消費者這個要素在商品經濟活躍發展的條件下,其數量是很難確定的。它包括兩個部分:一是在展覽直接作用下,採取某種消費行為的消費者,如那些在商品展示過程中,在面對面的勸說下,引起購買行為的消費者;二是在展覽間接作用下採取某種消費行為的消費者,如在廣告宣傳作用下採取某種消費行為的間接消費者的大多數是那些對某企業產品具有充分信任感的企業和個人,有時儘管廠家從未參加展覽會或做過專門的廣告宣傳,但產品質量的優良使其成為消費者公認的第一選擇,擁有比較穩定的顧客。正是由於大量間接消費者的存在,展覽與廣告在傳播中的作用各有異同,展覽中又含有廣告,使展覽系統中的消費者難計其數。在展覽系統結構中,消費者是一切展覽行為的起點。從社會再生產過程中看,如果沒有消費,便不可能存在有目的的生產,沒有生產便不可能產生參展廠商,也就不可能有其他行為,消費者還是展覽行為的終點,因為展覽活動的最終目的是為了滿足消費者的購買和選擇的需要,展覽效果的好壞也要由消費者最後判定。因此,沒有消費者的行為,展覽活動既失去了目的,也無法最後完成展覽的全過程,所以,消費者是展覽系統的起點和終點。

　　從以上分析可以看出,現代展覽特別是經濟貿易展覽是由一系列要素有機聯繫在一起的一個系統,構成這個系統的基本要素是參展廠商、展覽組織者、展覽場地、市場和消費者。按照系統論的方法可把現代展覽定義為:展覽是具有法人地位的廠商出資,透過展覽組織者策劃的組織,利用展覽這一特定的媒介向市場和消費者顯示商品和勞務的資訊,以達到一定經濟目的的商務活動。

　　從展覽系統結構的分析還可以看出,系統內各要素的相互作用方式是由它的各自的功能、作用、對象和它們在系統中的位置決定的。從社會再生產觀點看,消費者在系統中處於起點和終點的位置,各要素作用的方向都朝著消費者運動,相互作用的各要素最終服務對象都是消費者(最終用戶)。參展廠商是展覽系統得以維持和生存的基礎動力,廠商與消費者之間的矛盾根源於商品的個別勞動與

社會勞動的矛盾。為解決這個矛盾，廠商輔之以展覽來加快商品的交換，於是派生出展覽組織者、展覽場地與其市場的相應功能。

二、展覽活動中的若干基本概念

（一）與展覽內容有關的概念

1.展覽總面積（Exhibition Total Area）

展覽總面積用於衡量展覽會的規模大小，指的是其占用場地的面積，以平方公尺（㎡）表示。

2.展出淨面積（Exhibition Net Area）

指用於實際銷售或展出的展位面積總和，以平方公尺（㎡）表示。

3.展臺

展覽會中的展臺是參展企業開展工作的環境，其設計不僅要能吸引觀眾，而且應使觀眾留下難忘的印象，它最終體現的是參展企業的形象和意圖。通常參展商會僱用一家指定的展覽承包商（EAG）來完成展臺的搭建、設計、安裝及拆卸的全部或部分工作。展臺的位置由主辦者全盤規劃，按照產品和服務的內容、行業、地區等因素安排展臺的位置，或者是以展位費的多少來區分位置的好壞。總之，參展商越早將參展申請遞交給大會主辦者，越容易得到好的位置。

一般來說，展覽會上的展臺有兩種，一是標準展臺，二是特殊搭建的特裝修展臺。

（1）標準展臺（標攤）。除中國國內某些大型商品訂貨會仍採用面積較小的展位外，通常展覽會的展位面積是9平方公尺（3m×3m），為標準展臺，特殊情況下也有12或者15平方公尺的。最低配置為3面圍（展）板（高約2.5米）、中英文名稱展位檐板和常規照明（兩只射燈或兩只日光燈），一般配置還有一個插座、一張諮詢桌、兩把椅子，有的還提供地毯等。插座一般為220V 5A，限用500瓦，僅供電視機、錄像機、手提電腦等使用，若需特殊照明或驅動機械，可另外向主搭建單位申請電源（如圖2-14所示）。

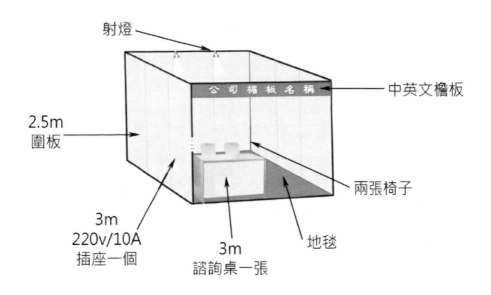

圖2-14 標準展臺

射燈

中英文檐板

公 司 檐 板 名 稱

2.5m
圍板

兩張椅子

3m
220v/10A
插座一個

3m
諮詢桌一張

地毯

　　鋁材、展板都是用於搭建標準展臺的組合材料，而且展覽會負責標準展位的搭建，展牆、桌椅都採用防火材料。如參展商對標準展位內所提供的裝備未能全部利用，主辦方不退還未利用物品之款項。如果增加裝備需另付費；參展商如要求對標準展位內裝備的位置進行移動或減少、增加裝備，必須提前將變動方案報給主辦方。一般來說，除增加裝備外，價格不變，沒有提前上報，視為現場變動。現場的任何變動都有可能產生費用，收費標準由展架承建商提供。參展商租用標準展位，須遵守以下規定：由於標準展位結構承重有限，任何掛飾重量不能過重；為安全起見，參展商不得擅自改動展架結構或拆除展架的任何部分；禁止在展架上塗畫；不準在展板上直接黏附材料（如雙面膠）和使用油漆或噴塗物及使用釘子等任何可能對其造成破壞的物品；參展商如需在展牆上黏貼物品，應在撤展時負責清除黏貼物；展位內獨立裝置不得超過2.5米高，不得超出所分配的位置區域；如因參展商不遵守以上規定造成展架及裝備損毀，由參展商負責賠償。

　　還有一種稱為變形標攤，是在標攤的基礎上增加裝飾的展臺。適用於租用兩

個以上標準展位的參展商。變形標攤在標準展位結構基礎上，對檐板、立桿、牆板及射燈、諮詢臺等進行適當變化，以突出參展展團的統一形象，提升參展商展團的展覽效果。「標準展位變形」簡潔明快，實用性強。變形標攤的基本配置包括：三面牆板（拐角處展位二面牆板，另一面由檐板替換）；展位有效面積內滿鋪地毯；射燈（數量根據設計需求）；電源插座一個；諮詢臺一張、折疊椅兩把等。標準展位變形需辦理申請手續，向組委會提出標準展位變形申請，組委會派出專業承建商免費進行設計，提交效果圖。根據設計圖紙，承建商提供報價，簽訂搭建施工合約，並在指定時間內完成展位搭建工作。

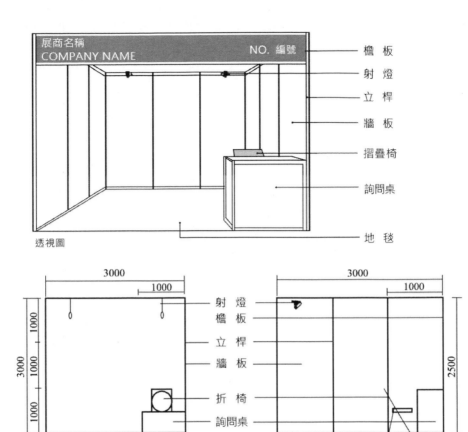

圖2-15 標準展臺示意圖

註：不得在展架和展板上使用釘子等任何可能對其造成破壞的物品。

展商如需在展板上黏貼物品，應在撤展時負責清除黏貼物。

（2）特殊裝修展臺（Raw Space with Special Decoration）。指由參展商自行或委託專業機構專門設計並特別裝修的展覽位置及其所覆蓋的面積。也即經過專門設計，在光地租用面積上特殊搭建的展臺。這裡要提一下光地的概念，光地指的是實際租用的較大展覽面積，無任何設施，參展商可以根據公司產品特點、技術特點、市場定位、展覽期間的活動安排，做出別出心裁的獨特裝修。一般來說，如果特殊裝修超過四個或者四個以上的標準展位的面積時，參展商可以只預

訂光地面積，自行策劃特殊裝修。在做特殊裝修時需遵守相關規定以及主辦方在
展出前或舉行期間的其他規定，特別要注意，如果採用的是木結構的展架和裝飾
物，應塗上防火材料；燈箱等發熱裝置，應加設散熱結構。一旦因特裝搭建引發
與展館的糾葛，由參展商及特裝施工單位共同與展覽中心協商解決。

圖2-16 標準展位變形示意圖

展臺設計主要有以下6種基本模式。

（1）「道邊型」展臺。也稱「單開口」展臺，它夾在一排展位中間，觀眾
只能從其面前的過道進入展臺內，這種類型的展位租金最低，中小企業在選擇這
類展臺時要注意它的位置，優先挑選位於洗手間、小賣部、快餐廳、咖啡屋附近
的展臺，這些地方是展會人流最密集的區域，易於捕捉商機。

（2）「牆角型」展臺。也稱「雙開口」展臺，它位於一排標準展臺的頂
端，最多只有兩面展牆，它有兩個邊甚至三個邊可以面對觀眾行走的通道，能更
多接觸到參觀者。由於它兩面鄰過道，觀眾可以從它前面的通道和垂直於它的過
道進入展臺。因此，如果參展商越早申請參展，就越有機會向大會主辦者尋求該
種展位。「牆角型」展臺與「道邊型」展臺相比，面積相同，但多出一條觀眾進
入展臺的側面過道，因而觀眾流量較大，當然租金也要比「道邊型」展臺高出
10%～15%。

（3）「半島型」展臺。展臺是由4個及其以上的背對背式的標準單元組成，以1層或多層的方式進行展出，而且觀眾可從三個側面進入這種類型的展臺，其展示效果要比前兩種好一些，企業在選擇這種展臺時，應該配合做好特殊裝修才能達到滿意的效果。

（4）「島型」展臺。由4個或以上標準單位所構成的具有一層以上展示廳的展位，四邊朝外。它在四種類型的展臺中租金最高。它與前三種類型的展臺不同，觀眾可以從任意一個側面進入展臺內，因而更能吸引觀眾的注意力。這類展臺適於展示，廣告效果好，因而設計起來更為精心，搭建費用相對較高，它是大型企業參加展會之首選。

「半島型」展臺和「島型」展臺屬於光地特裝展位類型。

（5）展示區域。為參展單位的工作人員介紹、講解、演示或試驗產品或與觀眾互動的展示空間區域。這部分區域不能干擾任何人流通道，而且任何樣品或產品演示所用的桌子必須放於至少離過道線2英呎的地方。

（6）展示塔。展示塔是獨立的展示部分，與展臺的展示實體相分離。

另外，展臺工作人員的配備也是展覽成功的關鍵因素之一。關於展臺的人員配備，可從四個方面加以考慮：根據工作量的大小決定人員數量；按展覽會的性質選派合適類型或相關部門的人員；根據人員的基本素質及個性進行選派；對展臺現場的工作人員加強專業知識的培訓及產品性能的培訓，包括專業知識、產品性能、演示方法等，以增加他們對產品的瞭解和熟悉程度。

4.展品

展品指展覽會現場展示的實物或無形的產品（如軟體、金融、保險服務等）。展品是給觀眾留下印象的最重要因素，所以，確定參展商品非常重要。要知道，中外客戶關心的是最新或質量最好的產品，不應展出過時的產品。展品選擇應依據針對性、代表性、獨特性等三項原則進行。針對性是指展品要符合展出的目的、方針、性質和內容；代表性是指展品要體現展出者的高新技術、生產能力及本行業特點；獨特性是指展品要有自己的獨到之處，與同類產品相比，明顯

有區別。

5.參展商（Exhibitor）

參展商是參加展覽並租用展位的組織或個人。參展商有境內外之分。境外參展商（Overseas Exhibitor）指以境外註冊企業或境外品牌名義參加展覽的參展商。在中國，國際參展單位（商）指大陸以外的參展單位（商），港、澳、臺計算在國際參展單位（商）中。該指標是全年國際參展單位（商）個數的累加。參展單位（商）個數可重複計算。

6.虛擬展覽

（1）何謂虛擬展覽。虛擬展覽即透過國際互聯網，使用虛擬現實技術組織的展覽。展會主辦單位將參展單位的各種資訊以多媒體電子文件的形式存放在互聯網的某個服務器裡，供在世界各地的人們查閱展品資訊或公司資料。這是一種為參展商提供的每日24小時，每星期7天不停的展覽服務。

（2）虛擬展覽如何運作。透過先進的網上展覽平臺，參展商可以24小時展示自己的產品，不管有沒有現實展覽。即使有現實展覽，也可以於現實的展覽會前、期間及會後在互聯網上展示他們的產品。參展商可透過虛擬展覽，讓觀眾增加對其產品及服務的認識。同時增強承辦單位、參展商和觀眾之間的互動性，使參展商能夠更有效地推廣企業的形象和產品，更加容易掌握市場對其產品的實際需求。

（3）虛擬展覽的特色。嶄新的宣傳媒體：有別於傳統的媒體渠道，參展商可以在互聯網上展示他們的產品，以加強市場的滲透率及開拓新的商機。增強互動性：透過先進的網上展覽平臺，增強了承辦單位、參展商和觀眾之間的互動性。無地域時間限制：參展商在網上推廣其產品，不會受到地域及時間的限制。網上瀏覽指南：虛擬展覽提供參展商的公司及產品資料並作有系統的分類。觀眾可按產品類別、地區或關鍵字搜索所需資料。網上工業社群：網上展覽平臺除了提供豐富的工業內容，亦為參展商和觀眾建立網上溝通渠道，以交流或分享最新的市場資訊，形成業內人士的網上工業社群。

（4）如何加入虛擬展覽。虛擬展覽由展會主辦單位提供，特設兩種虛擬展覽組合供有興趣的參展商及廣告客戶選擇，內容如下。

標準虛擬展臺。每個參展商可獲得一年免費的標準虛擬展臺；非參展商，只需繳付很合理的價格，亦可加入虛擬展覽。一個標準虛擬展臺包括：公司資料〔包括：公司名稱，公司地址、電話、傳真、電郵（包連結）及網址（不包超連結）〕；產品照片一張；產品名稱及簡練的產品介紹或公司簡介。

精選虛擬展臺。精選虛擬展臺是標準虛擬展臺的升級服務。除了一般的標準虛擬展臺的內容外，精選虛擬展臺容許參展商顯示更多照片、網上視頻及額外的聯絡資料，以提供更豐富的公司及產品資料。一個精選虛擬展臺包括：標準虛擬展臺一個（公司網址包超連結）、產品照片10張或10分鐘網上視頻、產品名稱及1000字以內的產品介紹或公司簡介。虛擬展臺是一個若干像素的網頁，所有照片以GIF或JPEG格式上傳。

（5）虛擬展覽與傳統展覽的區別。與傳統展覽相比，虛擬展覽的優點主要體現在以下幾個方面：第一，費用低廉。維護一個網站的費用要比傳統展覽中的場地租用費低廉。第二，跨越時空。由於虛擬展覽的出現，對參加展覽的觀眾來說，地域界限已經不是一個制約其參展的因素了。網路的全球化使得虛擬展覽成為名副其實的無邊界展覽。同時，由於網路在24小時都是開放的，所以觀眾可以全天候、多次參觀展覽，且收費低廉。第三，展覽的組織工作相對簡單。由於虛擬展覽不需要搭建展臺，不需要來回運輸展品，因此展覽的組織者所需承擔的協調任務相對而言要少得多。第四，更有助於收集觀眾的資訊。因為網上參觀展覽的觀眾在進入虛擬網站時會被要求登錄個人資訊，如E-mail地址、國籍、公司名稱、所屬行業等。這些統計資料有助於分析和預測觀眾對虛擬展覽的要求，進而更有效地為以後的展覽進行營銷。

與傳統展覽相比，虛擬展覽的不足之處主要體現在以下幾個方面：第一，網路的頻寬大小影響觀眾的進入及參觀虛擬展覽的速度。頻寬或網路服務器容量不夠大，往往會影響到下載或瀏覽的速度。第二，虛擬展覽並非適合所有產品。如食品展就不能在網上進行，因為網路只能吸引人類五官中的聽覺與視覺，而無法

刺激人類的觸覺、味覺和嗅覺。此外，機械產品和其他工業設備也不適合網上展覽。因為，參加展覽的人都希望能夠親眼目睹產品功能及其生產能力，而不滿足於僅僅觀看虛擬展覽的多媒體圖片。由於購買一件結構複雜的機器花費巨大，因而，親手觸摸和現場察看顯得尤其重要。第三，削弱了人際間的交流。雖然網路交易快速高效，但由於交易雙方無法直接感受對方而很難建立買賣雙方的相互信任和尊重，因而沒有完全得到商人的青睞。第四，參展商無法透過虛擬展覽瞭解競爭者與消費者的情況。網路交易造成企業無法判斷消費者的消費偏好和購買習慣，也無法知道顧客（瀏覽者）是否從其競爭者那裡購買了產品以及購買數量。因而，作為營銷工具，虛擬展覽還處於一個相對弱勢的位置。

知識連結2—3：

常年不落幕省錢又省力「虛擬展覽」初展魅力

（解放日報訊）在網上進行的虛擬展覽正向我們走來。CHINA通訊網主辦的「Internet 2000國際通訊博覽會」，從7月份招展以來，西門子、愛立信、大唐、華為等85家中外企業訂購了網上展臺，10個「展館」中的3個已告爆滿，沒正式開展已有9萬名性急的觀眾上網參觀。

所謂虛擬展覽，它的展臺就「搭」在互聯網上，參觀者用鼠標「逛」展會，與參展者之間的交流也透過網路進行。記者在國際通訊博覽會「現場」看到，每個「展館」被容納於一屏畫面中，分割為40塊大約3.5×1.2釐米的長方形，每塊就是一個「展位」，做成參展企業的名稱或司標等。把鼠標移到某個展臺，會跳出一段企業簡介文字，參觀者若有意進一步瞭解，點擊一下鼠標便進入了展臺，發放電子名片、下載資料、留言等，充分體現了網路的互動性。「展館」畫面上不時飄過幾隻彩色廣告「氣球」，上面寫著企業的名稱，點擊它也能瞭解企業詳情。虛擬展覽也有會刊、新聞中心、技術講座等，與實地展覽比較，既「仿真」又很不一樣。

上海每年要舉辦上規模的國際展覽100多個，相比之下，剛冒出頭的網上虛擬展遠遠不成氣候。但是，隨著網路技術的發展和互聯網應用的普及，虛擬展覽興起是必然趨勢，它潛在的諸多優勢是實地展覽做不到的。實地展覽無論對主辦

方還是參展企業來說，都相當費力費錢，招展、訂展位需傳真、電話來往頻頻，運送樣品、印刷資料、搭建展臺等需投入大量心力，異地參展需訂車船票找住宿地，企業的重要客戶還需特邀前來參觀並給予招待，如此一番「折騰」，而實際展出時間不過短短數天。網上展覽，參展企業將圖片和資料直接上網，或者由主辦方協助一下，非常省事。論價格，以通訊行業為例，實地展一個標準展位一般為五六千元，而虛擬展僅收1000元，廣告氣球800元，此外無需其他花費，還可透過電子郵件廣邀客戶參觀。在成本降低的同時，網上展覽的時空影響擴大，若是常年不落幕的博覽會，不期而至的客戶也許來自世界各地。

網上展覽初步展現魅力，不少實地展覽也開始觸網，本月中旬在上海開幕的第六屆中國國際家具展覽會就開通了一個「網路版」，把4 天的實物展覽與365天不間斷的網路虛擬展示結合起來。隨著網路頻寬擴大，網上展覽可以添加三維圖像、多媒體等技術輔助，將更加逼真生動。

虛擬展覽會其實是以展覽會形式出現的電子商務平臺雛形，當網上支付問題得到解決的時候，這個雛形可以很快轉化為B2B交易平臺，發揮更大的作用。據悉，一家虛擬全國商品展覽館「中國展臺」即將開通，企業支付實地展覽費用的5%左右，就能獲得低成本開拓國際國內市場的契機。有人預言，網上開廣交會、華交會的時代不會太遙遠了。

（二）展覽的人員構成

展覽活動主要由六方人員構成：展覽項目經理和成員、參展商、展覽場地經理和員工、總服務承包商、觀眾、會議旅遊機構。

1.展覽項目經理和成員

組建一個有凝聚力、團結高效的展覽項目團隊是開展展覽活動的第一要務。尤其是展覽項目經理，這個角色相當重要，他或她是展覽活動的總指揮，一個具有創造能力的展覽項目經理對參展商和觀眾來說，是十分關鍵的人物。其職責範圍包括策劃展會；組織參展商；與合作者簽訂合約；協調好與主辦機構、主辦地、媒體、贊助商、承包商、合作單位及其觀眾等各方面的關係。展覽項目組的成員是協助展覽項目經理成功舉辦展會的重要組成部分。這裡重點介紹一下展覽

項目經理的工作。

（1）策劃展會

展覽項目經理作為展會組織方的負責人，首先蒐集市場資訊，進行可行性分析。需要瞭解、掌握產業資訊包括，所屬產業的性質、產業目前所處的發展階段、生產總值、銷售總額等，產業規模、產品分布、潛在參展商和專業觀眾，廠商數量、產品銷售方式等相關的中外資訊。由於展覽會很多，很難全面收集所有展會的資料，但至少應該收集到相關展覽會的資訊，如同類展覽會的數量和分布情況、同類展覽會之間的競爭狀況、重點展會的基本情況等。

其次，展覽經理需要確定展會的主題。展覽的題材多種多樣，選擇在哪一個行業舉辦，需要將市場細分出來，根據細分市場的規模和發展潛力、細分市場的盈利能力、細分市場的結構吸引力和辦展機構自身的辦展目標與資源來篩選。展覽經理一定要熟悉參展商所展覽的產品的目標受眾是哪些，並針對這些目標受眾推出系列活動；同時，明確告知對方將有什麼樣的參展商及什麼樣的產品將在展會上推出，並針對專業觀眾或消費者的需求，組織一定比例的輔助產品的品牌企業參加。

最後，撰寫立項策劃書並付諸實施。撰寫展覽項目立項策劃書主要是根據掌握的各種資訊，對即將舉辦的展覽會的有關事宜進行初步規劃，進行展覽會的市場環境分析，設計出展覽會的基本框架，制定相關工作計劃。在立項策劃書的基礎上，再進行可行性分析，按照以上提到的計劃實施工作。

（2）組織參展商

展覽經理作為展會的組織者，要盡其所能取得參展商的滿意和信任。在現在激烈競爭的市場壓力下，一種新型的在組織者與參展商之間建立起來的長期而基於雙方利益的合作夥伴關係正悄然取代參展商和展會組織者之間傳統的買賣關係。

（3）與合作者簽訂合約

展覽經理需要根據法律的有關規定，與若干單位及合作對象簽訂不同的合

約。為了保證各方對共同義務完全瞭解，合約中應該對所有關鍵事項進行規定。包括財務條款（包含付款期限）、取消條款、交貨期限、各方的義務與權利，以及對交易貨物或服務的詳細描述。一般的展覽合約包括參展合約、場地合約、展位搭建合約、贊助合約，有些還包括表演合約、視聽設備租賃合約、宴會服務合約等。

（4）協調各方面的關係

對於展覽經理來說，從展會策劃到展會的現場管理再到展會結束以後的評估，他或她需要協調各方面的關係，解決來自內部或外部的問題，滿足展會順利開展的各項要求。其工作包括：協調與合作者的關係，認真挑選展會服務承包商和贊助商；協調與場館之間的關係，確保展會規模；協調與觀眾之間的關係，滿足觀眾或消費者的專業或消費要求；協調與新聞媒體的關係，擴大展會影響範圍。

2.參展商

參加展覽會，對於參展商來說，是一個低成本的營銷活動，更是參展商展示形象、聯絡關係和尋找客戶的重要契機。專業展覽會還是對本行業技術水平的一次檢閱。事實證明，參展商透過參加展覽，能提高人們對參展產品的關注程度，有利於開拓產品潛在市場，給觀眾或其他參展商留下深刻印象。

3.展覽場地經理和員工

展覽場地就是舉辦展覽的地方，參展商可以在那裡搭建展位，向觀眾銷售產品或提供服務。它可以是會議中心、展覽館、城市中心廣場、停車場，也可以是購物中心、露天市場、體育館、足球場等，這裡主要討論舉辦貿易展和消費品展的會展中心和展覽館。

近年來，會展業的快速發展對會展場地產生了更多的需要，促進了世界各地會議中心和展覽館的建設和發展。據美國會展業研究中心（CEIR）報導，美國和加拿大在1996年擁有展館大約6.34億平方英呎，當年舉辦了4400個展覽會。中國的展館在21世紀也以前所未有的速度在發展，場館總面積持續增加，規模也

在不斷擴大。2003年全國已經完成的新建和擴建場館總建築面積654040平方公尺，其中新增室內展覽面積463284平方公尺，同時，還有579000平方公尺建築面積的新館破土動工。近來新建的會展場館規模逐漸與國際接軌，如上海新國際博覽中心規劃展館面積為25萬平方公尺，北京新國際展覽中心一期總建築面積為37萬平方公尺，其中展館面積將達20萬平方公尺。

展覽場地經理負責提供適合各類高科技現代展會需求的基本設施、場地場館和相關的展覽配套設施，如按國際展覽會標準配備的供水供電、國內國際長途電話直播、無線寬頻網路、中央空調、廣播系統等，他（她）是保證展會得以順利舉辦的重要組成部分。展覽項目經理為展覽場地經理帶來經濟效益，而展覽場地經理為展覽項目經理提供多項先進的展覽設備與場地。從某種角度說，展覽項目經理和展覽場地經理不僅是展覽場地的需供雙方，更是親密的合作者。任何一次展覽的順利舉辦都離不開兩者間的有機協調與合作。

（1）場地經理的職責

作為會展中心或展館的經理，他們的職責主要為：為所在的會展中心或展館增加收入；降低成本的同時提供給客戶高質量的服務；開拓新業務；瞭解客戶和員工的需求；留住高素質員工並管理好；吸引高質量的項目和參展商。

（2）銷售場地

展覽經理基於展覽項目的具體情況多方面考慮，慎重選擇場地。場地經理必須瞭解展覽經理的選擇過程，能夠解答展覽經理提出的各種問題，消除他們的顧慮。其中重要的兩個問題是場租的價格以及可用的場館面積大小和空間安排。所以，設計展示示意圖相當重要。

場地員工不僅要掌握場地情況，而且要瞭解展館所在區域的情況。當場地員工推銷自己的場地時，一定要保持良好的競爭意識，隨時準備回答展覽經理提出的各類問題，如為什麼本場地最適合該展會。

（3）會展中心或展館的管理

各個會展中心或展館對部門的劃分各不相同，但基本上大同小異。常見的有

行政部、市場營銷部、財務部、人力資源部、工程部、安裝部等。

行政部。行政部是場地總經理和助理的辦公地點。總經理在這裡規劃場地和員工的長遠前景和目標，並制定政策來達到這些目標。他還監督所有的預算，負責和展覽經理簽訂有關場地租賃合約，協調與其他部門的關係，指導員工工作等。經理助理則要監督每日運營及協調其他員工。他還要組織召開員工例會，出席展會開幕前的所有會議，確定相關事宜，協調其他展會與當前展會在建築、區域、空間等方面的問題，並且協調觀眾停車、食宿等問題。

市場營銷部。市場營銷部的首要任務是與展覽項目經理接觸，然後說服他選擇本場地作為其展覽會舉辦的地點。銷售人員必須能夠回答展覽經理的所有問題並消除他們的顧慮，並與展覽經理建立良好的關係，使之成為長期的客戶。

財務部。財務部負責有關場地日常運營和租賃的財務事宜。具體工作是記錄、統計展覽經理交付的場地空間租賃費用和其他服務費用，包括設備使用費、餐飲費、音像設備使用費以及其他費用。同時，也負責場地的日常財務工作。

人力資源部。當商品交易會和消費品展覽會接近開幕的時候，員工總是需要臨時的幫助，有時候需要大量的臨時工或志願者。一個展會場地舉辦一個4～5天的展會，在展會開始的前幾天和展會期間，展會場地可能需要增加1000多名工作人員，以保證展會的順利舉辦。展會勞動力需求的短期變化對場地的人力資源部來說頗具挑戰性。

工程部。工程部的工作人員負責場地的建設、建築物的內部和外部維修，以確保一年內無論舉辦多少次展會，場地都可以安全運行。另外，還配合總體服務承包商為展會提供電、氣和其他設施，協調參展商對所有設備的使用需求，並監督設備的安全使用，減少因疏忽造成的設備損失。

安裝部。負責會場的布置和桌椅的擺放。

4.總服務承包商

總服務承包商是為展覽提供展覽設計、攝影攝像、加工製作、現場布展，並提供標準展架、展覽特裝型材、便攜式活動展架、高畫質大型噴繪機、電腦設計

系統和影視數字編輯系統及圖片雷射影印系統等先進的展覽器材和設備的全方位服務的展覽服務商。簡而言之，總服務承包商是展會、大會和銷售會議上從事材料供應，提供常規服務的公司。多數展會管理方會指派全方位服務的總服務承包商，他們有充足的設備和資源，為擁有眾多展位的展會提供搭建和其他服務。也有一些特殊的專業承包公司，為展會提供某一方面的單項服務，比如提供和搭建音響設施、電視轉播線路、植被裝飾以及其他各種專業服務。

（1）發展背景

在展覽行業發展的初期，並沒有總服務承包商，只有製作標誌、懸掛幕布或裝飾展臺的「裝飾工」。如果參展商想要以某種方式來增強他們的展示效果，只有自己額外準備某些家具、地毯、標誌、花卉和其他所需的物品。

隨著各行業的發展，對展會的要求也越來越高，要求服務的範圍越來越廣泛，展會的總服務承包商應運而生。他們不再僅僅負責搭建9平方公尺的標準展位，而是提供管道、電氣、標牌、保潔、電話、鮮花、視聽和器材運輸等多種服務工作。也就是說，組織、協調和執行等所有布展服務，都是總服務承包商的工作。

（2）服務職責

一般來說，展覽場地是附帶基本設施的場地，但也可能沒有。展覽經理一般要選擇一家展覽服務公司作為正式展會服務承包商，或稱為指定搭建商。其服務職責包括：安排參展商品以及展覽材料的運裝、處理以及儲存；提供展示設計示意圖；提供一整套裝潢設備，其中包括地毯、帷帳、專門物品以及其他展覽附加用品；安裝和拆除展臺，包括為用戶訂製、設計和搭建展臺；提供搬運、陳列展品、設備、產品服務；根據參展商要求的規格製作標語和旗幟；安全提供水、電、煤氣等服務；提供視聽服務；提供平面設計圖，擺放植被花卉，提供攝像服務；張貼海報；其他相關的服務。

展覽服務承包商從會前策劃、展臺搭建、展廳清潔到將所有參展器材運回本部，都要與展覽策劃人員並肩合作。幾項比較重要的工作是：準備平面圖報當地消防機構批准；與各類供應商，如視聽產品經銷商和花卉商簽訂合約；提供現場

管理人員，監督指導展位的安裝與拆卸等展覽全過程等。

（3）招標

總服務承包商透過投標方式來獲得業務。招標書由展覽經理製作，招標書裡列出了展覽的詳細要求，包括展覽的方位、展位數量、展覽類型以及參展商數量和類型。展覽經理向多個總服務承包商發出招標書，要求參加競標的總服務承包商提交展覽服務計劃書以及服務報價。根據各總服務承包商提交的投標書，展覽經理在多個公司之間進行比較，挑選合適的供應商，參展商不得參加選標工作。

（4）合約的簽訂

服務商與參展商的合約是按照參展商服務手冊簽訂的。服務手冊包括資訊、價格、展位物品訂購表（包括地面鋪墊、標牌、值班服務、電器及家具租賃、物品運輸）等。通常，展覽服務承包商還要將一些服務如鮮花、餐飲以及視聽服務分包給專業承包商。但無論怎樣，一般情況下，參展商都是與展覽服務承包商就所有服務事宜直接簽訂合約。

在整個展覽舉辦期間，從展前的展品搬運、展位搭建到展後的拆展，展覽服務承包商管理人員自始至終都不離開現場，隨時為參展商和主辦方提供服務。

5.觀眾

一個場面冷清，沒有客商或參觀者的展覽會，注定是一個失敗的展會，即使有眾多的參展商。因為參展商的參展目標是專業觀眾。一個人頭攢動、參觀者眾多的展覽會也不一定是一個成功的展會，關鍵要看專業觀眾的多少。從某種意義上說，檢驗展會優劣的關鍵是，參展商的上帝——目標觀眾的需求是否得到滿足。

專業觀眾的參觀目的主要有：觀看和購買產品或服務；從展覽會中瞭解新技術、新思想；幫助做出購買決策。

6.會議旅遊機構

（1）背景介紹

歐美國家及會展旅遊業發達的城市，對會展的行業管理的模式基本相同，即將會展與旅遊的行業管理合二為一，多數將會展管理機構設於旅遊局之下，由旅遊部門統一管理。美國是最早成立會議局的國家，1896年，首先在底特律成立了世界上第一個會議局，隨後克里夫蘭、大西洋城、丹佛和聖路易斯、洛杉磯等城市紛紛成立了會議局。1914年，美國成立了國際會議局協會（IACB）。剛開始會議局只做會議的推廣與服務，後來由於會議、展覽和獎勵而引發的旅遊給會獎所在地帶來的物質消費是非常可觀的，並逐漸推廣「旅遊」，於是在管理機構的名稱中又加入了「旅遊」一詞，形成會議與旅遊局的管理模式（CVB）。目前，幾乎美國所有的城市都成立了Convention and Visitors Bureau（CVB）或者Convention and Tourism Bureau（VTB，如 Chicago Convention and Tourism Bureau），充分體現了政府對會展業與旅遊業的重視。法國巴黎的會展旅遊管理機構的全稱亦為「巴黎會議旅遊局」（Paris Convention and Visitors Bureau）。英國倫敦也將會議、展覽、活動、協會大會、商業會議、獎勵旅遊、節慶等統統納入倫敦旅遊發展局的管理範疇。慕尼黑的慕尼黑會議局，將會議與展覽歸為慕尼黑旅遊管理辦公室管理，負責會展時間與場地諮詢、會展專業服務支持、場地現場視察、廣告服務支持、多國語言導遊及預訂服務等全面服務。

　　在亞洲，新加坡在旅遊發展局（Singapore Tourism Board）下設立了新加坡旅遊局商務旅行與MICE（會議、獎勵旅行、交流會和展覽）部門的一個專門機構——新加坡展覽與會議署（SECB）。作為旅遊業發展的一個重要領域，由策略組一部和二部、商務活動服務部、產業規劃與開發部和新加坡體驗等四個部門組成的SECB的主要任務就是建立新加坡商務與MICE目的地以及世界交流之都的地位。日本官方負責商務會議和獎勵旅遊的機構是日本會議局（Japan Convention Bureau，JCB），為國家旅遊機構（Japan National Tourist Organization，JNTO）的一個下屬機構，專門負責會議、獎勵旅遊、節慶活動的促銷與推廣。中國香港旅遊發展局下設香港會議局，從會議、展覽、企業會議及獎勵旅遊等四個方面專門負責促進香港會展業與旅遊業的一體化發展。

　　（2）提供的幫助與服務

根據市場開發的業務性質，會議旅遊局與其下屬的會展中心建立密切的業務關係。在許多情況下，CVB負責場地設施使用的時間安排。然而，多數的CVB扮演當地城市會議設施的市場開發和營銷者的角色，負責新業務的開發和服務協調工作。

開發新業務。會議旅遊局的工作人員透過信件、印刷資料、電話聯絡等方式直接聯絡展覽經理，推廣城市與進行會展整體營銷，樹立會展城市形象。或者經常與會議行業組織結盟，參加一些面向組織領導層和會議策劃者的貿易展覽，目的在於瞭解組織以及會議策劃者的需要。

提供的服務。會展管理部門提供的服務基本上包括以下幾個方面：註冊、發放證章；為旅遊者和與會者的家庭成員提供城市參觀服務；為參展商和客戶的娛樂活動提供場地，為客戶提供不同的飯店供其選擇。大多數CVB擁有會展服務部，直接與會展經理協作，協助展覽經理解決各種問題，包括賓館、交通以及其他需要方面的服務問題。

（三）其他相關概念

（1）獨立辦會（展）。指一個單位單獨舉辦的、不與其他單位聯合舉辦（承辦）的會議（展覽）。

（2）舉辦（承辦）展覽個數。指一年內企業所舉辦的各種類型展覽的總數，包括國際和國內展覽。

（3）合約金額。指參展單位（商）之間透過展覽平臺達成的成交項目的合約金額。

（4）專業性展覽會〔Professional Exhibition（Show，Fair，Exposition）〕。在固定或規定的地點、規定的日期和期限內，由主辦者組織、若干參展商參與的透過展示促進產品、服務的推廣和資訊、技術交流的社會活動。

（5）公眾／消費類展覽。向公眾開放的展覽。

（6）商業／行業內展覽。只對某個行業內有資格的成員開放的展覽，有時

也稱為「貿易展覽」。

（7）AIF（參觀者的興趣因素）。至少參加某類展覽10場中的兩場的參加者的百分數，這一數值的中國國內平均值為48%。

（8）ROI（投資回報率）。展覽所帶來的收益與花費在展覽上的資金的比值。

（9）展覽說明書。用於吸引潛在參展商參加展覽的宣傳材料。

（10）特殊裝修展位面積比（Ratio of Area for Special Booth）。特殊裝修展位面積總和與展出淨面積的比值。以百分比（％）表示。

（11）專業觀眾（Professional Visitor）。從事專業性展覽會上所展示產品的設計、開發、生產、銷售、服務的觀眾，以及用戶觀眾。這裡所指的產品可以是有形的產品（如機械零件），也可以是無形的產品（如軟體、服務等）。

（12）展覽等級（Grade）。用於劃分專業性展覽會質量差異的級別設定。用英文大寫字母A、B、C、D表示。

（13）自辦展。指會展中心或會展場館自己策劃和組織的展覽會。

（14）PCO。專業會議組織者。從狹義上講，PCO（Professional Conference Organizer）指專門的會議策劃和組織者，他們是會議服務公司、DMC或從事會議業務的旅行社的核心力量；從廣義上講，PCO指專業會議公司，它與DMC之間屬於上下游的業務關係。換句話說，PCO要掌握整個會議的大方向，包括會議的類型、主題、選址以及預算等；在將會議案交到DMC手中之前，還必須對會議所能達到的效果做出評估，並對此擔負最大責任。

（15）DMC。是英文Destination Management Company的縮寫，即目的地管理公司。即利用本地知識、專業技能及業務關係來專門設計並協調會議活動和會外活動，安排遊覽，配備人員，組織交通的專業管理公司。這類公司為一個城市招徠會議，並為會議代表及其家屬安排住宿、餐飲預訂、機場接送、娛樂、技術服務或其他特別項目。其英文敘述則是這樣的：Destination Management Company is a company that specializes in the organization and logistics of meetings and events. The key word when working with a DMC is "Customized", no matter what the event or the occasion, the DMC will always find a surprising and tailor-made solution.

DMC應該是一個能夠提供符合客戶要求的專業會展組織接待管理的公司，是將會展的各環節落到實處的重要操作者。為使整個活動達到最佳效果，DMC必須對活動選擇的目的地瞭如指掌，大到瞭解目的地的概況，利用當地的風土人情凸現會議的主題；小到會議場地的情況甚至會議室與廚房間的距離，是否會產生油煙、噪聲等。

（16）PEO。專業展覽組織者，PEO的核心業務是組織展覽。PEO一般只願意為那些具有增長潛力的產品或行業組織策劃展覽。因為PEO在組織展覽時所需要考慮的一個重要因素就是是否能夠獲取利潤。

第三節 世界博覽會

世界博覽會，簡稱世博會，別稱為經濟、科技、文化和藝術的奧運會。世博會把當代文明高度集中起來，把零星、分散、尚不完善的同類事物，透過主題思想予以集中，加以完善、系統化，甚至藝術化。世博會因此被譽為高層次的組織者、系統的設計者、人類文明的集結地和未來發展的航標燈。

一、什麼是世界博覽會

世界博覽會是一項由主辦國政府組織或政府委託有關部門舉辦的有較大影響和悠久歷史的國際性博覽活動。它已經有百餘年的歷史，最初以美術品和傳統工藝品的展示為主，後來逐漸變為薈萃科學技術與產業技術的展覽會，成為培育產業人才和對一般市民進行啟蒙教育的不可多得的場所。

世界博覽會的會場不單是展示技術和商品，而且伴以異彩紛呈的表演、富有魅力的壯觀景色，設置成日常生活中無法體驗的、充滿節日氣氛的空間，因此成為一般市民娛樂和消費的理想場所。

二、世博會的類別

世界博覽會是一個在時間、地域、門類、品種等各方面都有廣泛內容的大型活動。根據《國際展覽會公約》，世界博覽會分為兩種：一種是綜合性主題的博覽會，現稱註冊類世博會，這種大規模的博覽會每5年舉辦一次，展期通常為6個月；另一種是專業性主題的博覽會，現稱認可類世博會，展期通常為3個月（由國際園藝生產者協會管理的A1類園藝世博會為6個月），在兩屆綜合（註冊類）世博會之間舉辦一次。根據國際園藝生產者協會（英文名稱是International Association of Horticultural Producers，簡稱AIPH）規章的規定：①A1博覽會必須包括含園藝業的所有領域；②最小展出面積為50公頃（50萬平方公尺），其中建築物所占最大面積為總面積的10%（不包括用於室內展覽的建築面積）；③至少把展覽面積的5%應留給國際參展者；④至少有10個不同的國家參展；⑤財政保證金：20000瑞士法郎；⑥A1級博覽會每年不超過一次；⑦每個國家每10年中不能舉辦一次上A1級博覽會，舉辦時間最短3個月，最長6個月；⑧免費提供場館，對不發達國家提供資助。

在過去所舉辦的50多次世博會中，以綜合性世博會居多。綜合性世博會展出的內容包羅萬象，舉辦國無償提供場地，由參展國自己出錢，建立獨立的展出館，在場館內展出反映本國科技、文化、經濟、社會的綜合成就。按國際展覽組織的規定，專業性博覽會分為A1、A2、B1、B2四個級別。A1級是專業性博覽會的最高級別，為國際園藝博覽會，A2級為國際專門展示會，B1級為國內園藝博覽會，B2級為國內專門展示會。專業性博覽會展出的內容要單調些，它是以某類專業性產品為主要展示內容，下列主題可以視為認可類展覽會：生態、陸路運輸、狩獵、娛樂、原子能、山川、城區規劃、畜牧業、氣象學、海運、垂釣、養魚、化工、森林、棲息地、醫藥、海洋、數據處理、糧食等。參展國在主辦國指定的場館內，自行裝修、自行布展，不用建設專用展館。即將在上海舉辦的2010年世界博覽會為綜合性的國際博覽會。'99昆明世博會屬於專業性國際博覽會。根據國際園藝生產者協會規定，非會員國家若舉辦世界園藝博覽會，首先必須取得國際園藝生產者協會的批准和認可，然後由該會推薦，報國際博覽局批准、註冊。1994年10月，國際園藝生產者協會第46屆會員大會通過決議，同意接納中國為該協會成員。

在確定某一博覽會是註冊類還是認可類博覽會時，國際展覽局全體大會擁有唯一決策權，並考慮執行委員會的意見。

三、世博會的起源與發展

（一）博覽會的雛形

博覽會的雛形是中世紀歐洲商人的定期集會——集市。當時，集市的主要功能是初級商品的現場交易，人們注重的是為了滿足生產活動和生活需要所進行的物資交換或單一商品買賣。進入19世紀，集市規模逐漸擴大，入市交易的商品種類和參加的人員越來越多，影響範圍越來越廣，集市期間的人文氣氛越來越濃。大約在1820年代，人們就把規模較大的定期集市稱作博覽會，並將其單一的商品買賣功能逐步擴展為物資的交流和文明成果的展示，人們關注的重點也隨之從簡單的商品交換、買賣關係演變為對生產技術的交流、文明進程的展示和理想的企盼。

（二）世博會的雛形

世博會的歷史源遠流長。早在公元5世紀，波斯就舉辦了一個超越集市功能的展覽會。當時的波斯國王以陳列財物來炫耀本國的財力物力，以威懾鄰國。18世紀末，人們逐漸想到舉辦與集市相似但只展不賣的展覽會。這一新的想法於1791年在捷克的布拉格首開先河。隨著工業革命的到來，社會生產力的提高，科學技術的進步，國際交通的發展，舉辦世界性展覽的條件逐漸成熟。到了19世紀中期，展覽會上的展品和參展商超出了單一國家的範圍。

（三）前三次世博會

19世紀中葉，英國工業革命取得舉世矚目的成就。1850年，英國鐵產量占世界總產量的50.9%，煤占60.2%，紗錠占60.3%。為炫耀其強大國力，英國決定舉辦倫敦萬國工業大博覽會，維多利亞女王以國家名義，透過外交途徑邀請歐美十多個國家參展。世博會期間還進行展品評比和工藝活動等，內容豐富多彩，但不直接進行交易活動，從此形成了世界博覽會（簡稱世博會）的格局。

1.第一次世博會

十九世紀中葉是英國資本主義社會發展的鼎盛時期，工業革命的完成和殖民主義的擴張，使英國成為歐洲乃至全世界的頭等強國。為了顯示其偉大和自豪，英帝國於1851年5月1日在倫敦海德公園內，一改當時盛行的石頭建築風格，動用了整個英國工業界的技術和力量，耗用4500噸鋼材和30萬塊玻璃，建成了一座長1700英呎、高100英呎的「水晶宮」。這是一座新穎而獨特的建築，它向人們展示了鋼結構、玻璃裝飾的大空間，預示著工業化時代的到來。上午10時，維多利亞女王和丈夫阿爾伯特親王乘坐豪華的皇家馬車來到展館前。女王親自為世博會開幕剪綵。維多利亞女王開創了透過外交途徑邀請各國參展的傳統。接受邀請參展的10個國家，集中了1400餘件各類藝術珍品和時尚產品向世人展示，最令觀眾矚目的是引擎、水力印刷機、紡織機械等技術產品。在140天的展期中，共有來自世界各地的商貿人員、社會名流和旅遊觀光人士約630萬人次觀賞。英國人自豪地把這次盛況空前的「集市」稱為「Great　Exhibition」，意為「偉大的博覽會」。世博會的舉辦大大提高了英國的國際威望。自此，人類社會的交流形式完成了從低級階段、初級產品的簡單交易到工業時代的技術交流和文明成果展示的重大轉變。這一劃時代的創舉——倫敦博覽會，被世人確認為首屆世界博覽會。

2.第二次世博會

隨著美國的崛起，新大陸的人們不甘示弱，為了向全世界展示其風采和輝煌成就，於1853年在美國紐約舉辦了第二屆世界博覽會，參展國家增至23個，展示內容也有較大突破，開闢了倫敦博覽會上沒有的農業部分，展出了農機產品和優良品種，特別是附有安全裝置的電梯首次亮相並進行實地演示，贏得了廣大觀眾的喝彩。這些最新文明成果的展示，代表著當時工農業的迅速發展和人類無限的想像力和創造力。

3.第三次世博會

1855年，路易‧波拿巴統治下的法國在巴黎舉辦了第三屆世界博覽會，建造了XY軸構築的網形和拱形會場，首次展示了混凝土、鋁製品和橡膠。而最具新意的是，本屆博覽會開創了藝術展覽的先河，展出了名家名畫；第一次邀請外

國首腦參觀博覽會，形成了後來歷屆博覽會的沿襲傳統。到1900年4月，在法國巴黎舉辦的冠名為「世紀回眸」的萬國博覽會（這是巴黎第三次舉辦博覽會），19世紀內全世界共舉辦過8屆博覽會。

（四）世博會主題

1933年，「主題」概念首次被引入芝加哥世博會中。「主題」一般涉及人類共同關心的一個或幾個問題，參展國家和國際組織圍繞「主題」，透過展出尋求問題的解決。1933年世博會的主題是「進步的世紀」，透過展出大量新產品，明確提出科技發明和創新將成為今後人類社會進步與發展的主要動力。此後，世博會均確立主題。

表2-1 歷屆世界博覽會舉辦情況統計表

時間 (年)	國別	名稱	性質	參展國 加數量	會期 (天)	入場人 數(萬)	特點、主題
1851	英國	倫敦萬國工業博 覽會	綜合	25	193	604	展館「水晶宮」獲特 別獎
1853	美國	紐約世界博覽會	綜合	23	—	—	美國機械和優良品種 給人留下深刻印象
1855	法國	巴黎世界博覽會	綜合	25	185	516	法國第一屆世博會
1862	英國	倫敦國際工業和 藝術博覽會	專業	39	185	610	工藝類專業世博會
1867	法國	第二屆巴黎世界 博覽會	綜合	42	214	1 500	首次增加文化內容
1873	奧地利	維也納萬國博 覽會	綜合	35	183	72.5	亞洲國家日本首次 參展
1876	美國	費城美國獨立百 年博覽會	綜合	35	185	1 000	紀念美國獨立100 周年
1878	美國	第三屆巴黎世界 博覽會	綜合	36	174	1 616	展出汽車、愛迪生發明 的留聲機等新產品

續表

時間(年)	國別	名稱	性質	參展國家數量	會期(天)	入場人數(萬)	特點、主題
1880	澳大利亞	墨爾本萬國工農業、製造與藝術博覽會	綜合	33	214	133	萬國工農業、製造業與藝術
1883	荷蘭	阿姆斯特丹國際博覽會	專業		100	880	園藝、花卉展出
1888	西班牙	巴塞隆納世界博覽會	綜合	30	246	230	—
1889	法國	第四屆巴黎世界博覽會	綜合	35	178	3 225	紀念法國革命100周年
1893	美國	芝加哥哥倫布紀念博覽會	綜合	19	156	2 750	紀念哥倫布發現新大陸100周年；亞洲國家韓國首次參展
1897	比利時	布魯塞爾	綜合	27	183	780	國際展覽
1900	法國	第五屆巴黎世界博覽會	綜合	58	210	5 086	「世紀回眸」—展示19世紀的科技成就
1904	美國	聖路易斯百年紀念博覽會	綜合	60	212	1 969	慶祝聖路易斯建市百年；同期舉行第三屆奧運會
1905	比利時	列日世博會	綜合	31	194	700	比利時獨立75周年
1910	比利時	布魯塞爾世界博覽會	綜合		198	1 300	—
1913	比利時	根特世界博覽會	綜合	26	198	950	—
1915	美國	舊金山巴拿馬太平洋博覽會	綜合	32	288	1 900	慶祝巴拿馬運河通航
1925	法國	巴黎國際裝飾美術博覽會	專業		195	1 500	宣揚「文藝新風尚」
1929	美國	費城建國150周年世界博覽會	綜合		183	3 600	慶祝建國150周年，建10萬人體育場
1933	美國	芝加哥萬國博覽會	綜合	21	170	2 232	首次突出主題:「進步的世紀」

續表

時間(年)	國別	名稱	性質	參展國家數量	會期(天)	入場人數(萬)	特點、主題
1935	比利時	布魯塞爾世界博覽會	綜合		150	2 000	主題:「通過競爭獲取和平」
1937	法國	巴黎藝術世界博覽會	專業	44	184	3 104	主題:「現代世界的藝術和技術」
1939 – 1940	美國	紐約世界博覽會	綜合		340	4 500	主題:「建設明天的世界」
1939	比利時	國際水資源博覽會	專業		180		主題:「水的季節」
1949	海地	太子港萬國博覽會	綜合		185		主題:「太子港建立200周年」
1951	法國	里爾國際體育博覽會	專業	22	22	150	紡織面料
1954	義大利	那不勒斯世界航海博覽會	專業		153		航海
1955	瑞典	赫爾辛博格世界生活藝術博覽會	專業		78		主題:「藝術與職業」
1956	以色列	柑橘栽培展覽會	專業		30		柑桔栽培
1957	德國	柏林世界展覽會	專業		84		主題:「重建漢莎」
1958	比利時	布魯塞爾世界博覽會	綜合	42	186	4 150	主題:「科學、文明和人生」
1961	義大利杜林	國際勞動展覽會	專業		184		主題:「慶祝義大利統一100周年」
1962	美國	西雅圖21世紀博覽會	專業		184	964	主題:「宇宙時代的人類」
1964	美國	紐約世界博覽會	綜合		360	5 167	主題:「通過理解走向和平」
1965	德國	慕尼黑IVA國際運輸展覽會	專業	31	91	250	國際運輸

續表

時間 (年)	國別	名稱	性質	參展國 家數量	會期 (天)	入場人 數(萬)	特點、主題
1967	加拿大	蒙特婁世界博覽會	綜合	62	185	5 031	主題:「人類與世界」
1968	美國	1968聖安東尼奧博覽會	專業	23	183		主題:「美國社會文明融合」
1970	日本	大阪萬國博覽會	綜合	75	183	6 500	主題:「人類的進步與和諧」
1971	匈牙利	布達佩斯	專業	34	4	190	主題:「人類狩獵的演化和藝術」
1974	美國	斯波坎環境世界博覽會	專業		184	519	主題:「無汙染的進步」
1975	日本	沖繩國際海洋博覽會	專業	37	183	349	主題:「海洋‧未來的希望」
1981	日本	神戶港島博覽會	專業		180	1 610	展出人工島、大港口、高速列車
1982	美國	諾克斯維爾世界能源博覽會	專業	16	152	1 112	主題:「能源—世界的原動力」
1984	美國	紐奧良國際河川博覽會	專業		184	1 100	主題:「河流的世界—水乃世界之源」
1985	日本	筑波萬國科技博覽會	專業	111	184	2 033	主題:「居住與環境— 人類居住科技」
1985	保加利亞	保加利亞青年發明家成果博覽會	專業	86	26	100	主題:「水的季節」
1986	加拿大	溫哥華國際交通與通訊博覽會	專業	54	165	2 211	主題:「交通與通訊—人類發展與未來」
1988	澳大利亞	布里斯本休閒博覽會	專業	38	154	1 857	主題:「科技時代的休閒生活」
1990	日本	大阪萬國花卉博覽會	專業		182	2 760	主題:「花與綠—人類與自然」

時間(年)	國別	名稱	性質	參展國家數量	會期(天)	入場人數(萬)	特點、主題
1992	西班牙	賽維亞世界博覽會	綜合		176	4 181	主題:「發現的時代」
1992	義大利	熱那亞世界博覽會	專業	54	92	800	主題:「哥倫布—船舶與海洋」
1993	韓國	大田世界博覽會	專業	141	93	1 400	主題:「新的起飛之路」
1998	葡萄牙	里斯本海洋博覽會	專業		132	1 012	主題:「海洋—未來的財富」
1999	中國	昆明世界園藝博覽會	專業	95	184	990	主題:「人與自然—邁向21世紀」
2000	德國	漢諾威世界博覽會	綜合	155	153	1 850	主題:「人類—自然—科技」
2005	日本	愛知世界博覽會	專業	121	185	2 100 萬（預計 1 500）	主題:「超越發展—大自然智慧的再發現」
2008	西班牙	西班牙沙拉哥薩世博會	專業	105	90	預計 800	主題:「水與可持續發展」
2010	中國	上海世界博覽會	綜合	已達 208	184	7 000 萬（預計）	主題:「城市，讓生活更美好」

（五）今天的世博會

　　進入20世紀，世界博覽會的舉辦地仍然主要集中在美國和歐洲等發達國家。由於世界博覽會舉辦得過於頻繁，耗費大量資財，給參展國家的財政造成很多困難，導致各種矛盾出現。為了控制博覽會的舉辦頻率和保證博覽會的水平，1928年35個國家的政府代表在法國巴黎締約，對世界博覽會的舉辦方法做出若干規定，如：舉辦世界博覽會要有主題，展示時間規定不超過6個月，由法國政府代表發起成立一個協調管理世界博覽會的國際組織，並負責起草制定《國際展覽公約》等。在這次會議上，有31個國家的政府代表簽署了公約，並成為國際展覽局的首批成員國。

作為近代產業社會最大規模的國際活動，世界博覽會寫下了她光輝的歷史，開闢了城市建設的新紀元，凡是舉辦過世博會的城市多數都留給世人強烈的印象。1851年為在倫敦舉辦的首屆世博會而設計建造的「水晶宮」，看似一個超大型溫室。除了用來支撐的鋼架外，屋頂、牆面全部用玻璃方框組裝而成。這一大膽新奇的設計，開創了鋼鐵構件和玻璃用於牆體材料的新時代，也成為現代玻璃幕牆大廈的前驅。有些國家還結合城市建設，留下了一些世博會標誌性建築，如法國在1889年巴黎世博會前建造的一座主題塔艾菲爾鐵塔，至今仍是法國和巴黎的象徵。1958年在比利時布魯塞爾舉辦的主題為「科學、文明和人性」的世博會，留下了一座聞名遐邇的「原子球」建築物。1962年在美國西雅圖舉辦的主題為「太空時代的人類」的世博會，留下了「太空針」建築物。事實上，每一次世博會的舉辦，都使所在城市面貌發生了很大變化。

正像「一切始於世博會」的名語所言，現代社會的組織結構和系統中的很多因素都是從博覽會中孕育誕生的。如將許多商品彙集一處買賣的百貨店，組織觀光遊覽的現代旅遊活動，提供休閒娛樂的各類公園、遊樂園、渡假村、俱樂部等，無不經由世界博覽會而獲得啟示，萌生創意。時至今日，世界博覽會不再只是技術和商品的展示會，而以廣闊的胸襟，熔人類創造的一切文明成果於一爐，成為各種技術交流、學術研討、旅遊觀光、娛樂和消遣的理想場所。

三、申辦世博會的主要程序

（一）申請

按國際展覽局（BIE）規定，有意舉辦世博會的國家不得早於舉辦日期的9年，向BIE提出正式申請，並交納10%的註冊費。申請函包括開幕和閉幕日期、主題，以及組委會的法律地位。BIE將向各成員國政府通報這一申請，並告知它們自通報到達之日起6個月內提出它們是否有參與競爭的意向。

（二）考察

在提交申請函的6個月後，BIE執行委員會主席將根據規定組織考察，以確保申請的可行性。考察活動由一位BIE副主席主持，若干名代表、專家及祕書長參加。所有費用由申辦方承擔。考察內容是：主題及定義、開幕日期與期限、地

點、面積（總面積，可分配給各參展商面積的上限與下限）、預期參觀人數、財政可行性與財政保證措施、申辦方計算參展成本及財政與物質配置的方法（以降低各參展國的成本）、對參展國的政策和措施保證、政府和有興趣參與的各類組織的態度，等等。

（三）投票

如果申辦國的準備工作獲得考察團認可，全體會議將按常規在舉辦日期之前8年進行投票表決。如果申辦國不止一個，全體會議將採取無記名方式投票表決。若第一輪投票後，申辦國獲三分之二票數，該國即獲得舉辦權。若任何申辦國均未獲三分之二票數，將再次舉行投票，每次投票中票數最少的國家被淘汰，隨後仍按三分之二票數原則確定主辦國。當只有兩個國家競爭時，根據簡單多數原則確定主辦國。

（四）註冊

獲得舉辦權的國家要根據BIE制定的一般規則與參展合約（草案）所確定的覆審與接納文件，對展覽會進行註冊。註冊申請應在開幕日之前5年提交給BIE。這也是主辦國政府開始透過外交渠道向其他國家發參展邀請的時間。註冊意味著舉辦國政府正式承擔其申辦時承諾的責任，認可BIE提出的標準。這樣可以確保世博會的有序發展，保護各成員國的利益。BIE在收到註冊申請時，將向舉辦國政府收取90%的註冊費，其金額按BIE全體會議通過的規則確定。

四、中國與世博會

（一）1950年代前

1.中國在世博會上的首次亮相——中國與1851年倫敦世博會

2002年初，經上海圖書館「世博會研究組」發現和證實，在1851年的英國倫敦首屆博覽會，就有中國商人和一些在中國經商的外商，將絲綢、茶葉、中藥等中國傳統商品運到展會上並獲得多項獎項。

2.第一次真正由中國代表參加的世界博覽會——中國與1876年費城世博會

第一次由中國人選派代表參加世界博覽會是1876年的美國費城世博會。在這次博覽會上，中國展館占地「僅八千正方尺」，精心的布置，以濃郁的中華民族特色吸引了參觀者。

3.清政府正式登上世博會舞臺——中國與1904年聖路易斯世博會

中國首次以官方形式率商人正式參加的世博會是1904年美國聖路易斯世博會。當時清政府相當重視參展，花巨資修建了具有濃郁民族風格的中國村和中國展館。此次參展被視為歷史上中國政府首次正式參與世博會。

4.官商合作參展的一次嘗試——中國與1905年列日世博會

1905年時值中國光緒末年，世界博覽會在比利時小城列日召開，清政府派員參加了世博會的展出活動。本次世博會中國得到超等榮譽獎及金銀各等獎牌共100枚，得獎數量與英、美、奧、意等國不分上下。

5.對當時中國影響最大的一屆世博會——中國與1915年舊金山世博會

1915年，中國又一次參加巴拿馬世界博覽會。當時，中華民國政府成立不久，百廢待興，因此對於巴拿馬世博會給予了高度重視。在這次世博會上，中國展品所獲獎章計1211枚，包括大獎章57枚，名譽獎74枚，金牌獎258枚，銀牌獎337枚，銅牌獎258枚，狀詞獎227枚。在這一次博覽會上，中國的茅台酒和張裕釀酒公司的「可雅白蘭地」獲金獎。茅台酒被評為世界第二名酒，與獲第一的法國「柯涅克白蘭地」和第三名的英國「蘇格蘭威士忌」並稱為世界三大名酒。可雅白蘭地獲4枚金質獎章和最優等獎，遂更名為金獎白蘭地。

6.透過比較而知落後——中國與1926年費城世博會

1926年費城世博會上，除了東道主美國之外，當數中國與日本為參展作品之大家。中國人透過世博會的參展過程，不斷地看到了國家落後的情景和發展經濟貿易的必要性，並以此為契機，於1929年在浙江杭州舉辦了中國人自己的博覽會——西湖博覽會。

（二）1950年代後

1950年代後到1982年以前，西方國家舉辦世界博覽會未邀請中國參加。

中國和美國於1979年正式建交以後，美國諾克斯維爾世博會組織者邀請中國參加於1982年5月1日至10月31日在田納西州諾克斯維爾市舉行的「能源」專業世博會。經國務院批准，中國貿促會首次代表國家組織中國館參加。中國館登上世博會的舞臺，成為世博會新的亮點。

此後，歷屆世博會的組織者都邀請中國參加。截止到2006年底，中國共參加了11次世界博覽會，由中國貿促會具體組織實施。這11次博覽會是：1982年美國諾克斯維爾世界能源博覽會；1984年美國紐奧良國際河川博覽會；1985年日本築波萬國科技博覽會；1986年加拿大溫哥華國際交通與通訊博覽會；1988年澳大利亞布里斯班休閒博覽會；1992年義大利熱那亞世界博覽會；1992年西班牙塞維利亞世界博覽會；1993年韓國大田世界博覽會；1998年葡萄牙里斯本海洋博覽會；2000年德國漢諾威世界博覽會；2005年日本愛知世界博覽會。

其中，在1988年布里斯班、1992年塞維利亞和1993年大田世博會上，中國館兩次被評為「五星級展館」，一次被評為「最佳外國館」。

五、中國參加世博會一覽表

1982年5月1日～10月31日，主題為「能源推動世界」的世博會在美國田納西州的諾克斯維爾舉行。中國館展出了太陽熱水器、太陽灶、太陽能航標燈、太陽能電圍欄、沼氣利用以及具有中國民族特色的各類工藝品等。

1984年5月12日～11月11日，以「世界河流、淡水——生命的源泉」為主題的世博會在美國路易斯安那州的紐奧良舉行。中國館展出了中國古代和近代開發水利資源的文物照片、複製品、模型、中國輕工業品、紡織品、手工藝品、秦鐘和秦碑等文物。

1985年，主題為「居住與環境——人類的家居科技」的世博會在日本新城築波市舉行。中國應邀參加了此次博覽會。

1986年5月2日～10月13日，以「世界在運動，世界在交流」為主題的世博會在加拿大溫哥華舉行。這次展出的內容為各國從古到今使用的交通和通訊工

具。中國應邀參加。

1988年4月30日，以「技術時代的娛樂」為主題的世博會在澳大利亞布里斯班開幕。中國館展現的360度環幕電影——《華夏掠影》受到熱烈歡迎。中國館先後被評為五星級展館及最佳展館。這是中國參加世博會以來獲得的最高榮譽。

1992年，中國參加了在義大利熱那亞舉行的以「哥倫布：船舶與海洋」為主題的世博會。

1992年4月20日～10月12日，以「發現的時代」為主題的世博會在西班牙塞維利亞舉行。中國館展出中國古代四大發明、現代高科技成就、園林建築藝術和手工藝品等，並以新穎、豐富的內容和獨特的設計被評為「五星級展館」。

1993年8月6日，主題為「新的起飛之路」的世博會在韓國大田市開幕。中國館展示了中國古代和現代航天科技、三峽水利工程、傳統文化和民族工藝等，並被評為五大最佳展館之一。

1998年5月21日～9月30日，以「海洋，未來的財富」為主題的世博會在葡萄牙里斯本舉行。中國館分為海洋開發和利用、海上絲綢之路、火箭模擬發射衛星表演和環幕電影館等4大部分。

2000年5月31日～10月31日，主題為「人類—自然—技術」的世博會在德國漢諾威舉行。中國館以獨特的外裝修和豐富的展覽內容吸引大批來自世界各地的觀眾。中國館每天接待觀眾近3萬人，約占世博會總參觀人數的四分之一。

2005年3月25日～9月25日，主題為「自然的睿智」的世博會在日本愛知舉行。中國館的參展主題為：「自然、城市、和諧——生活的藝術」，力圖展示中國人對自然與城市和諧發展的理念。整個愛知世博會期間，到中國館參觀的遊客達到566萬人次，是本屆愛知世博會接待遊客最多的外國館。

---

[1] 王曉鳴，展覽系統的基本要素，來源：中國展會，新華網（2003-05-12 14：16：40）。

第三章 國外會展發展概述

◆章節重點◆

1.掌握德國展覽業的發展特點

2.比較德國、日本、美國展覽業運作模式的差異與各自的特點

3.熟悉漢諾威在展會服務方面的特色

4.掌握亞太地區主要會展國家的會展業發展特點

5.瞭解北京會展業發展蓬勃的原因

6.瞭解上海會展業迅速崛起的原因

7.瞭解國際會議業概況

從全球會展經濟的發展狀況來看，由於各國經濟實力、經濟總體規模和發展水平不同，各國會展經濟的發展也不平衡。近年來，世界會展業的格局正逐步發生變化，歐洲地區的會展業繼續保持霸主地位，美國、日本、新加坡等國家和中國香港地區的展覽業發展迅速，與此同時，中國的會展業也進入了一個飛速發展的時代。

第一節 國外會展業發展概述

根據已知的材料，全世界每年舉辦的展覽會約有3萬個，展覽組織者的直接收入約為300億美元。全世界每年舉辦的國際性會議大約有40萬個，與會者總消費達2800億美元：如果按照「1：9」的拉動係數核算，會展組織者的直接收入也就是相當於280億美元。而現在全世界每年的GDP數額接近45萬億美元。這樣

算下來，全世界會展產業（會議加展覽）的直接值所占GDP的比例就是0.13%，其中：會議業大約占到0.063%，展覽業大約占到0.067%。

一、展覽業

舉辦展覽會的數目和規模與主辦國的經濟實力和科技水平密切相關，一些發達國家憑藉其在科技、交通、通訊以及服務業水平等方面的優勢，在世界會展經濟發展過程中處於主導地位，並占有絕對的優勢。

（一）歐洲展覽業

歐洲是世界展覽業的發源地，經過一百多年的積累和發展，歐洲展覽經濟整體實力最強、規模最大。歐洲展覽以其數量多、規模大、國際化程度高、貿易性強和管理先進聞名於世。目前國際上公認的300多個最知名的、展出面積在3萬平方公尺以上的專業貿易展覽會，其中的2/3在歐洲舉辦。歐洲的展覽強國主要聚集在西歐，德國、法國、義大利、英國等都是世界級的會展業大國。地處歐洲中心、交通便捷的德國，位居世界展覽國家之首，是世界頭號會展強國。東歐展覽業的發展則主要是以俄羅斯為中心。

1.德國：世界頭號展覽業強國

德國是世界展覽業的發源地，號稱「世界展覽王國」。它地處歐洲中部，便利的交通條件和貿易展覽的悠久歷史，以及重要工業國的基礎，共同造就了德國展覽業的大國地位。伴隨著戰後的迅速重建、全球經濟貿易活動的繁榮以及兩德的合併，德國又重新確立了國際展覽業頭號強國的地位，並一直保持著良好的增長趨勢。

（1）展覽規模。據統計，每年世界上有較大影響的210個專業性國際貿易展中，約有130多個在德國舉行。淨展出面積690萬平方公尺，參展商17萬家，其中有將近一半的參展商（約為48%）來自國外。這些展會無論是從國際性還是專業性來看，均居這些行業展覽之首，是名副其實的權威性展覽會。

（2）展覽場館。幾乎所有德國的重要城市都有自己的會展中心，德國擁有全球20%的展覽面積。目前德國共擁有24個大型展覽中心，可供展覽使用的場館

第三章 國外會展發展概述

（3）展覽企業。按營業額排序，世界十大知名展覽公司中，德國企業占到6位，分別是漢諾威展覽有限公司、慕尼黑國際展覽公司、法蘭克福展覽集團、柏林展覽公司、科隆國際展覽集團和杜塞道夫展覽集團。在出國辦展方面，目前德國展覽機構在全世界的辦事機構近400個，已形成了全球化網路。

（4）展覽效益。德國展覽業從業人員有10萬人，會展業年平均營業額為25億歐元，其帶動的經濟效益高達230億歐元，經濟帶動比例達到1：9.5，並可以提供25萬個工作崗位。

（5）主要展覽城市。德國主要的展覽城市有漢諾威、慕尼黑、杜塞道夫、法蘭克福、科隆、柏林、萊比錫、紐倫堡、漢堡等。這些城市都是國際著名的展覽城市，它們都將展覽業視為支柱產業進行發展，頒布一系列鼓勵措施和優惠政策，吸引參展商和觀眾。

（6）德國展覽業的特徵。德國展覽業之所以能在全球展覽業日益激烈的競爭中傲視群雄，不僅是因為德國擁有悠久的展覽會傳統和一流的展館基礎設施，而且更在於德國展覽會舉辦單位具有獨特的經營理念和管理技術及勇於創新的開拓精神。

①獨特的經營模式。與世界最大的展覽公司（按營業額排名）——英國Reed展覽公司及美、法等國的展覽公司不同，德國的展館全部由各州和地方政府投資興建，展覽公司由政府控股，實行企業化管理。如位於漢諾威的德國最大的展覽公司——德國展覽公司由下薩州政府和漢諾威市政府分別控股49.8%。德國展覽公司既是展覽中心的管理者，又是許多大型博覽會的舉辦者和實施者。

②與行業協會密切合作，培育展覽品牌。德國行業協會在德國展覽業中有著十分重要的地位，對德國展覽業的繁榮發展做出了重大貢獻。特別是在辦展時間

和地點等方面，德國行業協會擁有相當大的發言權。沒有行業協會的支持，展覽公司無法深入瞭解行業動態及開展對參展商和專業觀眾的營銷工作。因此，德國展覽公司在制定辦展方案和招展過程中均與相關的行業協會密切合作，打造行業博覽會品牌。行業協會向展覽公司提供業內的專業訣竅及其與國內外的聯繫渠道。另外，德國一些行業協會本身又是知名展覽會的主辦者。如位於法蘭克福的德國通訊和娛樂電子工業協會（GFU）是每兩年一屆的柏林國際電訊展的主辦者，柏林展覽公司只是該展的承辦單位。

③積極拓展國外市場。與別國的展覽公司相比，德國展覽公司的最大優勢在於具有很強的國際戰略意識。這主要體現在以下兩個方面：一是早在1960年代，德國舉辦的展覽會就向國外參展商開放，並想方設法吸引更多的外國參展商和觀眾，從而使德國舉辦的展覽會的國際性日益提高，參展商不僅能結識新的客戶，而且能遇到來自世界各地的老客戶；二是德國展覽公司能洞察國際展覽市場的發展趨勢，及時到國外投資辦展。目前，以中國為核心的亞洲市場及中東歐國家正在成為德國展覽業新的業務和利潤增長點。德國在國外舉辦的專業展覽會已從1990年的20個增至2004年的164個，其中一半（84個）在亞洲地區。德國展覽公司開拓中國市場的戰略有二：一是繼續吸引中國企業赴德參展或獨立辦展；二是投資中國展覽企業，將其知名的博覽會品牌移植到中國。

④舉辦國際會議，促進會展經濟。展覽會是行業經濟發展的晴雨表。它不僅是促進對外貿易的有效渠道之一，更是企業展示形象、推出新產品和技術的重要場所。展覽會雲集了世界各地的業界精英和客商，是舉辦國際性會議的最佳時機。因此，承辦國際會議已成為德國展覽會的重要組成部分，展覽會舉辦者往往在展會期間舉辦一些國際性的會議，結合展覽會發布業界動態資訊，使之與展覽會相輔相成，從而達到既提升展覽會的知名度，又促進會展經濟發展的目的。

⑤提供一流的配套服務。從展覽設計、展臺搭建與布置到資訊資料、交通、運輸、住宿和旅遊等服務項目，德國展覽會承辦方提供的服務均非常到位，特別是在解決博覽會期間的停車和交通擁堵問題及吸引企業和專業觀眾參展等方面的做法值得中國學習與借鑑。德國展覽公司一般在城外的交通樞紐地帶建幾個大型

停車場；展覽公司提供車輛免費接送觀眾，從而避免大量車輛擁入市區；如展覽中心位於城外，就在展館旁邊建大型停車場，展覽公司還在機場、火車站或市中心設臨時車站免費接送參觀者；在許多展覽城市，觀眾憑展覽會門票可免費乘坐市內公交。為吸引企業和專業觀眾參展，德國展覽會舉辦單位給參展企業邀請的客戶給予門票優惠，參展企業可預先從展覽公司訂購門票寄給客戶。

知識連結3—1：

應有盡有——萊比錫博覽會

萊比錫被譽為「博覽會之母」，是世界上第一個博覽會城。萊比錫新博覽會區是當前世界上最現代化的博覽會區，在造型設計上最大限度地滿足了參展商和參觀者的需求。除了眾多的工業博覽會外，萊比錫圖書博覽會尤其著名。同時萊比錫作為地處歐洲中部的博覽會城也起著連接中歐及東歐國家貿易的重要職能。

萊比錫最早是作為博覽帝國而聞名於世的，世界上第一屆樣品博覽會（1895年）和第一屆技術博覽會（1918年）均是在萊比錫舉行的。在萊比錫博覽有著悠久的歷史和重要的地位。在萊比錫，你可以看到一個這樣的標誌，2個大寫的M重疊在一起，這是「樣品展覽會」的象徵。萊比錫有一個別名——「博覽會之城」。

萊比錫地處中歐交通要道，早在中世紀就是東西方貿易中心。1170年開始出現商業性的集市，這便是萊比錫博覽會的前身。15世紀，萊比錫博覽會已成為歐洲各國商品交換的中心。第二次世界大戰期間，博覽會的大部分設施被毀，商品交流一度停頓。戰後在1946年又恢復舉辦。萊比錫博覽會的展室面積共達35萬平方公尺，每年舉辦兩次：3月份的春季博覽會，以工業產品和綜合性產品為主；9月份的秋季博覽會，重點展出輕工業品和各種消費品。其中最重要的3個展覽是萊比錫國際圖書博覽會（Leipziger Buchmesse）、萊比錫國際汽車博覽會（Auto Mobil International）和萊比錫國際電子遊戲展覽會（Games Convention）。它們由德國萊比錫展覽中心（Leipziger Messe GmbH）承辦。

（資料來源：萊比錫博覽會官網）

2.法國：精耕細作的展覽業

法國每年舉辦140個展覽會和100個博覽會，其中全國性展會和國際展會達175個，專業展會120個左右。每年會展收入高達1500億法郎，並由此創造20萬個就業機會。國際專業展的主要參與國及地區分別是比利時、義大利、西班牙、英國、德國、荷蘭、瑞士、美國、葡萄牙和日本。主要的展覽集團有愛博展覽集團、博聞集團、巴黎展覽委員會、勵展集團等。國際著名展會有BATMAT建材展、SIAL食品展、SIMA農業展、EMBALLAGE包裝展、VINEXPO酒展、EURO-PAIN麵包糕點展、AERONAUTIQUE 巴黎航空航天展以及 POLLUTEC 環保展等。與德國相比，在整個歐洲，法國的優勢是綜合性展覽會。展覽業發達的法國同時也是重要的世界國際會議中心。

（1）巴黎——國際展覽之都

法國擁有160萬平方公尺展館，分布於80個城市，其中巴黎占55.4萬平方公尺。巴黎是法國展覽業的中心城市，其次為里昂、波爾多、里爾等城市。法國每年舉辦300多個展覽，有近一半集中在「展覽之都」巴黎。巴黎還是世界第一大國際會議中心，每年接待各類國際會議占全球國際會議市場的2.61%以及歐洲會議市場的4.62%。統計顯示，2004年，巴黎仍為世界上接待遊客最多的城市，同時也繼續保持著全球第一大國際會議中心的地位。在巴黎舉行的國際會議由上一年的228個增加到272個，使巴黎遠遠領先於其他國際會議城市，再度獲得國際會議的首選地的桂冠；而維也納和日內瓦並列第二，各接待國際會議188個。

巴黎凡爾賽展場及北展場，雖有40萬平方公尺的供展規模，但為了保住「世界三大展覽勝地」的桂冠，巴黎進行了老展場的改擴建與南展場的興建，使其展覽總面積翻了一番，達到80萬平方公尺。

（2）法國國際專業展促進會（Promosalons）

法國會展業發展的最大特點是法國的主要展覽公司共同組織成立了法國國際專業展促進會，理事會由巴黎工商會、法國外貿中心、法國專業展聯合會、法國僱主協會、巴黎市政府、法國外貿部以及展覽中心和專業展覽公司的代表組成。這一由商會和政府牽線的民間組織為促進國外專業人士來法國參觀交流造成了很

大的作用。

法國國際專業展促進會的經費來源主要有兩個途徑，一是來自諸如巴黎工商會和展覽場地公司等主要理事單位提供的年度補貼，占少部分；另一部分是來自參加促進會的展覽公司按所需促進的展會數目及促進宣傳工作量而定的促銷經費，占促進會經費的大部分。

法國的任何一家展覽公司均可申請加入促進會，但促進會對於同一個專題的展會只接納一個展會加入，而且優先接納質量最好的展會。促進會為了向這些展會提供國際促進業務，在近50個國家和地區建立辦事處。這些辦事處的任務是在各自負責的國家和地區展會中開發形式多樣的促進業務。

這種展會國外促進的方式很有意義，因為單個的展覽公司，哪怕是財力強大的展覽集團，也沒有足夠的實力在世界上50個國家建立屬於自己的辦事機構網路，但是從屬於不同展覽公司的65個展會把它們的經銷商集中到一起，就能組成一個有效的展會國際促銷網路，這是世界上獨一無二的促銷網路。

（3）加強和中國展覽業的合作

愛博展覽集團作為法國第一大展覽公司和世界第四大私營展覽公司，已和中國貿促會農業行業分會合作成功地舉辦了幾屆北京國際農展（Agro　Foodtech China），為中國農展市場注入了新的活力。隨後分別在北京和上海推出國際農展、國際食品展和國家包裝和食品加工技術展，為中國的農業─畜牧業─食品加工工業─包裝工業─食品業這一縱向系列化經濟領域帶來大批的新技術，為中國的經濟開放帶來眾多的商機。

（4）法國展覽業的特點

法國的展覽業和其他國家不一樣，展覽公司不擁有場館，而場地公司不主辦展會，也不參與展覽經營。

第一是主辦機構專業化。隨著展會之間競爭的激烈化，越來越多的行業協會把自己的展覽會賣給了專業展覽公司，或者和專業展覽公司合資組織股份公司，行業協會只保留一定量的股份，把展會的經營全部或部分交給展覽公司經營。

第二是展覽公司集團化。由於市場對展會的要求愈來愈高，這就要求展覽公司對資金、人力資源、國際網路等各方面做很大的投入。小型展覽公司往往被大型展覽公司兼併收購，形成了展覽公司集團化的趨勢。

第三是展會規模大型化。經過市場的優勝劣汰，剩下的展覽會強者越辦越大，越辦越好，確立了自己的壟斷地位，使得法國已經形成相對穩定的展覽市場。

第四是展會進一步國際化。隨著貿易世界化和歐洲一體化的發展，法國的展會力求提高國際化水平，增加國外參展商和參觀客戶的比例，使展會成為歐洲的龍頭展，甚至全世界的龍頭展。

第五是展會向高質量高水平發展。為了保持自己在市場上的地位，展覽公司在展會裝修，展會活動，宣傳報導等方面越來越精益求精，而且把工作的重點放到參觀觀眾的組織上來。從某種意義上講，展會的成功與否，其主戰場是觀眾的組織，而不單純是尋求參展商的數量。

3.義大利：興旺發達的展覽業

義大利享有「中小企業王國」的稱號，眾多的中小企業是義大利的經濟支柱，但其無力單獨承擔向國際市場促銷的巨額廣告費用。因此為了擴大出口，義大利每年在全國各地舉辦無數次各種類型的展覽會。各類展覽會對宣傳本國產品、加強技術交流與合作以及推動出口發揮了重要作用，同時因展覽會上聚集了大量廠商，便於直接交流，大大降低了企業的促銷費用，並縮短了交易時間。

（1）展覽概況

義大利每年舉行約40個國際交易會，約700個全國和地方的交易會，是歐洲辦展最多的國家。展出內容多為領導市場潮流的新產品新技術，範圍廣泛，幾乎涉及了各個生產領域。重要的生產領域，如時裝業、家具與室內裝飾業、機床和精密機床、木材加工和紡織機械等都把國際博覽會作為向國際擴展的跳板。

義大利展覽會服務周全。參展者可享用帶有空調的展廳、自動電梯和活動通道、翻譯服務以及資訊交流服務（複印機、傳真機、電話、電腦、網路以及國際

資訊庫）。自動接待系統可以永久性地把觀眾的資料登記下來，使參觀者可以定期收到已參觀過的參展交易會的資訊，如參展公司的文件、名錄和小冊子。

義大利工業展覽委員會CFI（Comitato Fiere Insustrie）是義大利最大的行業代表性很強的專業展覽會機構。其成員是工業家聯合會中所有與展覽有關的組織機構，例如直接或間接組織展覽的工業家協會下屬的公司，以及國家級展覽中心所在的區域性聯合會。該委員會受工業家聯合會的特別委託，在聯合會內的「國際化事務處」代表義大利各展覽會公司。該委員會的任務是，在國內和國外提高義大利展覽業的重要性，其最終目標是促進本國企業的國際化。為了實現這一目標，CFI力圖透過優質的展覽設施、服務及管理，使義大利展覽會保持歐洲先進水平，積極爭取國家支持，尤其考慮中小企業的實際需要，因為對它們來說，展覽會是主要的促銷工具和向國際市場開放的途徑。

（2）展覽協會

義大利展覽會的創造力強，富於創新精神，其重要原因在於，展覽會大都不是由展覽會場地所有者舉辦，而通常是由專業人員組織的，往往與相關領域的企業協會或貿易協會聯繫。義大利的專業展覽會協會主要有：

①義大利工業展覽委員會（CFI，Comitato Fiere Insustrie）。CFI的展覽會集中在米蘭（44%）、佛羅倫薩（8%）和帕爾馬法（7%）舉辦，總展覽面積為80.6萬平方公尺。主要展會有機械展、家具－建築展、服裝－紡織展、製鞋展、食品展、化妝品展、農業展、光學儀表展以及電子安全展。

②義大利展覽協會（簡稱ASSOMOSTRE）。由若干展覽公司組成，這些公司每年組織約30次專業展覽，主要租用米蘭展覽中心，平均每年租用面積55萬平方公尺以上。義大利展覽協會在義大利全國展覽業中舉足輕重。

（3）展覽城市

義大利大型國際展覽會舉辦地點主要集中在米蘭、波隆那、巴里和維洛那四個城市，每個城市都有設施良好的展覽會場地。此外，這些城市同時又是著名的旅遊城市，歷史悠久，風景優美，名勝古蹟多，文化藝術活動豐富。參展商和觀

眾不僅能從展覽會上獲取資訊，聯繫業務，還能在業餘時間參觀市容，遊覽古勝，享受多彩的文娛生活。這也是這些城市作為展覽城市成功的另一個重要條件。

（4）展覽中心

①米蘭國際展覽中心。著名的米蘭國際展覽中心，有65萬平方公尺的38個展館，是世界三大展場之一。為在競爭中立於不敗之地，米蘭國際展覽公司對老館進行了大修，興建了20萬平方公尺的新館、10.4萬平方公尺的屋頂和3萬平方公尺的地面停車場，使展場面積達到百萬平方公尺。米蘭國際展覽中心配備有最先進的技術設備，採取了最先進的環保措施，所有展廳均為兩層，展廳之間均用20米長和30米寬的玻璃封閉高架橋相連，下方是市區街道。展覽中心還十分重視場地的服務和貨物搬運工作，運貨車在展廳內部行走，行車路線為專線，與觀眾的路線分開。在貨物裝卸區有功率強大的通排風裝置，還有許多貨運升降機，這些設施足以使米蘭展覽中心在21世紀保持領先地位。

②波隆那展覽中心（Bologna Fiere）。是歐洲主要展覽中心之一，每年舉辦大約30個專業展覽會，其中15個具有國際領先地位。可供展覽的74座展廳中有一個事務俱樂部和一個貴賓俱樂部，11個內部會議廳，1個有1萬個車位的停車場。展覽中心位置優越，交通方便，從波隆那展覽中心站下車，便直接來到展區。1995新建的20號展廳具有展覽、會議、集會和演出多種功能，總建築面積33000平方公尺，設備更加齊全，現代化程度更高。

4.英國：完全市場化的展覽業

近年來英國展覽業進入了前所未有的高速發展階段，英國展覽業的特徵主要有如下幾點。

（1）市場准入政策寬鬆。英國的展覽市場准入政策十分寬鬆，任何商業機構和貿易組織不需要經過特殊的審批程序便可以進行展覽業務，展覽公司的商業註冊也和普通商業公司一樣，沒有額外的要求。在英國，舉辦展覽完全是商業行為，各展覽公司舉辦展覽的內容只要合法均可自行確定，不需審批。關於有可能出現的重複辦展問題，英國的展覽行業主要遵循的是優勝劣汰的自然淘汰法則。

由於英國的場地和人工費用很高，經營展覽是具有較高商業風險的行業，經濟效益不好的展覽會將很快被放棄，而在選擇新的展覽項目時展覽公司則十分謹慎，一般都要經過周密的市場調研後才做出決定。

（2）展覽服務行為規範明確。英國的各類展覽服務單位，包括展覽組織、展館場地和配套服務公司均有統一的行為規範，這些行為規範由各自的協會組織制定，對會員起指導和約束作用。例如英國展覽服務商協會規定，任何會員施工單位不能因為和客戶發生糾紛而中途停止服務，從而影響用戶正常展出。而展覽組織者協會則規定會員單位發布的展覽會統計數字、展覽會介紹必須真實、準確，不能誇大貿易效果和誤導參展公司和觀眾。由於英國政府對展覽行業不直接進行管理，因此行業協會發揮了重要的質量維護職能，而明確的行為規範有利於企業自律和用戶監督。

（3）透過結構調整增強實力。英國的展覽行業高度開放，鼓勵國際競爭，而且對本國企業基本沒有保護政策。各類展覽公司為加強競爭力紛紛透過兼併和收購手段來保持企業發展，而對於效益不好的下屬公司和分支業務則盡快出售，以免影響整體實力。目前英國展覽業的一個顯著特點是公司規模變大，但業務範圍卻越來越專一，以便充分實現專項業務的規模效益和降低管理成本。

（4）完善的展覽資訊服務系統。獲得市場資訊是展覽企業取得成功的關鍵，英國公司十分重視對資訊資源的發掘、整理和使用，一般均建有完善的數據庫系統和用戶服務系統。英國公司的經營理念認為現有客戶是最好的客戶，保持和發展已有的客戶關係比開發新客戶更為重要，一是市場營銷成本低，二是客戶信譽有保障。因此英國展覽公司均建有完備的客戶資訊庫，只要輸入任何一個客戶的編碼，便可以查到全部有關資訊。資訊庫不僅用於場地或業務銷售，同時也用於售後服務和財務管理，各個業務部門的數據庫可以合併使用，從而構成強大的電腦服務系統。

（二）北美展覽業

1.概況

從目前世界範圍展覽業的發展來看，北美地區展覽業的發展水平僅次於歐

洲。美國和加拿大的會展經濟都相當發達，每年舉辦展會、論壇近萬個，並形成了北美地區獨特的辦展模式和風格。其中最著名的會展城市主要是多倫多、拉斯維加斯、芝加哥、紐約、奧蘭多、達拉斯、亞特蘭大、紐奧良、舊金山和波士頓等。由於北美特別是美國強勁的經濟實力以及國內巨大的市場容量，北美展覽業的發展水平從世界範圍來看依然處於領先地位，北美展覽對於海外參展商仍然具有較大的吸引力。

北美展覽業主要以美國和加拿大為代表，2000年在美國和加拿大舉辦的展覽會達到13185個，展覽業集中程度較高。2000年，美國和加拿大的10個主要會展城市舉辦了4540個展覽會。美國和加拿大是世界會展業的後起之秀，每年舉辦的展覽會近萬個，其中，淨展出面積超過5000平方英呎（約為460平方公尺）的展覽約有4300個，總展出面積5億平方英呎（約4600萬平方公尺），參展商120萬個，觀眾近7500萬人次。

2.主要會展城市

（1）會展新星——奧蘭多

海水、沙灘、棕櫚樹和四季宜人的氣候，以及海洋世界、迪斯尼、環球影城三大主題公園，再加上對公眾開放的肯尼迪航天中心，使美國佛羅裡達州的奧蘭多成為一個純粹的渡假勝地。除此之外，交通便利，水陸空立體的交通網路，尤其是世界各國特別是歐洲各大航空公司都有直達奧蘭多的航班，這些得天獨厚的條件，使得奧蘭多在美國眾多會展城市中脫穎而出，成為赫赫有名的「會展之都」。

奧蘭多會展業最顯著的特點是其優質的服務。奧蘭多的主要會展場館——桔縣會議中心，是全美僅有的幾個由當地政府經營的場館之一。該中心的經營口號是：「為用戶提供卓越的服務，激發他們回來舉辦會展的慾望，提高優秀集體的名譽」。為激勵員工熱情地為客戶服務，該中心長期舉辦一項由客戶和員工參與的活動，發給每位來到該中心的客戶印有標誌的硬幣，凡是得到一次滿意的服務，客戶可以給工作人員一枚硬幣。年終時，得到硬幣多的工作人員將受到中心的獎勵。這項活動有兩個好處，員工得到硬幣的同時客戶得到優質的服務。為用

戶提供賓至如歸的服務和幫助，成為奧蘭多在會展業競爭中取勝的法寶。

（2）沙漠中的展覽城——拉斯維加斯

拉斯維加斯作為沙漠中人造的展覽之城，已經成為美國著名的會展城市，重要的會展場所有拉斯維加斯會議中心，許多著名的展覽如Comdex電腦展、汽車售後服務展、MAGIC、全美五金展等都在這裡定期舉辦，每年接待的會議代表和參觀者數以千萬。會展業成為拉斯維加斯城市經濟增長的關鍵，甚至是整個南部內華達州經濟發展的三大支柱產業（飯店、娛樂和會展業）之一。拉斯維加斯的成功來自於對獨有優勢的瞭解、準確的產業定位以及政府的政策支持。

（3）汽車城——底特律

近年來，底特律先後共投資170億美元興建和擴建會展中心。復興會議中心耗資5億美元，包括周邊的17座餐館和可容納1298個客位的停車場，它與三家大型娛樂場所和許多零售商店毗鄰而居。科博會展中心占地1/萬英畝，展出面積達70萬平方英呎。這裡舉辦的每年一度的北美汽車展，成為世界汽車業的風向標。這裡也是車迷的朝聖地。底特律還有哈特廣場、亨利‧福特博物館、格林菲爾德村以及底特律藝術研究院等著名的旅遊景點。

（三）亞太地區展覽業

亞太地區主要是指東亞及太平洋地區，是世界旅遊組織根據世界各地的旅遊發展情況和客源集中程度而劃分的世界六大區域旅遊市場之一。實際上，亞太地區不僅是世界上旅遊業發展速度最快的地區，也是展覽業發展最快的地區之一。亞太地區是世界會展經濟的後起之秀。以中國、日本、新加坡、中國香港為代表的亞洲國家和地區以及澳大利亞等，是世界新興的充滿活力的展覽市場，以增長速度快，輻射面廣、專業門類齊全以及廣闊的市場前景而引人注目，成為世界展覽經濟中最具發展潛力的地區之一。

目前，亞太地區競爭最激烈的要數中國大陸、中國香港地區和新加坡，形成了三大區域性的展覽模式。新加坡在展覽硬體和軟體以及政府扶持等方面做得較為完善；中國香港地區也成功地操作了許多以貿易出口為主的品牌展覽會，其優

勢是完善的服務設施；而中國大陸有著廣闊的市場空間，其發展空間應優於新加坡和中國香港地區。另外，日本的東京和韓國的首爾以及中東的迪拜也是亞太地區區域展覽中心市場強有力的競爭者。

1.澳大利亞展覽業

（1）會展連帶效應顯著

澳大利亞旅遊局曾表示，會議、展覽旅遊將在21世紀前10年裡，被當做澳旅遊業的重頭戲來發展。會議、展覽業在澳大利亞欣欣向榮，每年收入達70億澳元。其中，專業會議年收入為60億澳元，展覽業收入達10億澳元。據瞭解，會議旅遊對地方經濟的帶動作用非常明顯，會議旅遊者1 美元的消費中，用於會議以外的就有92美分。

澳大利亞展覽主要分為專業性展會和公眾性展會，全國整個展覽行業每年的經濟貢獻平均大約25 億澳元，如此顯著的經濟效益主要是得益於會展連帶效應的充分發揮。

其中專業性展會的觀眾無論是來自澳大利亞本土還是海外，包括住宿、餐飲、娛樂、購物、交通等方面的花費在內，每人在展出城市的平均消費大約達到700澳元／天。來自展覽城市本身的觀眾的平均消費大約達到130澳元／天。據統計，從參加專業性展會觀眾的比例來看，每個展會至少有30%左右的觀眾是來自海外或澳大利亞其他地區。

公眾性展覽會來自澳大利亞其他地區或者海外的觀眾，每人每天在澳大利亞的平均花費大概是350澳元，來自展覽城市本身的觀眾每人每天的花費平均為110澳元。

據統計，澳大利亞每年大約舉辦300個大型展覽會，共吸引約500萬名觀眾，其中參加專業性展覽會的觀眾比例為30%左右，參加公眾性展覽會的觀眾比例為70%左右。

（2）專業展競爭力較強

澳大利亞專業性展覽會的競爭力十分強勁，每年專業性展覽會都會吸引大批

高素質、十分具有購買力的專業買家,這是其會展業經濟效益顯著的重要原因之一。

據統計,澳大利亞專業性展會觀眾中,63%來自企業的管理層,每10個觀眾中就有4位是CEO或者董事會成員,另外還有24%來自公司採購和市場營銷部門的經理層。因此,在這些專業觀眾中,具備最終購買決策權的占45%,能夠影響最終購買行為的占4%,決定可以作為考慮購買選擇的占5%,可以建議最終購買的占11%,這樣總計有88%的觀眾能夠影響購買行為,超過了據EX-HIBITSURVEY公司發布的美國展覽行業的同項指數85%。專業展會每個買家的平均購買力達到近4萬澳元(3.74萬澳元),由此可見澳大利亞專業性展會的強大競爭力。

(3)展覽協會富有成效

澳大利亞展覽和會議協會是澳大利亞展覽和會議領域唯一的行業組織,成立於1986年,前身是澳大利亞展覽行業協會,後改名為澳大利亞展覽和會議協會,總部由墨爾本遷至悉尼。澳大利亞展覽和會議協會下設多個工作委員會,業務範圍涉及市場調研、數據統計、出版物發行、展覽場館聯絡、教育培訓、會費收集等。澳大利亞展覽和會議協會每年舉辦一次展覽和會議行業年會,邀請全澳大利亞同行業的會員參加。

這一協會為主導型商會組織,具有民間性質,是以服務為宗旨,由企業自願設立、活動自主、經費自籌的民間非營利性組織,代表行業或地區整體利益向政府提出建議,以促進貿易發展和會員企業利益的實現。政府一般不干涉協會的活動,並要在制定有關工商業政策時徵求協會的意見。澳大利亞展覽和會議協會同美國展覽經理人國際協會、英國展覽組織者協會和美國展覽行業研究中心等建立了合作關係。它的主要宗旨是提供有效並且專業的服務,以促進整個澳大利亞展覽和會議行業的發展。

(4)展覽公司發展迅速

在澳大利亞,目前共有展覽場館107家,展覽會主辦機構106家,展覽服務性機構120家左右。澳大利亞的展覽主辦機構一般不擁有展覽場地,而是透過租

用展覽場地來舉辦各類展覽會。展覽服務公司主要涉足除展覽會主辦和場館經營外的其他配套服務業務，包括展臺搭建、展覽設計、展品運輸、展覽會餐飲、展覽配套旅遊等。澳大利亞展覽行業目前全職的從業人員大約為3000人。

澳大利亞能夠舉辦規模較大的展覽會的公司主要有兩家，分別是澳大利亞展覽服務有限公司和勵展（澳大利亞）公司。

澳大利亞展覽服務有限公司成立於1982年，總部位於墨爾本，是澳大利亞最大且最有實力的展覽會主辦公司。該公司已經組織了約250個較大的專業貿易展覽會，同世界很多同行業機構和企業建立了廣泛的合作關係。該公司每年舉辦約15個大型展覽會，展覽會涉及建築、食品飼料、資訊技術、電子、電子工程、工業自動化、特許經營、金融投資、房地產、紡織品、禮品和家庭用品等領域。

勵展（澳大利亞）有限公司是世界著名跨國展覽集團——法國勵展集團在澳大利亞的分公司，公司總部設在悉尼。勵展集團在全世界46個國家擁有分公司和辦事處，每年在32個國家舉辦430個不同行業的展覽會，吸引約15萬家企業參展和900萬觀眾前往展覽會採購。勵展（澳大利亞）有限公司的展覽運作全部透過勵展集團龐大的全球網路進行。

2.新加坡展覽業

新加坡的展覽業發展起步於1970年代中期，雖然並不早，但新加坡政府對展覽業十分重視，專門成立了新加坡會議展覽局和新加坡貿易發展委員會負責對展覽業進行推廣，使展覽業獲得了空前的發展並取得了顯著的成績。2000年，新加坡再度被比利時的國際學會聯合會列為國際第五大會展城市，位次排在巴黎、布魯塞爾、倫敦和維也納之後。這是國際協會聯合會連續兩年推選新加坡為國際第五大會展城市。在該學會的排名中，新加坡是第一個排入前5名的亞洲城市。

（1）得天獨厚的展覽業優勢

新加坡位於亞洲的中心地帶，具有四通八達的國際交通網路，同時由於政治

穩定，經濟政策完善，商業環境良好，具有較高的國際開放程度和較高的英語普及率，新加坡成為國際貿易中心，目前已有3000多家跨國公司在此建立國際業務中心。這些條件以及新加坡較高的服務業水平共同為新加坡展覽業的發展奠定了良好的基礎。

（2）顯著的國際展覽業地位

新加坡連續17年成為亞洲舉辦會展的首選地區，舉辦國際展會的規模和次數居亞洲第一位。每年舉辦的展覽和會議等大型活動達3200多個，前來參加這些會議、展覽的人數達40多萬。新加坡市被國際協會聯合會評為世界第五大會展城市。

（3）先進一流的展覽會場館

新加坡主要的展覽館有兩個，一個是新加坡展覽中心，另一個是新達城會展中心。

①新加坡展覽中心（SINGAPOREEXPO）

新加坡展覽中心耗資2.2億新加坡元，已建好的一期工程室內展覽面積達6萬平方公尺，分為6個大廳，可以為各種規模的展覽會使用，各展覽大廳還各自設有辦公室、會議室和出入口；室外展覽面積為15000多平方公尺。展覽中心的二期工程還將增加4萬平方公尺的室內展覽面積。新加坡展覽中心一流的裝備，最強功能特性和最大靈活性的設計追求，使之成為亞洲除日本INTEX大阪展覽館外的最大的展覽中心，這更加確立了新加坡作為國際展覽城市的重要地位。

②新達城會展中心

總建築面積2.8萬平方公尺，展覽面積2萬平方公尺，會議中心可容納1.2萬人。新達城會展中心設計別具特色，4座45層和一座18層的大樓環立，象徵人的五指，中間是一座世界上最大的噴泉，寓意財源滾滾；建築物的雨水彙集系統，提供灌溉花草和沖車用水，既環保又有「肥水不外流」之意。中心配備先進的翻譯、通訊、傳播系統，每年在這裡舉辦的各種會議、展覽等活動有1200多個。

（4）靈活實效的展覽業機構

新加坡的展覽業機構主要有兩個，分別是新加坡會議展覽局和新加坡貿易發展委員會（TDB），都是官方機構。會議展覽局和貿易發展委員會對於新加坡會展業的推廣和促進作用是積極卓越的。

3.日本展覽業

日本對展覽業的發展相當重視，日本國家旅遊機構——國際觀光振興會（JNTO）是官方指定負責商務會議和獎勵旅遊的機構，其下設的日本會議局負責會展的統一管理。

日本以其雄厚的經濟實力、良好的基礎設施、發達的交通網路、周到的服務、特有的民族文化，贏得了許多重要國際會議、展覽會和世界典型節事活動的主辦權。日本會展業的快速發展極大地推動了日本經濟和旅遊業的發展。根據國際會議協會統計，日本在國際會議市場所占份額為3.6%，位居世界主要會議國家的第九位。在亞洲地區，日本所舉辦的國際會議數量最多，其次是中國。日本首都東京在世界主要會議城市排名為第27位。

日本政府為促進會展業的發展，1994年頒布了《國際會議促進法》，該法透過減少稅收等手段來鼓勵國際會議組織者。

日本展覽業的優勢和劣勢：

（1）日本展覽業的優勢主要表現在：政府對國際會議和展覽組織者在稅收上給予優惠政策；日本的會議和展覽中心運用了高新技術，有助於吸引會展業務。

（2）日本展覽業的劣勢主要表現在：同亞洲其他新興會展國家相比，日本的會展價格偏高。

二、會議業

隨著人類社會的不斷發展，國際會議已日益成為世界各國進行交往和聯繫的一種重要形式。近年來，全球召開國際會議的數量快速增長，其影響和作用也日益擴大。從目前世界會議活動的總體布局來看，歐洲是全球會議經濟中整體實力最強和規模最大的，德國、義大利、英國、法國都是世界級的會議大國。本文著

重從全球不同國家及城市接待國際會議的數量、所占市場份額等方面的現狀、發展以及預測這一角度，對國際會議的發展趨勢進行簡要探討。

（一）國際會議概況

按照ICCA的統計，每年全世界舉辦的國際會議中，參加國超過4個、參會外賓人數超過50人的各種國際會議有40萬個以上，會議總開銷超過2800億美元。歐洲和美國是世界會議產業最發達的兩大地區。瑞士是一個只有700萬人口的內陸小國，可平均每年舉辦的國際會議超過2000個，每年因會議而吸引的外國遊客超過3000萬人；法國一年至少要辦700多個國際會議，其中巴黎就占400多個，會議每年為巴黎帶來7億多美元的經濟收入；美國更是占聯合國之地利，國際會議連綿不斷。亞洲地區的日本、中國香港、新加坡則是會議旅遊市場近年來發展較快的國家和地區，特別是香港已成為亞洲會議產業「大哥大」，其國際會議目前已排到2010年。

2006年的ICCA的數據顯示，2005年共舉辦了5315個國際會議，比2004年多511個。上升的數據反映了市場實力，另外也歸功於ICCA的209位成員遞交了各自會議的詳細資訊，同時也反映了研究者的工作能力得到相應的提升。

表3-1 ICCA對2005年各國舉辦的國際會議的評定

等級	國家	會議	等級	城市	會議
1	美國	376	1	維也納	129
2	德國	320	2	新加坡	125
3	西班牙	275	3	巴賽隆納	116
4	英國	270	4	柏林	100
5	法國	240	5	香港	95
6	荷蘭	197	6	巴黎	91
7	義大利	196	7	阿姆斯特丹	82
8	澳大利亞	164	8	漢城	77
9	奧地利	157	9	布達佩斯	77
10	瑞士	151	10	斯德哥爾摩	72

如表3-1所示，2005年舉辦的國際會議評定的三個最受歡迎國家是美國、德

國、西班牙。英國和法國分別列為第四及第五。荷蘭列為第六位，義大利排名第七。

（二）國際會議的發展趨勢（以下數據均採用ICCA國際會議標準）

趨勢一：全球國際會議的數量不斷增長。

1995年，全球共召開國際會議3000個，到2004年增加到4804個，平均年增長率為6%。

趨勢二：歐洲將持續擁有最高市場份額。

歐洲在國際會議的市場份額中一直處於領先地位，1995年歐洲舉辦國際會議858個，擁有57.9%的市場份額，此後一直處於增長狀態，2004年，其市場份額增加到59.1%；亞洲及中東地區處於第二的位置，2004年擁有18.1%的市場份額，雖然這個數字表明其已經是國際會議市場的一塊大蛋糕，但相比歐洲地區，還有相當大的距離；接著是北美洲、拉丁美洲、大洋洲、非洲，其中拉丁美洲、大洋洲、非洲只擁有不到6%的市場份額，在北美洲召開的國際會議數量雖然有小幅增長，但比重卻在一直減少，從1995年的14.6%降到2004年的10.7%。

趨勢三：在亞洲召開的國際會議數量大幅提高。

1995年至2004年，在亞洲及中東地區召開的國際會議數量大幅度提高，其中1995年有497個，2004年增加到868個，增長幅度很大。2004年國際會議接待數量世界排名前40位的城市中，亞洲城市有9個，分別為新加坡、香港、北京、首爾、吉隆坡、曼谷、臺北、上海、東京，占總量的22.5%。

趨勢四：中國接待國際會議數量躋身世界前列。

在中國大陸地區召開的國際會議數量逐年提高，1995年世界排名第15，接待國際會議56個，占全球國際會議的1.9%；2004年世界排名第13，接待國際會議120個，占全球國際會議數量的2.5%（如果大陸地區加上香港地區，則世界排名第6）。

中國大陸地區接待國際會議主要集中在北京和上海兩座城市，北京處於穩步

增長狀態，國際會議接待數量從1995年的38個增加到2004年的65個，上海接待數量快速增長，1995年只有3個，2004年增加到31個。2004年國際會議接待數量全球排名表中，北京排在第10名，上海排在第35名。

根據2004年出爐的一份預測，未來十年（2005年～2016年）預計接待國際會議數量前十五名的國家中，美國依然居榜首，德國、英國、義大利、西班牙等緊跟其後，中國大陸排名第10，預計接待國際會議比例為2.8%，名次提前，比重增加，這也從一個層面說明了中國在世界上的影響力日益巨大。

未來十年（2005年～2016年）接待國際會議數量前15名的城市中，哥本哈根、巴塞羅那、維也納、巴黎、柏林依然處於領先位置，北京排名第6。

（三）中外會議業發展概況

1.德國會議業

從目前世界會議活動的總體布局來看，歐洲是全球會議經濟中整體實力最強和規模最大的，德國、義大利、英國、法國都是世界級的會議大國。

德國地處歐洲中心地帶，作為會議目的地，非常明顯的優勢是交通便利性。德國現有會議舉辦場所11000個。其中，有10000個為酒店賓館，420個為會議中心與會展中心，330個為大學。可供選擇的各類活動場所大約有60500個，與1999年相比增長了10%。此外，大約有310萬平方公尺的會議中心和140萬平方公尺的會展中心可用於做會議舉辦場地，而且還有75個企業會議舉辦場地和1500個特殊活動舉辦地。6%的會議舉辦地（656個），可以提供500人以上會議，會議舉辦的服務質量越來越高；從酒店會議所占比例來看，85%會議集中在3～4星級酒店，與會者平均一天住店費用為100歐元。

德國會議協會（GCB：Germany Conferences Bureau）負責管理德國境內的國內外會議有關事務，它不僅是世界知名的會議業協會之一，而且在德國會議業的發展中也充分發揮了其行業管理作用。

德國會議協會（GCB）1973年成立，原屬漢莎公司的一個專業職能部門，旨在推廣德國會議活動，1974年屬下30名成員與德國旅遊中心合併成為會議局，

1984年發展到120名成員，2004年已經擁有超過200名機構會員，會員單位包括德國各類酒店、會議中心、旅遊目的地、汽車租賃公司、活動代理以及活動提供商等。德國會議協會（GCB）在會議的組織者與德國會議市場供應商之間起著聯繫的作用，為會議事務的組織與計劃工作提供建議與相關支持，也為市場提供聯繫人。

2.日內瓦會議業

講到歐洲會展業不能不說日內瓦，因為每年在日內瓦召開的國際會議一直名列前茅，故其有「國際會議之都」之稱。

日內瓦（Geneve）是一個歷史悠久的國際都市，作為瑞士第三大城市，日內瓦僅次於蘇黎世及巴塞爾，除了是瑞士法語區的首善之都，更儼然是世界的縮影：超過了200個的國際重要機構設於日內瓦，其中包括了聯合國駐歐洲總部、國際勞工組織、萬國紅十字會、童子軍總部、婦女和平自由聯盟等，可謂是一個國際的政治、經濟及文化中心。

日內瓦是個典型的國際城市，共有243個各類國際組織總部（或常設辦事處）設在日內瓦。主要分為四類：

（1）聯合國系統的機構

專門機構：如世界衛生組織、國際電信聯盟、世界氣象組織、國際勞工組織、世界知識產權組織。聯合國機構共10個，主要有聯合國貿易與發展會議、聯合國難民事務高級專員公署、聯合國歐洲經濟委員會、聯合國開發署、聯合國社會發展研究所等。

（2）與聯合國有一定關係的機構

共2個，即世界貿易組織和日內瓦裁軍談判委員會，它們既不屬於專門機構，也不屬於聯合國機構，而以某種方式與聯合國大會或聯合國的某一委員會發生工作關係。

（3）政府間機構

共15個，主要有歐洲核研究中心、歐洲自由貿易協會、國際教育局、歐洲移民委員會等。

（4）非政府組織

約200個，其中規模較大的有各國議會聯盟、世界工會聯合會、世界宗教理事會、國際民防組織、國際警察協會等。

有149個國家在日內瓦設有208個常駐代表團。每年約有兩千多個國際會議在日內瓦召開，近89000名各國代表和專家與會，一年為日內瓦創收40億瑞士法郎，所以日內瓦又被稱為「國際會議之都」。

3.美國會議業

美國會議產業理事會（The Convention Industry Council，CIC）成立於1949年，是會展領域知名的國際組織，總部設在美國首都華盛頓。它所擁有的來自世界各國的32個組織機構會員，代表著會展業界103500個從業人員和17300個公司、實體。會議產業理事會的宗旨是為組織機構成員搭建一個平臺，使大家能夠交流資訊和發展計劃，同時促進會展的專業化，並藉助於理事會本身的影響力對公眾進行會展教育，推動會展產業向前發展。

美國會議產業理事會（The Convention Industry Council，CIC）2005年9月13日發布了「2004美國會議產業影響力研究報告」，該報告向我們提供了美國會議產業（Meetings，conventions，exhibitions，and incentive）經濟影響力的統計數據，其中包括會議產業的直接支出和用工增長的情況。CIC希望透過此項研究讓公眾更加清楚，會議產業作為一個重要的經濟發動機的重大意義。

會議產業的特點是，一年四季都可以進行，全國範圍內不管機構大小都能操作。2004年，美國會議產業總的直接支出為1223.1億美元，對GNP的貢獻率排各大行業第29位，甚至排在製藥業之前。

4.中國會議業

根據ICCA所掌握的數據，2003年中國大陸地區排名第30位，香港排名第31位。將兩者的活動相加，則在世界範圍中國排名第18位。在亞太地區中國位於

145

澳大利亞（排名8），日本（排名11），新加坡（排名16）之後，但列於韓國（排名19），泰國（排名21）和馬來西亞（排名23）之前。

在會議業排名上，北京雖然緊隨香港之後，但卻落後於新加坡、悉尼、首爾、曼谷、吉隆坡和墨爾本。值得關注的是，新加坡正投資改進機場，力爭成為東南亞首要的航線中心；悉尼正改進主要的會議中心；墨爾本正使其中心的接待能力翻倍，其他城市已經或正在新建大型中心；在韓國，六七個城市正力爭成為國際會議舉辦地，使每一個重要城市都有國際水平的設施。因此，競爭將更加激烈。

雖然競爭不斷加劇，北京和上海在同一時期內在國際會議業的排名將升至世界前10到20位。這是否能最終實現，很大程度上取決於目前奧運會和世博會所做的準備工作，包括研究、市場推廣以及為競標重要會議所做的準備工作。

廣東將成為地區性而非世界性會議的強有力領導者（與北京、上海不同），在亞太會議和展覽市場方面，將有十幾個或更多的城市與其競爭。哪個城市會取得成功取決於很多因素，包括國家在促進和支持方面的一切措施。有一點必須明確，並非每個城市都有成為國際會議地點的必備的吸引力。中國不能期望在太多的城市獲得成功。

香港的繁榮將繼續，它在國際上的聲望和服務水平都極高。而澳門是很值得關注的，正在建設和計劃中的大型的賭場和會議飯店將極大地吸引相當一部分會議業市場，這一點，作為會議首選舉辦地的拉斯維加斯就是很好的例證。

（四）重要的國際會議

1.達沃斯論壇

達沃斯論壇（又稱世界經濟論壇）是以研討世界經濟領域存在的問題、促進國際經濟合作與交流為宗旨的非官方國際性論壇。它由世界高層次、有影響的全球領導人、企業界首腦和知名專家組成，參加該論壇的企業會員包括全球70多個國家和地區的1000多家大公司和企業，它們的年營業額合計超過4萬億美元。

世界經濟論壇的座右銘是：致力維護全球公共利益。在性質上，達沃斯論壇

歸屬於政治經濟、思想類財經會議，它對全世界的經濟發展造成催化劑的作用。達沃斯論壇及其在全球舉行的區域會議的全體會議和小組討論會變成了最先進的思想論壇和全球政要以及企業界、學界人士研討世界經濟問題的最主要的非官方聚會，也是他們進行私人會晤、商務談判的最重要場所。這一會議被喻為非官方的國際經濟最高級會議和「經濟聯合國」。成為論壇成員，參加論壇會議，不僅意味著實力，更意味著地位和身分。

除此之外，論壇還得到眾多公司，特別是論壇的夥伴公司的幫助。這不僅造就了其獲利豐厚的產業鏈條，而且創造了會議經濟的成功模式——達沃斯模式。

2.《商業週刊》CEO論壇

《商業週刊》CEO論壇被譽為「亞洲地區最具影響力的峰會之一」。從1997年起，該論壇每年舉辦一次，是一個技術類論壇。論壇著眼亞洲，每年定期在亞洲指定城市舉辦年會，旨在透過最大限度的互動交流，實現東、西方企業家們對國際化經營中不容忽視的最新動向的前瞻性討論。歷年會議由於內容緊扣工商界的關注點，注重討論實際問題和尋找解決方案，成為企業高管人士首選參與的重要會議，在世界尤其是亞洲工商界享有很高的知名度。

該論壇的特點是參加會議的企業領導人層次高、影響大，會議內容豐富，主要以非正式和靈活的對話形式圍繞經濟和企業發展等方面的焦點議題在專家和企業CEO之間展開討論和對話。

3.博鰲亞洲論壇

博鰲亞洲論壇是一個非政府、非營利的國際組織，目前已成為亞洲以及其他大洲有關國家政府、工商界和學術界領袖就亞洲以及全球重要事務進行對話的高層次平臺。博鰲亞洲論壇致力於透過區域經濟的進一步整合，推進亞洲國家實現發展目標。

博鰲亞洲論壇由菲律賓前總統拉莫斯、澳大利亞前總理霍克及日本前首相細川護熙於1998年發起。2001年2月，博鰲亞洲論壇正式宣告成立，它是第一個總部設在中國的國際會議組織。論壇的成立獲得了亞洲各國的普遍支持，並贏得了

147

全世界的廣泛關注。從2002年開始，論壇每年定期在中國海南博鰲召開年會。2004年4月，博鰲亞洲論壇理事會成員達成一致意見，今後，論壇年會將於每年4月的第三個週末定期舉行。國際色彩、民間色彩、經濟色彩是博鰲亞洲論壇的三大特徵：博鰲亞洲論壇不僅為亞洲，同時也為對亞洲感興趣的國家與人民服務，它具有強烈的國際色彩，是一個高層次的對話平臺；同時，它是一個非政府組織，具有民間色彩，建立儘可能廣泛的會員基礎；參加論壇的不僅有官員，還有商界精英、大學教授、專家學者等。

據悉博鰲亞洲論壇將於2008年6月3日至5日在英國倫敦舉辦國際資本峰會，這將是博鰲亞洲論壇首次走出亞洲，走向世界。

4.亞太經合組織

亞太經合組織（Asia-Pacific Economic Cooperation，簡稱APEC）是亞太地區最具影響力的經濟合作官方論壇，成立於1989年。1989年1月，澳大利亞總理霍克訪問韓國時建議召開部長級會議，討論加強亞太經濟合作問題。經與有關國家磋商，1989年11月5日至7日，澳大利亞、美國、加拿大、日本、韓國、新西蘭和東南亞國家聯盟6國在澳大利亞首都堪培拉舉行亞太經濟合作會議首屆部長級會議，這標誌著亞太經濟合作會議的成立。1993年6月改名為亞太經濟合作組織，簡稱亞太經合組織或APEC，英文為Asia-Pacific Economic Cooperation。宗旨是：保持經濟的增長和發展；促進成員間經濟的相互依存；加強開放的多邊貿易體制；減少區域貿易和投資壁壘，維護本地區人民的共同利益。成立之初是一個區域性經濟論壇和磋商機構，經過十幾年的發展，已逐漸演變為亞太地區最重要的經濟合作論壇，在推動區域貿易投資自由化，加強成員間經濟技術合作等方面發揮了不可替代的作用。

APEC現有21個成員，分別是中國、澳大利亞、文萊、加拿大、智利、中國香港、印度尼西亞、日本、韓國、墨西哥、馬來西亞、新西蘭、巴布亞新幾內亞、祕魯、菲律賓、俄羅斯、新加坡、臺灣、泰國、美國和越南，1997年溫哥華領導人會議宣布APEC 進入十年鞏固期，暫不接納新成員。此外，APEC還有3個觀察員，分別是東盟祕書處、太平洋經濟合作理事會和太平洋島國論壇。亞太

經合組織的正式工作語言是英語。經過多年的發展，亞太經合組織形成了領導人非正式會議、部長級會議、高官會、委員會和專題工作組、祕書處等多個層次的工作機制，涉及貿易投資自由化、經濟技術合作、宏觀經濟政策對話等廣泛的合作領域。其中最重要的是領導人非正式會議，會議形成的領導人宣言是指導亞太經合組織各項工作的重要綱領性文件。

5.《財富》全球論壇

由美國時代華納集團所屬《財富》雜誌主辦的「《財富》全球論壇」，旨在把全球跨國公司的首席執行官、政策制定者和學者聚集一堂，共同探討跨國公司和世界經濟面臨的難題。從1995年起，財富論壇每午在世界上選一個最具有經濟活力的城市舉行。財富論壇已經被世界商界和跨國公司公認為是一扇把握世界經濟最為清晰的窗口。《財富》雜誌每年舉辦不同的論壇，並把它們看做是一個經濟增長點。

舉辦大型宴會是《財富》論壇的一個經典模式。會議期間一般安排2～3場大型宴會，包括開幕晚宴、正式晚宴和閉幕晚宴。宴會上由各國政要、《財富》雜誌及東道主致歡迎詞、閉幕詞或做重要演講。正式宴會前後分別安排盛大的表演和煙火等活動。各場宴會在風格上往往刻意有所區別。歷屆《財富》論壇都有東道國的政要演講。

為確保高水平的會議質量，《財富》論壇年會只透過邀請方式組織，出席者僅限於各大跨國公司的董事長、總裁和首席執行官。與會者來自世界各地，他們都有經營全球性業務的共同特點。共同的目的和地理上的廣泛分布，將會激發有益的討論，建立起新的業務關係。各公司不能委派其他人士出席，但跨國公司的領導人可以登記一位有合適地位的隨行高級人員參加會議。

第二節 中國會展業發展概述

隨著經濟全球化浪潮的全面推進和科學技術的迅猛發展，國際會展業經歷了前所未有的變革。中國的會展業也進入了一個飛速發展的時代。中國許多中心城

市和省會城市紛紛興建了現代化的大型展館,大力培育區域會展經濟。中國的會展業作為快速發展的朝陽產業,有著廣闊的發展空間和巨大的增長潛力。

一、中國會展業的發展現狀

在新世紀,中國會展業的發展面臨著新的背景。第十一個五年計劃的確定和實施,將使中國經濟發展步入一個新的時期。在這種形勢下,中國會展業的發展既有新的機遇,也將面臨嚴峻的挑戰。因此,當務之急是提高中國會展業的規範化水平,建立並逐步完善管理制度,提高競爭力,進一步促進中國會展經濟持續健康發展。以2006年中國展覽業中發生的標誌性重要事件為線索,中國展覽業的宏觀發展態勢呈現七大特點,分別為:

(1)知識產權保護成為焦點,行業規範不斷完善。2006年中央及地方政府陸續頒布了一系列旨在扶持、促進和規範會展業發展的政策法規,其中知識產權方面的立法工作成為年內會展業立法的焦點。

(2)場館建設結構性轉移,中西部地區成為新焦點。2006年,東部發達地區的會展場館建設明顯降溫,不少地區只是在延續以前的「二期工程」,新增項目減少。但中西部地區的場館建設驟然升溫,西安與武漢兩城市的新場館建設引人注目。

(3)與中國國內強勢會展資源合作成為跨國公司開拓中國業務的新途徑。2006年,中國展覽業的國際化進程繼續深化,美國、德國、義大利等國家的會展巨頭不僅延續了以往在中國設立子公司、合資公司以及代表處等傳統做法,而且從2006年以來發生的國際合作事件看,越來越多的跨國公司把進軍中國市場的重點轉向了與擁有優勢會展資源的中國會展企業的合作。

(4)區域合作蔚然成風,合作領域不斷擴大。2006年,全國各城市之間掀起了新一輪的區域合作高潮。合作領域逐步深入到組展、場館經營、教育培訓等多個領域。

(5)業界活動數量多、層次高,從中國國內向周邊國家和地區擴散。2006年,展覽業內活動異常活躍,呈現出數量多、層次高、從中國向周邊國家和地區

擴散等明顯特點。

（6）教育培訓發展迅猛，專業人才資格認證培訓成為新焦點。2006年會展教育培訓工作穩步發展，業內交流研討活動不斷深入。

（7）行業組織穩步發展，新組織以從事研究、教育和培訓為主。2006年，會展行業組織穩步發展，4家新機構正式形成。既包括國際會展組織的分支機構，也包括全國性行業組織，此外還有地方性行業組織。

二、中國會展業發展的瓶頸

中國會展業從小到大，發展速度不斷加快，行業經濟效益逐年攀升，成為各地經濟發展的助推器和新亮點。據不完全統計，近10年來，中國透過展覽實現外貿出口成交額達340多億美元，內貿交易120多億元人民幣，各類專業性、綜合性的國際展覽會有力地促進了中外的技術合作、資訊溝通、貿易往來、人員互訪和文化交流，創造了良好的經濟和社會效益。然而，在快速發展中，中國會展業也存在著不少問題，總體上還缺乏必要的制度和規則，這是制約會展經濟發展的致命障礙。

（1）會展市場秩序混亂，魚龍混雜，會展過多過濫，有些地方甚至出現了會展「泡沫」現象。一些城市日日有展，甚至「一日多展」。許多展覽和會議既無特色，又無實質內容，缺乏良好的組織與服務，且收費混亂，低水平惡性競爭，使參展者的利益無法得到保護。

（2）展覽場所重複建設，功能單一。全國各個城市都有展館，但大多面積小、功能單一、設施落後、服務水平低，不具有競爭力，更不具有接辦國際名展的能力。多數展館只能承辦一些低檔次的展覽，缺乏統一布局，一味地為了獲得短期利益。過多過濫的展覽活動，導致參展物品數量少、檔次低，降低了對商家的吸引力，同時也降低了辦展質量，影響了城市聲譽和企業效益。而有些城市盲目建設展覽場所，導致了社會資源的浪費。

（3）多數展會缺乏明確定位，組織管理模式落後。同國際知名展覽相比，中國展覽缺乏明確定位，讓參展廠商「食之無味，棄之可惜」。而有的展會則什

麼檔次與質量的產品都一擁而上。有些展會甚至成為處理滯銷商品的場所。參展商的目的也不明確，且大多數廠商只是「坐以待客」。組織管理模式落後，服務水平低，也是制約中國展覽發展，停留在相對封閉、單一、水平低下層次上的重要原因。

（4）會展業還未形成專業化分工協作的格局。為展覽提供配套服務的技術、資訊等相對滯後，制約了展覽規模經濟的發揮。同一批人員既是展覽組織者，又是展覽管理者，還是展覽項目的實施者，從展品徵集到展品運輸、展品布置直至為參展者提供食住行服務等均由同一批人承擔，這在某種程度上影響了社會化分工帶來的高效率的發揮。同時，為展覽提供輔助服務的行業如展覽資訊、展覽諮詢、施工、評估、道具、設計裝潢等行業也有待進一步發展。

（5）會展主辦主體複雜，缺乏資質條件的約束，展覽業務人員的素質偏低。目前，會議展覽的主辦主體有各級政府及有關部門，有各類協會、學會，有各種群團組織，有諮詢公司和展覽公司，有各種媒體，也有各類企業。主辦主體的多元化是市場經濟條件下會展業發展的趨勢，但是，由於沒有嚴格的資質條件限制，造成了一些會議和展覽水平低，組織管理混亂，一些城市甚至出現了各種展會一哄而上的局面。

三、中國會展業未來發展的趨勢

產品生命週期理論認為，在發達國家處於成熟期的產業有向發展中國家轉移的傾向。從國際經濟格局和產業發展潛力的角度來看，中國會展業前景廣闊。儘管目前中國會展業的發展現狀與自身的大國地位和資源條件不太相稱，但隨著世界經濟格局的變化，中國會展業將贏得眾多發展的契機，尤其是加入世貿組織會使中國會展業在管理體制及運作機制上發生一系列變革。概括而言，在未來一段時期中國會展業發展將呈現出以下八大趨勢：

（一）全球化趨勢

加入世貿組織後，中國國內各個行業面臨的最大現實問題就是全球化，會展業也不例外。與其他行業相比，中國會展業是一個壁壘相對較少的行業。因此，入世後會展業所受到的衝擊肯定不會像金融、農產品、製造業等行業那樣強烈，

但不強烈不等於沒有影響。服務貿易總協定要求各成員國對服務貿易執行與貨物貿易相同的無歧視和無條件的最惠國待遇，作為一種特殊的服務行業，會展業自然也要受此協定的約束。

另外，入世能給中國會展業帶來先進的管理經驗和辦展技術，尤其是在會展業的配套服務部門怎樣分工協作、會展業與旅遊業如何實現有效對接等問題上可以提供新的經驗和參考依據，這勢必會提高中國會展管理部門的調控水平。面臨入世所帶來的機遇和挑戰，中國會展業應做好兩方面的準備，即對內抓緊制定行業法規，對外盡快熟悉國際規則。

（二）資訊化趨勢

資訊化既是中國會展業與國際接軌的一個重要衡量標準，也是會展業發展的必然趨勢。這裡的「資訊化」有兩層含義，一是要儘可能地掌握國際會展業最前沿的東西，包括行業最新動態、理論研究成果、展會資訊或專業設備等；二是在會展業中充分利用各種資訊技術，以提高行業管理和活動組織的效率。

中國會展業要實現資訊化發展還有許多事情可做。首先，應加強與國際會展組織或世界知名會展公司之間的交流與合作，並定期向國外發布中國的會展資訊，以及時掌握全球會展業的最新動態。其次，在會展業中積極推廣現代科技成果，逐步實現行業管理的現代化、會展設備的智慧化和活動組織的網路化。最後，充分利用國際互聯網（Internet），推動中國會展業的資訊革命，如開展網路營銷、舉辦網上展覽會等。

（三）集團化趨勢

集團化是中國各個產業部門亟待解決的共同問題，它是伴隨市場競爭而產生的一種企業經營戰略。儘管會展經濟的概念在中國提出是最近幾年的事情，或者說會展業在中國還是一項新興的產業，但在中國加入世貿組織這種產業背景下會展業必須從開始就走集團化發展的道路。

推進會展業集團化的最終目的是為了使會展企業之間實現優勢互補，從而提高中國會展業的國際競爭力。會展企業的集團化不是企業和企業的簡單相加，而

是整個行業在資產、人才、管理等方面全方位的融合與質的提升。中國會展行業的集團化可以分三步走：一是採取橫向聯合、縱向聯合、跨行業合作等靈活多樣的組織形式，組建會展集團。二是開展品牌競爭，即會展集團應以統一的企業文化和品牌開展經營管理，以逐步提高品牌的知名度及價值含量。三是實行海外擴張。積極向海外擴張是會展企業集團化達到較高水平的一項重要競爭策略，它能使中國會展企業在國際市場競爭中保持主動。海外擴張主要有設立辦事機構、合作主辦展覽、移植品牌展會、投資興建展館等四種形式。

（四）品牌化趨勢

品牌是會展業發展的靈魂，也是中國會展業在21世紀實現可持續發展的關鍵。綜觀世界上所有會展業發達國家，幾乎都擁有自己的品牌展會和會展名城。例如，在德國慕尼黑每年要舉辦40多個重要展覽會，其中有一半以上是行業的領導性展會，高檔次的展覽會為慕尼黑贏得了大批參展商，也增強了對旅遊者的吸引力。為增強中國會展業的國際競爭力，品牌化是必由之路。

值得欣慰的是，中國國內已初步湧現出一批具有知名品牌的會展企業或展會，如北京國際會展中心、上海國際會議中心、大連星海國際會展中心、北京國際汽車展、中國出口商品交易會（廣交會）、上海工業博覽會、深圳高交會等，這些品牌企業或展會為中國其他城市發展會展業積累了寶貴的經驗。然而，這些民族化的會展品牌與德國、義大利等國家的國際性會展公司或展覽會相比，無論在品牌的知名度上，還是在品牌的無形價值或擴張程度上，均存在著巨大的差異。由此可以預見，品牌化將作為一項重要任務提上中國會展業發展的日程。而且，中國會展業的品牌化應主要圍繞三個內容來進行，即培育品牌展會，建設會展名城和扶持領導企業。

（五）專業化趨勢

「只有實現專業化才能突出個性，才能擴大規模，才能形成品牌」已成為中國會展界的共識。在過去相當長一段時期，中國會展業追求的都是綜合化，強調小而全，並希望以此吸引更多層次、更多類型的參展商，結果造成展覽會特色不鮮明、規模普遍小、吸引力不強。而且，主要是由於這個原因，中國的國際知名

展會才比較缺乏。專業化是中國會展業發展的必然選擇,近幾年來,中國會展界已在這方面做了大量有意義的探索:

一是展會內容的專題化。展會必須有明確的主題定位,否則就吸引不了特定的參展商和觀眾,中國國內絕大多數展會主辦者都意識到了這一點。目前,在全國每年舉辦的1300多個展覽會中,有75%以上是專業性的。以中國著名的海濱旅遊城市大連為例,1996年全市專業展覽會只占展會總數的48%,而到了1999年便上升為80%。

二是場館功能的主導化。除了會議或展覽需要有明確的定位外,場館也應該有比較清晰的主導功能定位。在會展發達國家,一些國際性的品牌展會總是固定在某個或某幾個場館舉行,這樣既便於會展公司和場館擁有者之間開展長期合作,又有利於培育會展品牌,中國會展企業應吸取其中的成功經驗。

三是活動組織的專業化。隨著中國會展業的發展尤其是與國際會展市場的進一步接軌,中國國內會展業必將在展會策劃、整體促銷、場館布置、配套服務等方面走上一個新臺階,各類專業會展人才也會越來越多,組展過程將呈現出專業化、高水平的特點。

(六)創新化趨勢

21世紀是創新的世紀,在這樣一個追求個性的時代裡,一種事物如果不能常變常新就不能獲得持續發展的能力。會展業在中國是一項新興的經濟產業,與會展發達國家相比競爭力明顯不足,因而唯有不斷創新才能突出自身的特色,最終達到「以弱勝強」的效果。

中國會展業的創新可分為四個主要方面,即經營觀念創新、會展產品創新、運作模式創新和服務方式創新。經營觀念創新是指中國會展企業應樹立「不求最大,但求最佳」的經營思想,即在最大限度地滿足參展商和觀眾需求的前提下,實現企業綜合效益的最大化;會展產品創新主要包括不斷開發新展會和大力培育品牌展會;運作模式創新即在組織方式或操作手段上進行變革,以適應新的市場形勢,如推進會展企業上市、向海外移植品牌展覽會、開展網上展覽等;服務方式創新則指按照「以人為本」的原則,充分利用各種現代科技成果,為參展商和

觀眾提供更超前、更便捷的配套服務。在今後的一段時間裡，推進創新將成為中國各主要城市發展會展業必須堅持的一項重要原則。

（七）生態化趨勢

可持續發展是人類社會永恆的話題。任何一項經濟產業要獲得持續、健康的發展，都必須尋求經濟效益、社會效益和生態效益的統一。可以預見，生態化將成為會展業發展的必然趨勢。中國會展業的生態化主要體現在以下幾個方面：

（1）注重場館的生態化設計。投資者在興建會展場館時將從會展場館選址、建築材料選擇到內部功能分區等方面，突出生態化的特色，有關管理部門也會對此制定相應的規範。目前，「綠色會展場館」的概念在中國已經相當時興。

（2）大力倡導綠色營銷理念。會展城市在組織整體促銷或展會主辦者在對外宣傳招徠時，都將更加強調自身的生態特色和環保理念，以迎合參展商和大眾的環保需求心理。

（3）強化環境保護意識。除積極建設綠色場館外，展會組織者和場館管理人員將比以前更加注重節能降耗和三廢處理，在布展用品的選用上也應做到易回收的材料優先。

（4）以環保為主題的展覽會將備受歡迎。隨著中國會展業的日益成熟，中國國內會展產品中必將湧現出大量與環保相關的專業會議或展覽，並且這些展會具有極大的市場潛力。

（八）多元化趨勢

從整體上看，世界會展業正在向多元化方向發展，具體包括產品類型的多行業化、活動內容的多樣化和經營領域的多元化。

首先，會展業的蓬勃發展對會展產品類型提出了越來越高的要求。中國會展企業應根據當地的產業經濟基礎和自身的辦展實力，積極開發新的專業性展會。專業內容可涉及汽車、建築、電子、房地產、花卉等各個行業，關鍵是要盡快形成自己的品牌。其次，會展形式正在從傳統的靜態陳列轉向融商務洽談、展會參觀、旅遊觀光、文化娛樂等項目於一體的動態形式，這是全球會展業發展的必然

趨勢。最後，面臨激烈的行業市場競爭，中國的絕大多數會展企業都會努力拓展本企業的經營項目，形成「一業為主，多種經營」的格局，以分擔經營風險，增強企業綜合競爭力。

四、中國會展業的重點城市介紹

中國會展業在貿易往來、技術交流、資訊溝通、經濟合作諸方面發揮著日益重要的作用，在中國經濟舞臺上扮演著越來越重要的角色。中國會展業已經形成了百舸爭流、千帆競渡的發展態勢，各類為展會服務的運輸、搭建、廣告等公司如雨後春筍般紛紛湧現，形成了百花齊放、春色滿園的喜人局面。

北京、上海、廣州、大連、廈門、深圳、成都等城市的展館建設日臻完善，同時由於具備在經濟、人才、資訊、技術、市場等方面的突出優勢，這些城市的會展功能開始凸顯，展覽業蓬勃發展、蒸蒸日上，占據了中國會展業的半壁江山。北京、上海、廣州成為一線展覽城市，在這些城市的帶動和示範下，中國會展業的發展開始從沿海走向內地，從國內走向國際，不斷向縱深發展。

據國際大會協會（ICCA）統計，2005年全球共召開5313個國際會議，舉辦國際會議的國家名列前三位的是美國376個、德國320個、西班牙275個，中國舉辦國際會議153個，在世界排名第13位。舉辦國際會議的城市名列全球前三位的是：維也納129個、新加坡125個、巴塞羅那116個，北京舉辦了65個國際會議，位於世界城市目的地第13位，上海舉辦國際會議39個，位於城市世界會議目的地第31位。近年來中國舉辦國際會議的數量呈上升趨勢。

（一）北京會展業：一馬當先

北京是中國的首都，是全國的政治、經濟和國際交流中心，科技、文化、經濟、設施、旅遊、人才等各方面的資源優勢為北京會展業的發展提供了獨特的條件和環境。尤其是中國加入世貿和北京申奧成功，為北京會展業的發展帶來了更加廣闊的發展空間。北京市已將會展業列入未來5年的重點發展產業之中，希望將北京建設成為國際會展中心。

進入1990代以來，北京會展業呈現出了繁榮發展的景象，在國民經濟中所

占的比重不斷提高，對首都經濟的促進作用日益明顯。總體看來，北京會展業的發展呈現出以下發展態勢。

1.會展企業蓬勃發展

目前，在北京工商部門註冊的具有經營會展業務的公司已超過2000家，在全國具備舉辦大型國際展覽資格的近250家展覽公司中，北京就有130多家，占據了半壁江山。在北京，各類會展企業已經初步形成了場館、廣告、裝修、運輸、旅遊、諮詢、法律等為會展提供綜合服務的配套服務體系。

2.會展場館加速建設

北京市現在擁有大型單體展覽場所13個，這些場所的總面積54萬平方公尺，其中會議室面積2.3萬平方公尺，室內展廳面積16萬平方公尺，室外展覽面積6萬平方公尺。

目前北京市會展場館數量和面積的不足已經嚴重制約了北京市會展業的發展。為滿足北京市會展業迅猛發展的需要，北京市積極加快會展場館的規劃與建設。目前正在規劃中的會展場館有：在北京順義空港城建設新中國國際展覽中心，場館面積達20萬平方公尺；在朝陽區十八里店北京物流港建設的北京新視野國際博覽中心，展覽面積15萬平方公尺；在北京經濟技術開發區將建設總面積36萬平方公尺的汽車展場。北京奧林匹克中心也在規劃部分會展場館。

此外，中國國際展覽中心易地重建後，將成為亞洲最大的展館。易地重建的展覽中心建築面積達到46萬平方公尺，其中展館面積20萬平方公尺，已於2008年建成並投入使用。北京市展覽場館的情況（如表3-2）。

表3-2 北京市展覽場館一覽表

展館名稱	隸屬關係	展館使用面積 (萬平方公尺)	建築面積 (萬平方公尺)	展館 數量
中國國際展覽中心	中國國際貿易促進委員會	6	8	
北京展覽館	北京市旅遊局	2.2		12
全國農業展覽館	農業部	1	2.4	10
中國國際貿易中心展覽部	外經貿部	1		
中國國際科技會展中心	中國工程部	1.5	12	3
北京國際會議中心	北京北辰實業有限公司	0.9		

資料來源：新華會展網。

3.品牌特徵日益明顯

北京市會展業在全國起步較早，1990年代以來，北京先後成功地舉辦了世界婦女大會、國際檔案大會、國際建築師大會、萬國郵聯大會等幾十個國際大型會議，以及大運會、亞運會等國際大型盛會，已經具備了舉辦大型會議的成功經驗，得到了世界的公認與讚揚，這成為北京培育國際會展名牌的重要前提。

北京是中國的首都，中央國家機關、大型國有企業總部、跨國公司在華總部雲集，權威機構集中，市場資源集中，北京會展業的發展從一開始就定位於大型、高檔次、國際化的會議展覽上，這為北京會展業品牌化發展奠定了堅實的市場基礎。

目前，在中國獲得UFI認證的13個展會中，5個在北京，分別是機床展、冶金展、印刷展、紡機展和製冷展。

（二）上海會展業：迅速崛起

上海的展覽業起步於1950年代初。1978年之前，主要舉辦的是一些友好國家成就展和中國國內的工業展，每年舉辦的展覽會數量只有二十來個，那時展覽會還是人們眼中的「稀罕事」。隨著上海開放的擴大，特別是國務院開發、開放浦東的決策在國際上取得了重大的影響後，海外對華的經貿發展重點移向上海，上海成為中國的經濟與金融中心。上海人頗具頭腦和細緻的辦展觀念，這使上海會展業迅速崛起，其發展思路明晰，近年來取得了驕人的業績，會展規模以每年

20%的速度遞增。上海正在為躋身國際會展城市而積極努力。

1.會展效益初見端倪

上海市目前已擁有一批通曉外語、管理、貿易、營銷和國際慣例的會展專業人才隊伍。與會展相關的企業達2600家，已經初步形成完整的會展及相關產業鏈。在場館的建設及規模、會展人才的素質、相關配套行業的整體服務水平、國際性大展比重等方面，上海與會展發達國家和地區的差距正在慢慢縮小。

上海市委、市政府非常重視會展業的發展，已將會展業列入今後5～10年重點發展的都市型服務業，制定了將上海建成「國際性會議展覽中心」的戰略目標，並推出多項鼓勵政策。

2.場館建設初具規模

目前，上海場館建設初具規模。現已擁有大型展館13家，分別是上海展覽中心（展覽場地2萬平方公尺）、上海國際展覽中心（1.2萬平方公尺）、上海世貿商城（2萬平方公尺）、上海光大會展中心（3.5萬平方公尺）、上海國際會議中心（0.3萬平方公尺）、上海國際農業展覽館（0.3萬平方公尺）和上海新國際博覽中心等。除了正在規劃籌建中的上海新國際博覽中心外，其他展館的展覽面積都還不足5萬平方公尺，且還分散在浦東、虹橋、漕河涇等各處。同時展館功能單一，配套服務設施落後，缺乏整體規劃，這在某種程度上也影響了上海市會展業的發展。

上海市正在加快會展場館的建設步伐，根據上海新國際博覽中心的可行性研究報告統計，上海累計展館面積正以每年8.6%的速度增加。由德國漢諾威公司、德國慕尼黑展覽有限公司和德國杜塞道夫展覽有限公司共同出資的德國博覽國際有限公司，與上海市浦東土地發展（控股）公司共同投資的上海新國際博覽中心展覽面積將達25萬平方公尺（其中室內展覽面積20萬平方公尺，室外展覽面積5萬平方公尺），將為亞洲最大的展覽中心，並躋身世界20大展覽中心之列。屆時上海市室內展覽面積將達到35.38萬平方公尺，室外展覽面積達到8.5萬平方公尺左右。

3.品牌培育初見成效

目前上海市會展業的競爭已經趨於國際化和白熱化。從《財富》論壇、APEC會議、亞行年會、《福布斯》全球CEO論壇到漢諾威亞洲資訊技術展（CeBIT Asia），上海會展業已經逐步走上國際化、規模化與品牌化的道路，「中國國際模具技術和設備展」已加入國際展覽聯盟（UFI）。上海會展經濟已呈穩步融入世界會展經濟發展格局的態勢，上海作為會展城市的國際形象和知名度得到空前的提升，開始彰顯「會展之都」的風采。

（1）展覽會數量已呈現加速擴容的態勢，涉及工業、教育、服裝、建材等；各個行業的會展連續舉辦。華交會、國際電子元件展、國際服裝博覽會、國際客車展、菲律賓貿易展、國際建築裝飾展、國際染料展等數十個展覽會如期舉行；國際船艇展和酒店展、國際生物醫藥展、國際花卉展、國際自行車展、國際汽車工業展即將開幕，境內外客商踴躍參展、參觀或採購。

（2）開始引入了不少會展新概念，會展業發展形式日趨豐富。如上海世貿商城與美國達拉斯市場管理中心達成合作協議，將國際上採購商和生產商普遍採納的「常年展覽中心」新模式引入上海。即在提供短期展覽場所的同時，導入企業辦證、審計、商務融資、產品認證等常年展覽貿易服務。

（3）2010年世博會的申辦成功，成為上海會展經濟發展的「添加劑」，為上海建設世界級會展城市提供了歷史性機遇。以展示世界先進科學、技術和文化成果為內容的「世界博覽會」，是和奧運會、世界盃並稱為「三大盛會」的世界上最富聲譽的博覽會。世博會體現的是政治和經濟的雙重效益，有頭腦、有雄心的上海會展界抓住了機會，上海正在向「亞洲會展之都」邁進。

4.體制改革率先突圍

與北京會展界的努力相比，上海會展業更多的是藉助開放的市場環境和靈活的市場機制，從會展業體制改革方面入手來提升自身在會展業方面的競爭力。首先是大力轉變政府職能，政府致力於場館建設與規劃，協調展商與服務商之間方方面面的關係，從而進一步強化展覽公司的市場主體地位。同時，2002年上海市率先成立了全國第一家會展行業協會——上海市會展行業協會，促進了會展業

市場體系運作規範的形成。

目前，由上海市政府法制辦和市外經貿委牽線，涉及多個委辦參加的展覽法規調研組，正在制定中國國內第一個展覽法規——《上海展覽法》，該法規的指導思想是理順行政主管部門和海關、商檢、工商、稅務等部門之間的法律關係，克服會展業多頭管理的弊病，以及明確展覽公司辦展的資質要求和法律程序，透過展覽協會來加強行業管理。

（三）廣州會展業：百展爭雄

廣州是華南政治、經濟、文化的中心，也是中國會展業發展最早、會展經濟最活躍的地區之一。展覽的數量、展覽面積、展會規模和影響力，都位居全國前列。開放程度高是廣州會展業最大的特點。

1957年創辦的廣交會，號稱「中國第一展」。廣交會已走過了50個春秋，舉辦了102屆，展覽面積達16萬平方公尺，是中國目前歷史最長、層次最高、規模最大、商品種類最全、到會客商最多、成交效果最好的綜合性國際貿易盛會。依託廣交會的影響力和優勢產業的強勁支撐，廣州地區會展業出現了百展爭雄的格局。在各類展會中，區域性展會成為廣州展覽會的主流。同時也包括國家級的會展，國外的來華專業展，還有民營展覽機構所辦的各類專業展。

廣州目前有兩個展覽館，分別是廣州國際會展中心和廣交會展館，都為超大型展館，分別有16萬平方公尺和17萬平方公尺的展覽面積。隨著會展經濟的發展，廣州會展業為求得更大發展，市政府已在東南琶洲島規劃建設新的博覽中心——廣州新會展中心。根據規劃，新會展中心占地92萬平方公尺，全部建成後將是世界最大的展覽中心。目前首期已經完工，建築面積已達39萬平方公尺，是迄今亞洲最大、世界第二的展覽中心。新會展中心的啟用將為廣州會展業迎來「第二春」。

廣州會展業的發展在改善城市基礎設施、環境整治、市容美化、強化城市功能等方面都取得了顯著成效。廣州將以「中國第一展」為龍頭，透過與香港、深圳強強聯合，盡快打造珠江三角的會展航母，成為國際性的會展城市。

（四）香港會展業：會展業的國際名城

香港每年舉行的大型展覽活動超過80項，參展商多達2萬家；每年在香港舉辦的大型會議超過420個，來自世界各地的與會代表多達3.7萬人。除了本行業的可觀收入之外，展覽業的潛力在於它巨大的輻射效益。據香港展覽會議協會提供的資料，訪港旅客在展覽業消費1　港元，即可為其他相關行業帶來額外4.2港元的收入。此外，參觀展覽人士平均在港逗留時間一般為5　天，他們平均每天在零售及娛樂方面的消費分別是普通遊客及本地市民的2　倍至13倍。

香港贏得「國際會展之都」的美譽，主要得益於以下幾個優勢。

1.區位優勢

香港位於亞洲中心，背倚中國大陸地區，面向南中國海，是中國華南的門戶，遠東國際航海和航空交通的要沖。並且香港地區擁有發達的國際航空運輸業和繁榮的國際航海運輸業，距離亞洲各個主要商業城市的飛機航程最多不超過5個小時，是溝通亞洲各地、聯結歐美和大洋洲的樞紐，地理位置十分優越。良好的區位、便捷的交通是香港地區成為亞太地區會展中心的基礎。

2.資源優勢

（1）經濟資源。由於香港特區政府一直採取自由的經濟政策，金融市場全部放開，外幣自由兌換，資金進出完全自由，從而使大量的外資湧入香港，這大大推動了香港經濟的發展，加速了香港經濟國際化和自由化的進程，又使香港成為銀行多、資金多、股市繁榮、金市興旺的國際金融中心。加上先進的設備，完善的金融、保險、通訊等服務系統，使香港成為世界貿易中心，轉口貿易、進出口貿易異常發達。國際性金融中心和貿易中心的地位，為香港會展業的發展提供了良好的經濟環境。

（2）政策資源。香港一直堅持自由的貿易政策，大量商品免除關稅，進出口貿易手續簡便，不設置任何關稅或非關稅壁壘，是世界上開放度最大的自由港城。

（3）資訊資源。香港配備了現代化的通訊設備，並且和美國、加拿大、英

國等國家建立了國際聯機情報檢索系統，擁有完善的資料庫，資訊來源四通八達，暢通無阻，是世界上資訊產業最發達的地區之一，為置身其中的客戶提供了多元化、現代化的選擇。同時，世界上普及率最高的兩種語言——漢語和英語作為香港地區的官方語言，使香港與各國參展商溝通無障礙。卓越的資訊中心地位是香港地區會展業發展，吸引參展商與觀展商的重要原因之一。

（4）旅遊資源。香港地區作為亞熱帶的天然良港，擁有宜人的氣候和迷人的自然風景，並且香港熔中西文化於一爐，文化底蘊深厚，人文景觀豐富，這使其成為赫赫有名的世界性旅遊勝地。發達的旅遊業也為香港地區吸引了大批的商務客人，大大地促進了香港國際會展業的發展。香港旅遊協會的統計資料表明，商務與會議客人占香港遊客的30%之多。

同時，香港地區的酒店業十分發達，具有文華、麗晶、半島等一大批世界級的名牌酒店集團，擁有現代化的設備、先進的經營管理和一流水準的服務，接待能力較強，能滿足商務客人的多種需要。這些都成為香港地區大力發展會展業的先決條件。

3.產業優勢

香港回歸後，與內地的經濟往來日益密切。隨著內地改革步伐的加快，特別是中國開發西部戰略的實施、「入世」的成功以及CEPA協議的簽署，更為香港展覽業的蓬勃發展提供了堅實的產業基礎，不斷鞏固香港展覽之都的地位。

4.管理優勢

香港展覽業的崛起，是與其高效、合理、先進的管理機制密不可分的。在這一過程中，香港貿易發展局扮演了重要角色。

香港貿發局是香港投資展覽的主要機構，在三十多年的發展歷程中，貿發局以「市場宣傳」和「客戶服務」為中心，積極推動了香港會展業的發展。貿發局已在全球設立42個分處，包括中國內地的11個辦事處，從而便於與海外商會聯繫，組織買家組團來港參加展覽。另外，貿發局還積累了一個非常龐大的資料庫，組成了一個包括世界各地60萬買家製造商的目錄，其中中國香港10萬家、

中國內地12萬家、海外38萬家。透過這些資料的分類分析,便可在辦展時有針對性地發出邀請;並且定期組織買家聯誼酒會、論壇以及商情新聞發布會等。

在展館使用方面,展覽的場地、時段的安排,由展覽館管理機構按國際慣例協調,香港貿發局並無特權,權利由掌管會展場地的私人商業機構——香港新世界管理公司掌握,從而確保展覽安排的公平、公正與合理。

香港會展業的行業協會是香港展覽會議協會,於1990年成立,目前有會員44個,包括展覽會主辦者、承建商、貨運、場館、貿發局、旅遊協會、生產力促進局、酒店及旅行社(包括香港中國旅行社)等。

5.服務優勢

優質的硬體設施與軟體服務為香港會展業的蓬勃發展奠定了良好的基礎。

香港會展場館主要就是香港會議展覽中心,分為舊翼和新翼兩部分。投資16億港元的香港會議展覽中心(舊翼)於1988年落成。1994年投資48億港元的香港會議展覽中心(新翼)一期工程已經完成並投入使用,展覽面積達6.3萬平方公尺。二期工程於2005年完成,展覽面積擴展到10萬平方公尺。

香港會議展覽中心不僅具備一流的設備,其先進的服務也備受稱讚。香港會議展覽中心(新翼)總面積達24.8萬平方公尺,其中展覽場地的面積僅為總面積的1╱4,其他3╱4是用來做配套服務設施的。同時,香港會展業還為會展客戶提供全方位的服務。如展會開始時,政府官員通常會到現場進行政策、法規解答,銀行會到現場服務。會展的主辦者會與酒店、旅遊機構密切合作,從而為會展參加者提供較完善的服務等。

6.品牌優勢

香港服裝節是世界「七大時裝展覽之一」,也是亞洲歷史最悠久和最具規模的時裝展銷活動。此外,香港還相繼舉辦了首屆國際文具展、大型玩具展、資訊基建博覽會、亞洲規模最大的家庭用品展和禮品展、國際鐘錶展、國際美容美髮展、國際旅遊展等大型國際展覽。

除了知名展覽外,許多大型國際會議也在香港召開,如2001全球《財富》

論壇、2001科技世界國際會議、世界服務業大會、第12 屆世界生產力大會、第14屆太平洋經濟合作組織會議等。香港的名牌展會造就了香港會展業的發展優勢。

第四章 會展企業

◆章節重點◆

1.掌握會展企業的定義與特徵

2.瞭解會展企業的組織結構與組織部門

3.掌握現代會展場館的特徵與設計

4.熟悉中外著名會展場館

5.瞭解中外知名會展企業概況

6.瞭解中外知名品牌會展的概況

7.熟悉中國會展企業經營中存在的問題

　　會展原本是工業生產的附庸，但隨著全球化浪潮的推進和後工業化社會的來臨，會展業開始以獨立的面目出現在國際貿易舞臺上。會展企業在會展業的發展中發揮了相當重要的作用，本章主要介紹中外知名的會展中心、會展公司及其舉辦的成功的著名展會。

第一節 會展場館

　　在這一節中，我們將介紹會展場館的定義、基本要求，中外會展場館的特點和發展概況，同時還對中外知名會展場館做了較為詳盡的介紹。

　　一、會展場館的定義

　　會展場館作為會展經濟發展的載體，被譽為會展經濟發展的火車頭。一般會展場館是舉辦會議、展覽會等的場所。它是為各種類型的商品展示、行業活動、

會議交流、資訊發布、經濟貿易等集中舉辦各種活動的場所。會展場館是一種建築產品，同一般工業產品相比，其顯著特點是體形龐大。會展場館一般場地規模都很大，擁有的設施設備種類繁多，投資額巨大，需要建設維護的費用也很高。作為一個會展場館，應具備以下條件：

（1）它是由一個建築物或者多個建築物組成的接待設施；

（2）它必須能夠提供展覽設施，並能夠提供其他相關的設施；

（3）它的服務對像是公眾，既包括外來的參觀者、參加者，也包括當地的社會公眾；

（4）它是商業性質的，所以使用者要付一定的費用。

隨著社會的進步和發展，會展場館的設施和功能日趨多樣、豐富。這些設施和功能包括停車場、餐廳、休息場所及通訊、娛樂、新聞、商務、住宿、其他臨時辦公場所等。

二、現代會展場館的基本特徵

（一）場館規模宏大

規模宏大是現代化展覽中心的重要標誌。現在國外新建的展覽中心占地面積一般都超過100萬平方公尺，德國漢諾威展覽中心的占地面積約100萬平方公尺，包括27個展廳，僅展廳的面積就達到49萬平方公尺。出於前瞻性的考慮，國外新的展覽中心均留有一定比例的預留地，以便將來增建展館。

（二）服務設施齊全

現代化展覽中心不僅有展館，還有會議中心、餐飲服務場所和設施，使展覽中心既可以舉辦展覽、開會，又可以進行文藝表演、體育比賽。為解決參展商停車難問題，展覽中心建有大面積的停車場，如慕尼黑展覽中心的停車場可以容納1萬個車位，德國漢諾威展覽中心的停車場可以容納5萬個車位。香港新建的亞洲國際博覽中心，附近有高爾夫球場和集娛樂與購物為一體的大型購物中心，給客人提供了良好的環境。

第四章 會展企業

人醒來的時候，他們僅需要打開電視就可以獲得當日的活動安排。

（四）設計以人為本

展覽中心是為展商和觀眾提供服務的場所。因此在展覽中心的規劃和建造中，滿足他們的各種需求，是必須認真研究的問題。現代化展覽中心突出了「以人為本」的建設理念。

首先，場址選擇「以人為本」。現代化展覽中心的場址選擇一併將交通條件、環境條件和地形條件作為選址的首要要素進行考慮並進行論證，同時場址選定後，仍要與市政規劃相吻合。

其次，內部布局「以人為本」。展覽中心內部合理布局，可以使展覽中心內部管理有序，方便參展商和觀眾，提高工作效率。如在慕尼黑展覽中心，人在展館連廊裡走，貨物在地面上運，避免人流物流交織影響內部交通。餐飲網點分布到各個展館周圍，便於展商、觀眾就近就餐。會議中心與展館保持一定距離，避免與展覽發生衝突。場址內保留大片綠地，以便展商、觀眾在工作或參觀之餘有休閒場所休息。

最後，展館設計「以人為本」。現代化展覽中心的展館基本上都是單層、單體，面積約1萬平方公尺，高度13～16米。透過觀眾調查及多方論證發現，上二層展館的觀眾會減少一定的百分比，到三層的則更少。單層單體1萬平方公尺的展館，正好是長140米，寬70米，處於人眼的正常視覺範圍內，這樣觀眾不容易迷失方向。高度13～16米是基於展臺裝修設計的要求，且適合布展作業。

（五）布局經濟實用

國外展覽中心很注重經濟實用性。如慕尼黑展覽中心外觀並不豪華，看上去

類似一排排的廠房或倉庫，展館內也沒有大理石的牆和花崗岩的地，但展商和觀眾需要的設施一應俱全，非常實用。儘管現代化展覽中心占地規模大，但在考慮土地使用時，仍要「斤斤計較」，絕不浪費。如兩個展館之間距離定在38米，正好是集裝箱卡車掉頭的最小寬度。

（六）政府大力支持

現代化展覽中心公益性很強，因而其從規劃建造起就得到政府的大力支持。如慕尼黑展覽中心的投資，巴伐利亞州政府和慕尼黑市政府各出資49%，剩餘2%由當地的手工業協會出資。巴黎北展覽中心是由巴黎市工商會出資建設的，但政府在土地等方面給予了很多優惠政策。中國地方政府在這方面的表現就更突出，有些城市在建展覽中心時，政府不僅出錢出政策，而且還出人，組成以市長親自掛帥的籌建領導小組。

三、中外會展場館發展概況

（一）國外會展場館發展概況

在國外尤其是在德國、義大利、法國等會展業發達國家，會展場館的空間發展模式表現為積聚的特點，其最大優勢是容易實現規模效應。其中，「積聚」的內涵主要指由大規模帶來的非同一般的影響力和品牌效果。事實上，國外會展場館的發展是聚中有散的，只不過這裡的「散」不是鬆散，而是一種合理布局。

1.總體上重點集中，合理分散

會展發達國家憑藉自己在資金、技術、交通及服務等方面的優勢，建造大規模的現代化場館，舉辦高水平的展覽會，在國際會展市場競爭中占據著主導地位。從總體布局上來看，會展業發達國家或地區的場館建設具有「重點集中、合理分散」的特點。所謂重點集中，包括兩層含義：一是指會展場館主要集中在幾個大城市，以便集中力量培育國際會展名城；二是指各會展城市的場館建設規模較大，便於統一規劃、集中布展。例如，德國是名副其實的展覽大國，它擁有23個博覽會場地（展覽面積超過10萬平方公尺的有8個），展覽總面積高達240萬平方公尺。全國的展覽場地主要分布在漢諾威、科隆、慕尼黑、法蘭克福及杜

塞道夫等城市，其中，僅漢諾威就擁有展覽面積達68萬平方公尺的巨型場館，而且周邊各項基礎設施完善，正因為如此，世界上許多國際性的品牌展覽會都落戶德國。

所謂合理分散，即指幾乎每個會展業發達國家都制定了科學的會展業發展規劃，表現在場館上便是突出重點、分級開發，以確保本國會展業具有持續發展的潛力。例如，目前義大利的大型國際展覽會主要在米蘭、波洛尼亞、巴裡和維羅納四個城市舉辦，這些城市都是著名的旅遊城市，但相隔一定的距離且各自的品牌展覽也不一樣，因而在開展會展活動上各具特色；同時，為促進義大利經濟的進一步發展，也形成了一些地區性會展中心。

2.單個場館規模優先，以人為本

相對會展業總體布局的聚中有散而言，國外會展場館更加講究規模，大部分場館的展覽面積都在10萬平方公尺以上；在建築設計和設施安排上則強調以人為本，即儘量為參展商和觀展人員提供方便。如2000年5月在德國漢諾威舉辦的印刷機械展Drupa是全球最具影響的展覽會之一。整個展覽會分18個館展出，展覽總面積達15.8萬平方公尺，有來自42個國家的1800多家廠商參展，來自德國及世界各地的約40萬觀眾觀展。場館的各項設施和服務均以人為本，旨在為參展商和觀眾提供全方位的配套服務。觀眾一進展館便能得到一份用多種文字編寫的參觀指南，各展館的展覽內容、觀眾出口、公共交通及停車場一目瞭然；展場中間的露天場地設有飲食和休閒中心，除提供快餐外還有各式風味餐廳；不同展館之間有遮雨通道相連，在有些地方參觀者還能乘坐電動通道直接進入不同展區。

3.場館建設持續優化，不斷擴張

隨著會展業的快速發展，大多原有的場館已經不能滿足要求，必須改建和擴建。以可持續發展原則來指導會展中心的規劃建設、改建擴建，是歐美國家新老會展中心普遍遵從的理念，即在規劃時重視擴建方式、後續工程或改建工程，且不影響建成部分的使用。如法蘭克福、科隆和柏林會展中心就採用這種模式。它們逐步拆除老的、不適用的建築而以新的大跨度、大規模、高效率的建築取代，

在不斷的建設過程中，應用新技術，適應新需求，完善新功能。如科隆會展中心就在原地將圍院式建築逐步改造為大跨度的展廳，並以連廊將各個展館相連通。再如法蘭克福會展中心，它擁有從1909年一直到2001年建設的包括竄頂式多功能會堂、超高層辦公樓、大跨度的新型展廳等各類型的建築。其形態清楚地刻畫出多次改擴建的痕跡。這樣的擴建投資規模比較小，實施靈活，多以加建單獨的大型展館、連接通廊或主要的入口大廳等內容為主。

（二）中國會展場館的發展現狀

1.全國場館總面積持續增加

2003年全國已經完成的新建和擴建場館總建築面積650404平方公尺，其中新增室內展覽面積463284平方公尺，其中2002年新增室內展覽面積412100平方公尺，2001年新增室內展覽面積324630平方公尺。與此同時，2003年全國有超過579000平方公尺建築面積的新館破土動工，全國會展場館保持快速增長的步伐。如西南地區的直轄市重慶和四川省城成都，就有多個場館的計劃在醞釀中。成都市已經率先定奪方案，在城南建造一座20萬平方公尺大型展覽中心的計劃已經浮出水面，規劃2005年完成建設。

令人關注的大城市會展中心只是全國會展場館市場的一部分，另一支生力軍正在悄然的發展壯大，那就是中小城市會展中心的崛起，如2002年建成的浙江臺州、山東菏澤等地的場館。2004年全國各地仍有不少中等及縣級城市正在為建設會展場館做規劃、招標和融資。

2.單個場館規模不斷增大

中國目前已經認識到會展場館在規模上與國外的差距，因此，近來新建的會展場館面積不斷擴大。如上海新國際博覽中心規劃展館面積為25萬平方公尺。現在中國國際展覽中心新館已有北京開館。新國展是中國規模最龐大、功能最完善的國際化、綜合性、現代化展覽中心之一，在亞洲乃至世界也處於一流水平。新國展共有16個單體、單層、無柱的專業化展廳，總規劃用地155.5公頃，地上總建築面積66萬平方公尺。目前開館的是新國展一期工程。一期工程共建成8個展館，配套設施有綜合樓、動力中心、倉儲項目等，展廳地上使用面積達到10

萬平方公尺，平均每個展廳面積1.25萬平方公尺。

3.區域會議展覽帶已經形成

中國區域會議展覽空間已經初步成長起來，由於會展經濟對城市具有強烈的依附性，因此，會展帶與城市帶在空間上具有一致性。目前中國最大的兩個城市群，同時也是中國經濟較為發達的兩個區域——珠三角和長三角區域已經成為中國未來會展經濟發展的增長點。

（1）長三角展覽帶

長三角展覽帶城市紛紛將會展定位為經濟增長的重要支柱產業，各種展覽場館不斷興建。2003年寧波國際會議展覽中心、杭州市國際會議展覽中心等五家展覽場館的建成和完成擴建工程，加上2003年內破土動工的會展場館，如蘇州國際博覽中心、上海汽車會展中心和杭州西湖會議中心，使長江三角洲展覽帶成為2003年度全國場館市場最為活躍的區域。以杭州為例，杭州和平會展中心擴建工程的完成，以及杭州市國際會議展覽中心的落成，使杭州的室內展覽總面積達到了156396平方公尺，具有接待大展的硬體能力，解決了杭州會展發展受制於場地侷限的瓶頸問題。寧波國際會議展覽中心可搭建2500個國際標準展位、提供1600個車位，為長江三角洲南翼地區提供了展覽業發展的平臺。

（2）珠三角展覽帶

珠三角是中國會展經濟發展歷史最為悠久的區域，如久負盛名的廣交會，新興的深圳高交會等都是該區域著名的品牌會展。加上該區域工業經濟較為發達，更為會展經濟的發展和會展場館的建設提供了有力支撐。

2003年1月2日，亞洲最大、國際第二大的會展中心——廣州國際會展中心（面積僅次於德國漢諾威展覽中心）投入使用。已竣工的首期工程占地43萬平方公尺，總建築面積39萬平方公尺。它擁有三層共16個標準展廳，展廳總面積16萬平方公尺，可容納國際標準展位10200個。新館的介入驅動了展覽會重新布局，參展商、參觀者和相關服務企業在城市中的流向發生變化。同時，隨著深圳會展中心的完工，以及位於香港新機場的亞洲國際博覽館2005年的落成，使得

包括香港在內的珠江三角洲展覽帶的室內展覽總面積增加了173109平方公尺，珠三角會展業的發展有了更廣闊的空間。

（3）環渤海展覽帶

以北京、大連為代表的環渤海城市帶因為具有政治、經濟和文化意義，也成為雄踞東亞地區的會展城市帶。

4.會展場館集聚與分散並存

無論是會展中心城市在特定區域內的空間布局，還是會展中心城市內的會展場館的空間布局，都同時存在集聚與分散並存的局面。會展場館的集聚有利於單體會展企業降低基礎設施和市場營銷成本，形成規模效應，而分散則利於樹立新的形象。在會展中心的宏觀區位上，環渤海帶、長江三角洲與珠江三角洲形成了三個會展中心城市集聚帶，在會展中心城市內，有的城市也形成了集聚帶。以廣州為例，廣州的中國商品交易會與新建的廣州錦漢國際展覽中心形成了相對集中的展覽區。另外，在廣州，會展中心的分散趨勢也很明顯，如由於廣州會展業規模的擴大，在琶洲島規劃建設並於2003年秋季中國商品交易會投入使用的新會展中心，形成了一個新的城市副中心。

四、世界知名會展場館

世界四大展覽中心分別是：德國漢諾威博覽中心是世界第一大展覽中心，中國廣州國際會議展覽中心是目前亞洲最大、世界第二大的會展中心，德國法蘭克福國際展覽中心是世界第三大展覽中心，德國科隆展覽中心是世界第四大展覽中心。

下面將按照國家和城市來分別介紹世界上知名度較高的展覽中心：

1.漢諾威博覽中心

漢諾威博覽中心每年都吸引250多萬觀眾前往參觀。漢諾威博覽中心是世界最大的展覽場館，總面積100萬平方公尺。加上新建成的27號館，室內展示面積已近50萬平方公尺。這座世界最大的展覽場擁有完美的基礎設施和藝術級的技術手段。它以26000餘位參展商和230萬觀眾的年流量為基礎而設計。整個場地

占地100萬平方公尺，共27個展館，室內展覽面積達到49.8萬平方公尺。最新落成的27號展館位於展場西南角，展覽面積為31930平方公尺，造價6140萬歐元。8／9號館、13號館和26號館建築風格獨特。展場內值得一提的建築還有：面積達到16000平方公尺木結構「EXPO Canopy」，建於1958年並於2000世博會期間裝修一新的標誌性建築「Hermes Tower」，以及「Exponale」──這個歐洲最大的人行橋連通城市高速路和8號館。除了室內展覽空間，展場還提供58000平方公尺的室外展覽面積。

展場交通非常方便，北面和東面各有一條幹線地鐵，還有連通法蘭克福、漢諾威和漢堡的德國南北幹線的火車站（「漢諾威展場」）。兩條「空中走廊」（裝備有人行電梯），一條從西面連通火車站和13號館入口，一條從東面連通停車場和8／9號館。一條新的地鐵線路提供了從漢諾威機場途經漢諾威中央火車站到達展場的快速通道。展場的停車場可停放50000部車輛，其中有遮蓋的泊位有8700個。

2.新慕尼黑展覽中心

新慕尼黑展覽中心於1998年2月12日正式開館投入使用，室內面積20萬平方公尺，展廳面積均在11000平方公尺左右，A1～A6和B1～B5 展廳淨高11米，B6展廳為16米。所有展廳採用無柱設計，均能進行陰暗化處理。所有室內外攤位均為同樣的技術設施，保證了展覽場地的等值性；會議廳及新聞發布廳緊挨著展廳，為展商提供便利服務。在通訊技術方面，用高速資訊網路來傳輸聲音、圖像和資訊，實現參展商在館內和對外的通訊聯繫。入口處、展廳、國際會議中心均配以終端技術和多媒體技術。入口處有6m×4m的大屏幕電視牆，會議中心有3m×4m的大型廣告牌。每個展廳有300個遠程通訊接口、300個電腦接口和80個寬頻電纜接口。在電話系統方面，每個參展商都可獲得1個電話號碼，並且在慕尼黑不同的展覽會上均可使用。緊接展館的永久室外場地60000平方公尺，另有70000平方公尺的室外場地，在展覽區外有150000平方公尺的附加室外場地和停車場，所有室外場地均與室內場地有相同的裝置。

新慕尼黑貿易展覽中心的設計思路非常清晰並富有邏輯性。它為包括參展商

和參觀者在內的未來使用者提供了下列優越條件：

（1）沒有固定隔牆，為展臺布置提供了最大限度的靈活性。如此優越的展覽條件在德國國內無與倫比。

（2）由於中心內的空間可以根據不同情況被分割，因此為使用者提供了很大的靈活性。

（3）展廳內的任何方位都具有同等的吸引力。

（4）參展商和參觀者在展廳內能輕鬆地辨認方位。

（5）為參觀者提供有效的指示系統。

（6）交通便利。在東西入口處有兩個地鐵站、兩個高速公路交匯點和1.3萬個泊車位。

（7）室外空間開闊、風景優美，為參展商和參觀者提供了良好的休息場所。

在新慕尼黑貿易展覽中心內，建有可容納6500人的慕尼軒國際會議中心（ICM）。它既可以配合展覽事務，也可以單獨舉辦會議。ICM擁有多個可容納20至3000人的大小不等的房間，提供靈活的使用空間。

3.法蘭克福展覽中心

法蘭克福展覽中心是世界第三大展場，室內展場32.1萬平方公尺，室外展廳90000平方公尺。每年，這裡舉辦50多個展覽會，其中汽車展、春秋兩季消費品展都是世界同類展中最大的。法蘭克福展覽中心（Frankfurter　Messegelände）的使用面積達1417486平方公尺，它位於市區的正中，與法蘭克福繁忙的高速公路網緊緊相連。作為最重要的交通樞紐之一，法蘭克福不僅有德國交通最繁忙的火車站，還有歐洲最大的洲際機場，二者距展覽中心只需幾分鐘的路程。

法蘭克福展覽中心（Frankfurter　Messegelände）占地面積達47.5萬平方公尺，其中32.4萬平方公尺為10個博覽會大廳，另外的8.3萬平方公尺為露天展場。節日大廳（Festhalle，即2號廳）專為舉辦各種特殊活動而設，它的拱形屋

頂高達40米。5號大廳則在它的兩個樓層裡為超重負荷設置了一種特別能承重的結構。共有10個展館,42個會議室,27個餐廳;場內有4000個停車位,場外有20000個停車位。

4.德國科隆展覽中心

科隆展覽中心按市場的需求不斷擴建,從最初的15.9萬平方公尺擴建到27.5萬平方公尺,至1999年末,展覽中心的面積已擴建到28.6萬平方公尺。展場由相連的14個展館組成,展廳面積達286000平方公尺,另外還有52000平方公尺的露天展場。展場可舉辦最多容納12000人的會議,理想的方式是同時舉辦會議和展覽會。科隆展覽公司擁有自己的會議有限公司,可組織與展覽會相對獨立的會議。國外業務部分專門由1996年成立的獨立分公司「科隆展覽有限公司國際服務中心」(ISC)來負責,它擁有450名員工及遍及全球的84個代表處。

展覽中心位於萊茵河畔,與世界著名的科隆大教堂隔河相望。從科隆市內乘坐火車、搭乘輪船、駕車或步行均可在數分鐘之內到達展場。在展會期間,所有重要的長途列車不僅停靠科隆火車總站,而且還停靠位於科隆一道伊茨的博覽會車站。從杜塞道夫和科隆一波恩國際機場也可以在很短的時間內抵達展場。此外,在展覽會期間,所有的參展客人均可憑入場券免費乘坐以科隆為中心的周邊地區的公交車輛。

5.米蘭國際展覽中心

米蘭國際展覽中心是歐洲主要的展覽中心之一,共有26個展廳,總面積37.5萬平方公尺,其中包括新館的7.7萬平方公尺,有30個入口。1998年有3.1萬個展商參展,其中16%來自國外,吸引了360萬名參觀者;1998年財政收入2932億里拉。1999年共舉辦73個展覽。新展館於1997年9月建成,耗資3800億里拉。展館為2 層,與舊館以玻璃天橋相連。配有8個餐廳,60個酒吧,6個比薩店,8個自助咖啡館。服務中心位於城市露天市場的中心,交通便利,四通八達。設有外幣自動兌換機(可兌換17種外幣現金)、銀行、藥房、美髮廳、煙草店、旅行社等設施;提供直升機出租、酒店諮詢、植物出租、汽車出租、保險代理、特快專遞、行李寄存等服務。展覽中心還十分重視場地的服務和貨物搬運工作,運貨

車在展廳內部開行，行車路線為專線，與觀眾的路線分開。在貨物裝卸區有功率強大的通排風裝置，還有許多貨運升降機，這些設施足以使米蘭展覽中心在21世紀保持領先地位。會議中心設28個會議室，規模從50～700人不等。展覽中心在需要時也可用作會議室並可容納近5000人。近年來會議中心約承辦950個會議，接待入會者23萬人，其中30%來自國外。

6.韓國國際展覽中心（KINTEX）

KINTEX是為瞭解決展覽、國際會議面積的供應不足，實現國內展覽、國際會議事業的國際化，由政府和自治團體共同出資建設的展覽中心。

KINTEX在2005年4月29日正式對外開放，作為整體三個階段的第一階段，在6.8萬坪的土地上建造了3層高的展覽、國際會議設施。室內的展覽面積為53975平方公尺，分為5個展廳，展覽設施的地板負荷為5噸／平方公尺，最大的特徵是可以舉辦國內展覽中心很難舉辦的大型重量產品的展覽及活動。韓國會議展覽中心位於韓國首都首爾，擁有最尖端會議設施和展覽設施。會議設施包括可同時容納6500人的會議和展覽兼用的會議室，此外，還有劇場式會議中心「Auditorium」和各種會議室。展覽設施包括太平洋館、大西洋館、印度洋館等展覽室。

7.東京國際展覽中心

東京國際展覽中心是日本規模最大、技術最先進的展覽中心，由東京市政府修建，1996年4月建成。截至1997年9月，共接待了1150萬貿易和消費參展觀眾。整個展覽中心面積24.3萬平方公尺，建築面積14.1萬平方公尺，展覽面積8萬平方公尺，採用鋼結構、鋼筋混凝土建築。它由3部分組成：塔樓，高58米，共8層，擁有一個地下停車場；西展廳（2層）；東展廳（3層），擁有一個地下停車場。主要展覽廳位於西廳和東廳內。西廳有4個展覽區，被設計成小型展覽區。鄰近的室外和屋頂展區也可根據需要用於展覽。東廳有6個展覽區，兩邊各3個，由長廊相連，可變成一個大型展區。塔樓中有規模不一的會議室，最大的國際會議廳可容納1000人。配置有一個250英吋高清晰度的錄像放映機、音響燈光設施、會議系統、高新視聽系統和8個語種同聲翻譯器。東京國際展覽中心採

用最新視聽和數據資訊傳送系統來連接展覽廳和會議中心。電腦系統可處理輸入、輸出並提供展覽資訊、會場資訊、地方交通及天氣、新聞等其他資訊。具體設施包括：大型屏幕（安裝在入口廣場，播出大量與展覽有關的圖像資料）；大型電子資訊牌（展覽中心的主要通道安放有6個大型電子資訊牌，起著引導觀眾的作用）；小型電子資訊牌（展覽中心內共有67個小型電子資訊牌，向觀眾指引館內設施及地方交通，展覽組織者也可將此用於消息發布欄）；演播室（由一樓的演播室控制整個視聽資訊）。此外，還設有接待室、會客室、餐廳、休息室、購物中心等。

8.香港會展中心

香港會展中心歸香港貿易發展局擁有，是亞洲首個專為展覽會議而興建的大型設施，並由香港會議展覽中心管理有限公司負責管理。香港會展中心位於亞洲貿易「要塞」，有助於推動香港成為區內的商貿都會，規模僅次於日本，是亞洲第二大的展覽設施。2幢世界級酒店，可提供1500間客房；1幢辦公大樓；1幢服務式住宅。設施方麵包括：5間展覽廳總面積46600平方公尺；2間會議廳共6100平方公尺，可容納6100人；2間演講廳共800平方公尺；可容納1000人；52間會議室共6900平方公尺；聚會前接待場地8000平方公尺；7家餐廳可同時接待1870人；商務中心120坪；停車場可供1300輛私家車及50輛小巴停泊；可供租用的面積63580平方公尺；1天可容納140000人。

9.新加坡國際展覽中心（SUNTEC）

新加坡國際展覽中心面積10萬平方公尺，是亞太地區最大展館之一。主樓6層，有大型地下停車場。距機場20分鐘車程、距商業區10分鐘車程，並具備5000個客房的酒店配套服務。會議中心設在2、3層，有26個會議室，可容納3535人。其中無柱大型會議室可容納1.2萬人，擁有特製伸縮椅和21m×10m的自動翻捲屏幕。多功能廳設在2層，面積2120坪，能拆分為3個小功能廳，劇院式坐椅2120個。視聽室設在3層，600個座位，具備視、聽、光、電多種設施。會議中心可進行衛星電視會議、12種語言的同聲翻譯。

10.廣州國際會展中心

廣州國際會展中心是中國最大的國際會展、投資貿易基地之一，是21世紀廣州城市新形象的標誌性建築和旅遊觀光景點之一。按國際標準新落成的廣州國際會展中心，是目前亞洲最大、國際第二大的會展中心，面積僅次於德國漢諾威展覽中心。已竣工的首期工程占地43萬平方公尺，總建築面積39萬平方公尺，擁有三層共16個標準展廳，展廳總面積16萬平方公尺，有國際標準展位10200個；架空層停車位1800個，室外大型車輛停車位40個；館內外場地寬敞，服務設施齊全，兼備會議、展覽、商務洽談、演示、表演、宴會、新聞發布以及大型集會、慶典等功能，是對外貿易、商務交流、科技展示的理想場所。

早在1993年，鑒於廣交會當時的展館已不能滿足交易會業務逐年擴大的實際需要和廣州會展業蓬勃發展的勢頭，國家外經貿部提出要將中國進出口商品交易會展館遷址重建，辦成規模宏大、設施先進的世界級博覽會。廣州國際會展中心應運而生。

會展中心位於珠水環繞的琶洲島。琶洲島上接科學城和五山大學群，下接廣州大學城及蓮花山旅遊休閒中心，交通條件和地理位置可謂得天獨厚。為給一年一度的廣交會營造良好寬鬆的人文環境，華南快速幹線和東環高速公路從西到東將琶洲全島分為明顯的A、B、C三個區，廣州會展中心就位於心臟地帶B區的核心，其周圍正在發展起與會議和展覽相關聯的配套設施，如酒店、辦公樓、銀行、商業服務網點和博物館等。這一地區正在形成以會展博覽、國際商務、資訊交流、高新技術研發、旅遊服務為主導，兼具高素質居住生活功能的生態型新城市副中心。

廣州會展中心占地70萬平方公尺，建築面積50萬平方公尺，由設有8000個國際標準展位的展覽廳和能滿足3萬人同時用餐、活動的配套服務設施組成。這裡不僅可以進行商品展覽、商貿洽談，還兼顧舉辦宴會、新聞發布以及大型集會、慶典等功能。會展中心的建成使廣交會這張城市名片的份量越來越重。

在設計上，會展中心是一座注重建築節能及室內外生態環境、集建築藝術和現代科技於一體的現代化智慧建築。它採取「北低逐漸南高」的流線形設計，體現出「飄」的動態意念。一條寬約40米、長近450米的「珠江散步道」既把會展

中心內部分隔成兩部分,同時也是連接南北場館和上下樓層的多功能通道。走進「珠江散步道」,人們可以手扶自動步梯隔窗觀賞獨具風情的棕櫚樹,欣賞珠江兩岸瑰麗的人文風景,也可以在咖啡館、休閒區與朋友促膝暢談,盡享現代生活情趣。

　　11.上海新國際博覽中心(SNIEC)

　　上海新國際博覽中心(SNIEC)由上海陸家嘴(集團)有限公司,德國漢諾威展覽公司、德國杜塞道夫展覽公司、德國慕尼黑展覽有限公司聯合投資建造。坐落於上海浦東開發區,比鄰世紀公園。SNIEC東距浦東國際機場35公里,西距虹橋國際機場32 公里。中國首條磁懸浮列車和地鐵2 號線在中心附近會聚,多條公交線路編織起的交通網路拉近了中心與城市各個角落的距離。自2001年11月2日正式開業以來,上海新國際博覽中心(SNIEC)每年舉辦約60餘場知名展覽會,正吸引著越來越多的展會在此舉行。SNIEC憑藉其方便的交通地理位置、單層無柱式為特點的展館設施以及多種多樣的現場服務,已博得世界的廣泛關注。作為一個多功能的場館,SNIEC也是舉辦各種社會、公司活動的理想場地。

　　全部建成後將擁有17個展館和一座塔樓,總面積為25萬平方公尺,其中室內20萬平方公尺、室外5萬平方公尺。2005年年初又開工新建2個展館,從而使展館數從7個增加到9個。這是繼2003年投資4.48億元人民幣興建6號、7號展館後,上海新國際博覽中心的又一次擴容。中心服務區設在大廳兩端。在拱廊一端的服務區內及展館之間設有商店。展館設有靈活性分割、卡車入口、地坪裝卸、設備、辦公室、小賣部及餐廳和板條箱倉庫。其入口大廳明亮氣派,可安排來賓登記、資訊查詢或作為小憩、洽談之地。觀眾從這可方便快捷地進出各個展館。整個展館高挑寬敞,設備先進,配備齊全,能滿足各類展覽會的要求,中心還設有商務中心、郵電、銀行、報關、運輸、速遞、廣告等各種服務項目。目前,SNIEC擁有9個無柱展廳,面積達103500平方公尺,室外展覽面積100000平方公尺。SNIEC的全面擴建將於2010年完成,屆時室內面積將達到200000平方公尺,室外面積130000平方公尺。SNIEC的擴建將進一步鞏固其在中國市場的領導地位,並確保上海作為東亞地區會展中心的地位。

第二節 中外知名會展企業

從經濟總量和經濟規模的角度來考察，世界會展經濟在世界各國的發展很不平衡。歐洲是世界會展業的發源地，經過一百多年的積累和發展，歐洲會展經濟整體實力最強，規模最大。在這個地區中，德國、義大利、法國、英國都是世界級的會展業大國。下面我們就來介紹一些世界知名的會展企業。

一、國外知名會展公司

（一）德國

1.漢諾威展覽公司

總部設於德國漢諾威市的德國漢諾威展覽公司成立於1947年，擁有世界最大的展覽場館——漢諾威博覽中心，淨展出面積49.7萬平方公尺。憑藉豐富的辦展經驗和不斷創新的辦展理念，德國漢諾威展覽公司每年舉辦逾50場專業貿易展覽，共吸引來自100多個國家179萬名觀眾和16000名記者前往參觀。每年吸引的展商總數約21000家。公司的展覽主題主要是資本貨物。每年舉辦的漢諾威消費電子、資訊及通訊博覽會（CeBIT）是世界規模最大的展覽會，淨展出面積超過40萬平方公尺，而漢諾威工業博覽會則是全球最有影響力的展覽會。主要展會還有：國際林業木工展覽會（LIGNA＋HANNOVER）、歐洲機床展覽會（EMO Hannover）、國際生物技術展覽會（BIOTECHNICA）、國際農業機械展覽會（AGRITECHNICA）。

漢諾威展覽公司的核心業務是在德國漢諾威及由其選定的國家舉辦領先的國際貿易展覽會。漢諾威展覽公司舉辦的旗艦展的主要特點是對國際觀眾和展商具有巨大號召力。這些旗艦展覽會旨在反映行業最新動向，引領國際市場潮流，同時，這些展會也是展示先進應用技術、發布最新前沿科技和研發成果的平臺。作為世界領先的展覽公司之一，它在全球擁有790位員工，60個海外分公司和辦事處。漢諾威博覽中心總面積達到100萬平方公尺，基礎設施一流。公司年收入達到2.5億歐元。

作為德國十大展覽公司之一的漢諾威展覽公司是最早進入中國市場的國際展覽公司之一。早在1979年就與中國政府首次接觸。1984年公司開始正式開展對中國的業務，並於1987年在中國工商管理局進行了註冊登記，這也是目前唯一在中國進行官方正式註冊的德國展覽公司。公司在北京及上海都設有自己的辦事處，並活躍在中國的各大城市、各大型展覽會上。漢諾威展覽公司舉辦的形式多樣的海外展覽會證明了公司在國際市場的參與精神與開拓精神。

2.法蘭克福展覽公司

法蘭克福展覽公司是德國最大的展覽公司之一。在公司所在地每年就舉辦近130個國際性的專業展覽會。這些展覽會吸引了來自全世界的14.3萬家企業和約千萬觀眾。其中包括13個在國際上最具影響的權威性專業展覽會。如法蘭克福圖書展、國際汽車展、國際家用紡織品展、國際家庭設置裝潢展等。在參展商中國外參展商的比例高達60%。

3.杜塞道夫展覽公司

杜塞道夫展覽公司成立於1947年。該公司所在地交通便捷，風景優美，基礎設施健全，其附屬的展覽中心是世界上重要的博覽會舉辦地。杜塞道夫展覽公司所組織的展覽會主要涉及機械和設備、醫療和健康、貿易和服務、時裝、娛樂活動和藝術等領域。

為了加強展覽會作為交流場所的功能，杜塞道夫展覽公司還把原來的東、西兩家博覽會中心及原來設在博覽會場地上的杜塞道夫市國際會議中心合併起來，成立了杜塞道夫會議中心有限公司（簡稱CCD），以便協調和加強與博覽會有關的各種專業會議、報告會、討論會和研討會及社交活動。現在CCD所有的場地面積可容納7000人，而且場地內布置靈活性大，可適應不同規模各種活動的要求。

4.慕尼黑國際展覽公司

慕尼黑國際展覽公司是世界十大知名展覽公司之一，創建於1946年，是德國展覽行業中最老的一員。該公司每年在全球範圍內舉辦近40個博覽會，涉及

行業包括資本貨物、高科技和消費品，並在各個領域都擁有專業超群的品牌，如資本貨物類的工程機械、物流運輸、環保科技、飲料釀造技術及房地產商務；消費品行業的體育休閒用品、高檔消費品、時尚和化妝品；高科技產業的電子元器件、通訊和電信、分析儀器和生命科學、材料和產品工程等，貿易和手工業類的展會則是公司的另一亮點。每年有90多個國家的30000多家企業來到慕尼黑參展，觀眾遍及全球180多個國家和地區，總人數超過200萬。此外，公司還在亞洲、南北美洲舉辦各類專業博覽會。慕尼黑在89個國家擁有5家子公司和75個代表處，公司網路覆蓋全球。

慕尼黑國際展覽公司是較早進入中國的國際展覽企業。在1975年，慕尼黑國際展覽公司便在北京舉行了首屆德國技術展覽會。1995年，慕尼黑國際展覽公司同中國國際展覽公司成立了中國展覽業的首家合資公司，即京慕國際展覽公司。2000年，慕尼黑國際展覽公司在上海成立了獨資子公司，次年開始運作。2001年9月，慕尼黑國際展覽公司與上海浦東土地發展控股公司、德國漢諾威展覽公司、杜塞道夫展覽公司合資建造的上海新國際博覽中心竣工。

5.德國科隆展覽公司

科隆舉辦博覽會的歷史可以追溯到1922年。作為一家法律上和經濟上獨立的企業，科隆展覽公司擁有約490名員工，在全球86個國家設有分公司、代表處和代理，是世界上最大的展覽公司之一，每年定期主辦的40多個國際專業博覽會和展覽會是世界上25個行業的主導博覽會，全球90%以上的出口型產品在此展出。科隆博覽會的核心主題包括：居室、園林與休閒；通訊、媒體與時裝；技術與環境；健康與設施；家具、室內裝飾與紡織品；食品行業；藝術與文化。其中包括：科隆國際家具展（IMM Cologne）、科隆國際家用電器展（Domotechnica）、科隆國際五金工具展/應用天地博覽會（International Hardware Fair/Practical World）、科隆國際糖果及零食展（ISM）、世界食品博覽會（Anuga）、科隆國際家具生產、木工及室內裝飾展（Interzum Cologne）、國際服裝生產技術及紡織品加工博覽會（IMB）、國際體育用品、露營設備及花園生活博覽會（Spoga）、國際園藝博覽會（GAFA）、科隆國際自行車展（IFMA Cologne）、

國際摩托車和滑板車展覽會（INTERMOT）等。

科隆博覽會中大多數的展覽會只對專業觀眾開放。展覽會吸引了世界上42000家參展商和來自175多個國家的200萬名觀眾。展覽面積達420萬平方公尺。科隆博覽會的國際化程度在全球首屈一指，平均一半的展商和三分之一的觀眾來自國外。

科隆展覽公司長期致力於舉辦相關行業的頂級博覽會。此外科隆展覽公司特別重視開拓極具發展潛力的中國市場。一方面鼓勵更多的中國客戶前往科隆參展或參觀；另一方面加強在亞洲特別是在中國舉辦專業展會的力度。2002年在新加坡設立了亞太區總部，並在北京設立了獨資分公司，全權負責中國大陸地區的業務，同時在香港也設立了獨資公司負責香港地區的業務。2004年科隆展覽中國有限公司又分別在上海和廣州設立了分支機構負責華中、華南地區業務。

（二）歐洲其他國家

1.英國勵展博覽集團

勵展博覽集團是世界首屈一指的展覽會主辦機構，是全球第一大展覽集團。專門舉辦高水平的大型國際展覽會。每年舉辦的展覽會超過470個，遍及全球五大洲的29個國家。主要的服務範圍包括：航空、電子、娛樂、飲食、資訊科技及通訊、休閒、生產、市場及業務推廣、出版、零售及旅遊等行業。

勵展博覽集團在美國、英國、澳大利亞、泰國和新加坡均有處於市場領先地位的品牌展覽。勵展博覽集團在北京設有辦事處，在中國舉辦了多個展覽會，而且擬將其在亞洲的品牌展覽會移師中國舉行。

知識連結4—1：

勵展中國——應用全球化思維 解決本地之所需

勵展博覽集團為全球領先的展覽會主辦機構，在全球設有33個代表機構，每年主辦的大型國際展覽會超過460個，涵蓋52個行業，足跡遍及美洲、歐洲、中東及亞太區的38個國家，真正做到了「運用全球化思維，解決當地之所需」。

勵展博覽集團致力於長期服務中國市場，並透過不斷開發新項目和建立廣泛的合作夥伴關係發展壯大，透過其強大的全球銷售網路、充足的資源、專業的理念和良好的聲譽，為中國各個行業提供高效一流的展覽會。勵展博覽集團中國公司（勵展中國）在北京、上海和香港設有分支機構。繼2003年在上海成立了第一家合資公司——上海勵華國際展覽有限公司後，勵展又於2005年聯手國藥集團創立了國藥勵展展覽有限責任公司。勵展中國現有員工約200人，每年在中國各地主辦逾20個權威的行業展覽會。

（資料來源：勵展中國官方網站）

二、中國內知名會展企業

（一）展覽服務公司

中國內會展企業的排名，根據展覽企業的綜合實力（辦展數量、規模、市場份額、國內外影響力等）評估，規模較大、實力較強的專業展覽企業有以下11家：中國國際展覽中心集團公司、上海市國際展覽公司、寧波國際展覽公司、大連國際展覽公司、上海現代國際展覽有限公司、廣州國際展覽公司、上海浦東國際展覽公司、廈門國際展覽公司、雅式展覽服務有限公司（香港）、京慕國際展覽有限公司、長城國際展覽有限公司。

本書以一線會展城市的排名來介紹中國的主要會展企業：

1.北京

（1）中國國際展覽中心集團公司

中國國際展覽中心集團公司（簡稱「中展集團」）隸屬於中國國際貿易促進委員會暨中國國際商會，是中國展覽館協會的理事長單位、國際展覽業協會（UFI）成員和國際展覽會管理協會（IAEM）成員。其主體業務集場館經營、國內組展、出國展覽及工程施工於一體，是全國最大的從事展覽行業的集團公司。中國國際展覽中心建立於1985年，經過20多年的發展，現已發展成為集展館經營、中國國內組展、海外出展、展覽工程於一身，業務範圍成龍配套的集團企業。

（2）京慕國際展覽有限公司

京慕國際展覽有限公司成立於1995年，是由慕尼黑國際博覽集團亞洲公司（MMI Asia-Munich International Trade Fairs Pte.Ltd.）和中國國際展覽中心集團公司（CIEC-China International Center Group Co.）共同組建的中國展覽業內第一家合資公司，同時也是慕尼黑國際博覽會公司在中國的總代理。

京慕公司的核心業務為向中國廠商推介在國際上最具影響力的展會，並組織中國企業前往參加或參觀這些展會，從而達到深入瞭解國際市場，結識商業夥伴並拓展銷售渠道的目的。藉助擁有眾多豐富經驗的專業人員和大量展會資訊的優勢，京慕公司為中國企業，特別是中小企業提供全方位、值得信賴的專業化服務。主要包括：組織出國參展、舉辦來華展覽、國際博覽會市場諮詢顧問服務、國際水準的展臺設計及搭建服務、境外商務考察服務。

（3）長城國際展覽有限公司

長城國際展覽有限責任公司是由商務部批准成立的專業國際展覽公司，具有國（境）內外舉辦經貿展覽會資格，成立於1995年11月。十幾年來，公司在美洲、歐洲、亞洲、大洋洲、非洲的三十多個國家和地區主辦和參加了數百個國際展覽會。

公司透過招、投標，先後為中外數千家企業進行展示設計，並承接特裝布展項目。海外展覽工程業務為中國企業參加歐美等國的大型展（博）覽會，提供標準展位以及特裝展位的策劃、設計、施工和展臺搭建工程的管理。公司在中國首創的「國際空間技術應用展」、「國際寵物及水族用品展」、「國際花卉園藝展」、「國際奶業展」等境內展覽會，均已成為國際知名品牌展。長城國際展覽有限責任公司已成為中國展覽業崛起的一支生力軍。

2.上海

（1）上海浦東國際展覽公司

上海浦東國際展覽公司成立於1994年，隸屬於中國國際貿易促進委員會上海浦東分會，是經過中華人民共和國對外貿易經濟合作部批准的具有國際來展主

辦資質的專業性展覽公司，主辦與承辦各類國際性展覽會、展示會，組織與舉辦
各類技術貿易交流會、洽談會，為參展商辦理海外來華參展展品的留購和售後服
務，並提供與展覽會相配套的旅遊、食宿、交通等服務。公司一貫致力於加強中
外各界在經濟、貿易、技術方面的交流與合作，幾年來舉辦了包括珠寶、鐘錶、
禮品、食品、通訊、航空、數控機床、專用車輛、家庭用車、攝影器材、建材、
建築設計、城市綠化、電腦軟體、網站推廣、集成電路、卡通漫畫、金卡、多式
聯運、房地產等十幾個行業的五十多個展覽會，組織了80萬人次參觀展覽會，
展覽貿易成交逾5億美元。

（2）上海現代國際展覽有限公司

上海現代國際展覽有限公司是上海世博集團旗下的專業展覽公司，全國首家
透過ISO9000國際質量體系認證的展覽主辦企業，並於2004年被批准成為
UFI（國際展覽業協會）的正式會員。公司一貫致力於在促進中外貿易和科技交
流方面發揮橋梁和紐帶作用。公司策劃主辦國際國內展覽，成績斐然。尤其是廣
告印刷包裝紙業展、建材及建築節能展、生物技術展、家用車商用車展等項目具
有一定的品牌效應。其中前兩個展覽會透過了UFI認證。此外，汽車材料與製造
設備展覽會、廣告禮品展等展會都是極具培養潛力的展覽品牌。

除此之外，公司還著力開展出國展業務。作為上海的一支重要的設計布展隊
伍，公司曾受國務院部委和上海市人民政府的委託，多次承辦大型展覽會的設計
布展工作。如：上海申辦2010年世博會展臺、一切始於世博——世博會150年歷
史回顧展、中法互辦文化年——巴黎—上海周、國慶50週年、55週年展覽活
動、愛知世博會中國館上海周環境布置、'05建設節約型社會展覽會上海展區、
第三屆東盟博覽會上海展區等。在做好政府展覽的同時，公司逐步向展示策劃方
向發展，並且入圍2010年上海世博會中國館、主題館展示設計策劃方案，成為
入圍的中國唯一展覽企業。

（3）上海博華國際展覽有限公司

上海博華國際展覽有限公司是亞洲博聞有限公司的成員之一，是由原上海華
展國際展覽有限公司和隸屬於亞洲博聞負責中國大陸業務的博聞中國有限公司聯

合組建的中外合資企業。這種合作融合了博聞的全球實力和經驗與華展在中國國內的業務網路及舉辦大型國際展覽會的專業優勢。上海博華目前每年的27項展覽活動，吸引著大量的海內外參展公司及買家。

（4）上海市國際展覽公司

上海市國際展覽有限公司成立於1984年7月1日，為中國國際貿易促進委員會上海市分會的全資子公司，2004年2月上海世博（集團）有限公司成立後，由上海世博（集團）有限公司與中國國際貿易促進委員會上海市分會共同投資。公司成立以來，已舉辦過各類大中型國際來華展覽500多個，擁有一批具有較高知名度和影響力的品牌展覽會，並成功舉辦過一批國家級展覽會。

上海市國際展覽有限公司自1996年起成為國際博覽會聯盟的正式會員。「中國國際模具技術和設備展覽會」、「上海國際汽車工業展覽會」和「中國國際染料工業暨有機顏料、紡織化學品展覽會」是國際博覽聯盟認可的展覽會。

2005年，在上海市政府首次評出的8個優質展覽會中，公司舉辦的「上海國際汽車工業展覽會」、「上海國際紡織工業展覽會」、「中國國際自行車展覽會」、「中國國際資訊通訊展」、「上海國際服裝紡織品貿易博覽會」等5個展覽會榜上有名。

公司下屬的一些投資和合資公司，提供從展覽運輸、展館管理、展覽搭建、廣告業務、展品留購、會議會務的全方位展覽服務，並形成會展服務產業鏈。有專門負責大型國際展覽會的組織工作以及配套服務工作的上海國際展覽服務公司；有專門為國外來華展覽和出國展覽提供展品運輸、報關報檢和現場服務的上海國際展覽運輸有限公司；有從事展館管理和展館出租的上海國際展覽中心有限公司和寧波國際會議展覽中心；有專門從事展覽搭建、設計和製作的上海司馬展覽建造有限公司；有專門為國際展覽、國際會議和國際性商業公關推廣活動提供全方位專業策劃、設計和製作的上海亞太廣告公司和上海大廣貿促廣告有限公司；有專門為展商和觀眾提供會務安排及其他服務的上海達華商務展覽中心。

3.廣州

廣州國際展覽公司

廣東國際貿易展覽公司是中國第一家國有專業展覽公司,成立於1981年,地處廣州市越秀商業區,是中國國際貿易促進委員會‧中國國際商會廣東省分會的直屬單位,並為1997年國務院辦公廳審定的197家(其中廣東省10家)可獨立組織出國展覽業務的機構之一。

廣東國際貿易展覽公司利用中國國際貿易促進委員會的資源優勢,先後組織舉辦中外展覽會600多場,為大中小企業提供了無限商機。為幫助企業技術革新,提高抗風險能力,從1990年代初,公司陸續組織召開技術交流會和研討會1500多場次,引進國外先進技術設備價值共計6億多美元,充分發揮了中外貿易平臺和技術交流紐帶作用。

廣州國際展覽公司一直奉行專業化、國際化的發展方向,秉承遵循市場導向、關注企業需求、完善客戶服務的原則,在業內贏得了良好聲譽,並成為廣東貿促會展覽業務的骨幹企業。在與國際組織的業務往來中,公司與各國駐廣州商會、中國國內外行業協會及包括美國、加拿大、澳大利亞、德國、法國、日本、馬來西亞、新加坡及香港、臺灣等地的相關行業建立了廣泛長期的友好合作關係。

隨著業務的不斷擴展,公司不斷吸引中外人才及先進技術,現已形成了集組織展覽、籌辦會議、培訓人才、協助企業商務出展為一體的全方位服務體系。

4.香港

雅式展覽服務有限公司(香港)

香港雅式展覽服務有限公司為亞太區主要的展覽主辦單位及工貿雜誌出版機構。雅式在中國及亞洲地區舉辦國際性展覽逾25年,憑著其豐富的經驗、對市場的敏銳觸角及對客戶需要的瞭解,雅式已被業界公認為中國展覽業的佼佼者。

雅式的展覽獲得多個國家和地區官方展團熱烈參與,其中多個展團多年來從沒間斷給予支持;每年約有100萬來自中國各地及海外的業內人士前來參觀雅式舉辦的展覽;雅式積極在新興工業城市——義烏及東莞舉辦國際性展覽,進軍地

區性市場；聯合世界知名展覽主辦者——法蘭克福展覽（香港）有限公司及杜塞
道夫（中國）有限公司於中國主要的消費品生產基地——東莞舉辦禮品、家庭用
品及鞋／鞋機展；同時，雅式亦與德國科隆國際展覽有限公司於香港聯手舉辦五
金交易會。

（二）會議服務公司

1.中旅國際會議展覽有限公司（CTSice）

中旅國際會議展覽有限公司（CTSice）是國務院國資委直接管理的中國中旅
集團和中國旅行社總社的合資公司。成立於1999年，在國家工商總局註冊，具
有組織、承辦國際會議、展覽和活動的資質和充足經驗，是「國際大會與會議協
會」（ICCA--International Congress & Convention Association）會員。

中旅國際會議展覽有限公司是一家致力於為政府機構、行業協會、國際組
織、跨國公司和大型企業提供專業化的會議展覽策劃、組織實施以及相關服務的
專業機構。總部設在北京，在上海設有辦事處。

中旅國際會議展覽有限公司秉承「專業、創新、雙贏」的服務理念，藉助
「中旅」品牌，依託中國中旅集團和中國旅行社總社遍布全國各地和境外眾多的
分支機構和合作夥伴，憑藉強大的策劃組織能力和商業運作能力以及可靠的會議
展覽管理（軟體）系統，為大型會議（無論在中國國內還是境外）、出國展、來
華展、自主展覽提供集成解決方案。

2.廣州白雲國際會議中心

廣州白雲國際會議中心是廣東省和廣州市的重點工程，由省市政府及越秀集
團共同投資約40億元興建，是集會議、展覽、酒店、演出、宴會、辦公樓於一
體的大型綜合性會議中心。建成後，由廣州白雲國際會議中心有限公司負責經營
管理。

會議中心總建築面積31.6萬平方公尺，主體建築包括B、C、D三棟會議展覽
中心和A、E兩棟東方國際會議酒店。會議中心擁有17多萬平方公尺的會議場
地，其中包括6萬平方公尺的展覽場地及各類會議廳堂共65個，包括2500個座位

的世紀大會堂、250座位的主席團專用會議廳和中型會議廳,一間1200座位的嶺
南會議廳、兩間500座位的國際會議廳、21個地級市命名的中型會議廳及其他中
小型會議室,東方宴會廳等。會場內配備同聲傳譯系統、電子錶決系統、中央控
制系統、會議發言系統和聲控系統、會議音視頻電子刻錄系統等國際先進設施、
設備,能夠滿足不同規模、類型的會議需要。東方國際會議酒店分為南座(A
棟)和北座,兩座酒店占地14萬平方公尺,擁有1112間客房,配套設施完善,
服務項目一應俱全。中心建築面積約31.6萬平方公尺,內設大大小小62個會議
廳,被分配在3個主體中。兼具綜合演出功能的2500座位的大會堂位於北邊D棟
會議中心,被命名為「世紀大會堂」,它是白雲國際會議中心最大的會議廳。

3.上海國際會議展覽有限公司

上海國際會議展覽有限公司成立於1999年8月,由上海國際會議中心和上海
東浩國際商務有限公司共同組建而成。公司在上海國際會議中心內經營全國一流
水準的會議、展覽場地,擁有20多個規格不同、人數不等(15~3000人)的會
議場館及最先進的視聽設備,7樓上海廳是目前中國最大的無柱大廳(面積4400
平方公尺,可同時容納2000人用餐或3000人開會)。公司在為客戶提供會議
廳、展覽場地方面優質服務的同時,也提供會議、展覽的整體籌劃諮詢、人員接
待安排及會場布置、設計、施工等服務,形成以會議策劃、會場設施、會務服務
三位一體的配套業務,全方位、綜合性地為社會提供專業的會務服務。上海國際
會議中心已成為國際上最具權威的國際會議協會(ICCA)的正式成員單位。公
司是上海會議展覽協會成員,同時還是上海具有辦理展覽會批文資質的18家會
展公司之一。

公司成立後承辦的第一個高層次的國際會議——1999年財富全球論壇上海
年會,在各方面的支持和配合下,取得了圓滿的成功。此後公司又承接了許多較
高層次的會議和展覽。

除了經營一流的會展場館,上海國際會議中心所屬東方濱江大酒店以其舒適
的休憩環境、球體內錯落有致的東西方風味的餐廳、碧波蕩漾的室內游泳池,為
會議客人及商住客戶提供良好的配套設施。上海國際會議中心是適合會展、餐

飲、住宿等各類活動的最佳場所，可為召開各種規模的國際會議、專業會議、小型會議及各類展覽、展示提供極大的便利。

三、中外知名展會

（一）國際知名展會

1.漢諾威工業博覽會

漢諾威工業博覽會是全球頂級、世界排名第一的專業性、涉及工業領域最大的國際性貿易展覽會，每年舉辦一屆。該博覽會創辦於1947年，迄今已有60餘年的歷史。它不僅擁有世界最大規模的展示場地，而且技術含量極高，被公認是聯繫全球工業設計、加工製造、技術應用和國際貿易的最重要的平臺之一。發展至今，該展已被稱為「全球工業貿易領域的旗艦展」和「最具影響力、涉及工業產品及技術最廣泛的國際性工業貿易展覽會」。

2.法蘭克福春秋季國際消費品貿易展覽會

法蘭克福春秋季國際消費品展是世界上展出規模最大、貿易效果最好的高品質消費品類貿易博覽會，每年春秋兩季在世界第三大展覽中心德國法蘭克福國際展覽中心舉行，該展不僅是各國參展商產品資訊交流的中心，同時也是廣大參展商結識新客戶的理想場所。據法蘭克福展會統計資料，2006年，共有來自80個國家的企業擺設了3500個攤位，淨展出面積達190000平方公尺，接待來自117個國家的專業觀眾90000人，其中約45%的客商來自國外。除了德國以外，買家數量比較多的國家分別為：義大利、瑞士、荷蘭、奧地利和法國，和2005年相比，現場成交額也有一定比例的提高。2007年的秋季消費品展覽會展出總面積達123000平方公尺，共有3250家參展商參加展出，來自世界近100個國家的94000位專業人士參觀了此次展覽。

3.北美國際汽車展——底特律國際車展

北美國際汽車展由底特律汽車經銷商協會主辦，創始於1907年，其前身是底特律汽車展，1989年更名為北美國際汽車展。北美國際汽車展是目前世界上歷史最長、規模最大的汽車展之一，與法蘭克福、日內瓦、巴黎和東京國際汽車

展齊名,屬國際頂級汽車展,是全球汽車工業的重要展示窗口,也是世界汽車最新科技與潮流的一個風向標。

1900年11月,紐約美國汽車俱樂部召開了第一屆世界汽車博覽會,1907年轉遷到底特律汽車城,當時會場設在貝樂斯啤酒花園,小小的展示區中參加的廠商只有17家,車輛不過33輛。1957年,歐洲車廠終於遠渡重洋而來,首次出現了沃爾沃、奔馳、保時捷的身影,獲得了美國民眾的高度重視,底特律車展的「王旗」正式樹起。從1965年起,展覽移師Cobo會議展覽中心。1989年底特律車展更名為北美國際汽車展,每年一月辦展。北美車展每年總能出現四五十輛新車。眾多人被吸引到車展的原因,除了對汽車的興趣外,還因為車展辦得像個大的假日集會,熱鬧非凡。密歇根州近年來每次車展都能進帳5000萬美元以上。2006年共有來自47個國家和美國49個行政州的35114名世界頂級汽車專家出席盛會。其中18%的與會人員來自全球的各個汽車工程管理社團組織,40%的與會人員來自汽車業OEM和頂級供應商。共有來自全球的千餘家企業亮相大會,集中展示世界汽車工業最前沿的理念與技術,詮釋世界汽車工業發展動向。

4.法蘭克福車展(Automechanika)

Automechanika於1971年誕生於德國萊茵河畔的法蘭克福。「Automechanika」是法蘭克福展覽公司在全球推廣得最為成功的品牌之一,有「汽車奧運會」之稱。每兩年舉辦一次的法蘭克福國際車展一般安排在9月中旬開展,為期兩週左右。參展的商家主要來自歐洲、美國和日本,尤其以歐洲汽車商居多。法蘭克福地處德國,唱主角的自然是德國企業,這似乎與底特律車展、東京車展的地域性如出一轍。法蘭克福展覽有限公司在1990年代及本世紀初期陸續把Automechanika品牌移植到全球汽配市場最具戰略性地位和發展潛力的地區,如今,根植於四個大洲的9個展覽會都被烙上了Automechanika這一象徵著品質保證的封印,並因此為國外企業進入當地市場提供了絕佳的立足點。法蘭克福車展展出面積達282700平方公尺,共有1100多家汽車廠商參加。不僅大眾、通用、戴姆勒─克萊斯勒、福特等世界著名汽車企業悉數到齊,而且吸引了來自75個國家的13000名記者。

5.德國慕尼黑冬季國際體育用品博覽會ISPO

德國慕尼黑國際體育用品博覽會由慕尼黑國際展覽集團（MMI）主辦，始辦於1970年，每年分冬、夏兩季舉辦，該展會只對專業觀眾開放，迄今為止已舉辦了三十多屆，是目前世界上體育運動用品及時尚用品題材最廣泛的展覽。由於該展覽對體育運動用品產業的生產及產品銷售均產生深遠影響，且僅對專業觀眾開放，所以每年都吸引了大量客商到會參觀、訂購。展會將展場劃分為12個專題世界，分別是隊制運動世界、足球世界、跑步世界、健身世界、戶外運動世界、沙灘運動世界、滑板世界、滑道世界、球拍世界、運動服裝世界、面料時尚世界以及國際運動用品世界。

6.美國拉斯維加斯秋季電腦展（COMDEX FALL）

德國漢諾威電腦電信博覽會（CEBIT）、美國拉斯維加斯秋季電腦展（Comdex Fall）和臺北國際電腦展（COMPUTEX）是全球三大最具國際影響力的IT展會。每屆展覽會的成功舉辦，都把社會各界的目光鎖定在同一焦點；展覽會展示電腦產品的數量和超前的新技術，是其他同類IT展覽所無法比擬的；這三大展覽會對IT業界的發展方向都具有指導作用。

COMDEX是Computer Distribution Exposition（電腦代理分銷業展覽會）的縮寫。該展創始於1979年，每年舉辦兩屆，分為春季和秋季。在美國拉斯維加斯舉行的COMDEX秋季大展，是目前美國乃至世界上規模和影響最大的電腦展覽會。展覽會雲集了國際著名的電腦公司，展出的電腦硬體、軟體及系統代表了目前世界上最先進的水平。作為IT界規模空前的盛會，COMDEX始終吸引著資訊技術領域最前沿的商家，展出內容涵蓋所有IT領域。2002年的COMDEX/Fall有近1100家公司參展，來自世界各地的120000名資訊技術專業人士參觀此展。觀眾包括了公司管理層、小型商家及網路企業家、企業主、技術供應商、風險資本商和投資商等。新技術的運用、新產品的展示，預示IT界的發展道路，為消費者指明未來產品的消費方向。

（二）中國內知名展會

作為國際上最權威的展覽行業協會之一，國際展覽聯盟（UFI）近年來對中

國會展業的關注持續走高，同時，中國內眾多展會、組展單位也紛紛主動「聯姻」UFI，以期攜UFI權威性擴大自身影響力。近年來，中國有近20餘個展會透過了UFI認證。在UFI成員數量上，中國已超越俄羅斯、德國、義大利、法國、新加坡等展覽大國，成為UFI成員數量最多的國家。UFI認證的展會數量也已超過義大利、法國，僅次於德國和俄羅斯，排世界第三位，呈現出強大的發展勢頭。

在中國內地舉辦的UFI認證展會列舉如下：

（1）上海國際汽車工業展覽會

（2）中國國際工程機械、建材機械、工程車輛及設備博覽會（德國）

（3）北京國際工程機械展覽與技術交流會

（4）中國長春國際汽車博覽會

（5）中國國際服裝服飾博覽會

（6）中國國際投資貿易洽談會

（7）國際醫療儀器設備展覽會

（8）北京國際印刷技術展覽會

（9）中國國際製冷、空調、供暖、通風及儀器冷凍加工展覽會

（10）中國東莞國際鞋展、鞋機展

（11）中國（深圳）國際鐘錶珠寶禮品展覽會

（12）中國國際醫藥展覽會暨技術交流會

（13）中國國際塑料橡膠工業展覽會（香港）

（14）中國國際機械設備展覽會暨中國機床工具商品展覽交易會

（15）中國國際石油石化技術裝備展

（16）中國國際紡織機械展覽會

（17）中國國際安全生產及職業健康展覽會

（18）大連國際服裝博覽會暨中國服裝出口洽談會

（19）中國國際模具技術和設備展覽會

（20）中國國際地面材料及鋪裝技術展覽會

（21）國際酒店餐飲設備展

（22）中國國際家具生產裝潢與裝飾機械及配件展覽

（23）高交會資訊技術展

（24）國際名家具（東莞）展覽會

（25）中國錦漢禮品、家居用品及裝飾品展覽會

（26）錦漢紡織服裝及面料展覽會

（27）中國國際冶金和鑄造、鍛壓、工業爐展

（28）多國儀器儀表學術會議暨展覽會

（29）中國國際加工、包裝及印刷科技展覽

（30）中國國際流體機械展（新加坡）

（31）中國國際通訊設備技術展覽會

（32）上海國際廣告印刷包裝紙業展覽會

（33）深圳國際服裝服飾交易會

（34）深圳國際禮品、工藝品、鐘錶及家庭用品展覽會

（35）深圳國際玩具及禮品展覽會

（36）中國深圳國際機械及模具工業展覽會

（37）中國國際石材產品及石材技術裝備展覽會

（38）華南國際包裝技術展（香港）

（39）中國國際電力展（香港）

（40）順德木工展（香港）

（41）華南國際印刷展（香港）

（42）中國國際林業、木工機械與供應展覽

（43）義烏國際襪子、針織及服裝工業展（香港）

下面詳細介紹一下其中的幾個典型展覽會。

1.廣東中國商品交易會（Guangdong Chinese Product Exchanging Exhibition）
廣交會是「中國出口商品交易會」的別稱，創辦於1957年，由商務部及廣東省
人民政府主辦，中國對外貿易中心承辦。每年分春秋兩季在廣州舉辦，迄今已有
近半個世紀的歷史，共舉辦了102屆，是中國目前歷史最長、層次最高、規模最
大、商品種類最全、到會客商最多、成交效果最好的綜合性國際貿易盛會。從第
95屆起每屆在中國出口商品交易會新舊兩館（廣州流花路展館和廣州琶洲展
館）同時舉行。

廣交會每年春秋兩屆各分兩期舉行。具體展出時間為：

春交會：第一期：4月15日-20日 第二期：4月25日-30日

秋交會：第一期：10月15日-20日 第二期：10月25日-30日

廣交會的展位分為三類，即：保證性展位、招展性展位和分配性展位。每一
展區分別對應有分配性展位或招展性展位，大部分展區設有保證性展位，用於安
排優秀企業參展。

2.高交會資訊技術展

高交會，全稱是中國國際高新技術成果交易會，是在中國政府倡導下，由國
家對外貿易經濟合作部、科學技術部、資訊產業部、中國科學院和深圳市人民政
府聯合主辦的年度盛會，這就是俗稱的「三部一院一市」。它是繼中國出口商品
交易會（廣州）、中國投資貿易洽談會（廈門）之後，經國家批准舉辦的又一個
國家級交易會。高交會每年10月12-17日在中國深圳舉行，首屆高交會於1999年
10月舉辦至2007年已連續成功舉辦了九屆。

高交會以高新技術成果交易為鮮明特色，廣邀企業、大學、科學研究機構、跨國公司和港澳臺高科技企業參加，由三大部分構成：高新技術成果交易；高新技術產品展示和交易；高新技術論壇。

3.上海國際汽車工業展覽會（International Automobile & Manufacturing Technology Exhibition〔Auto Shanghai〕）

上海國際汽車工業展覽會創辦於1985年，是中國最早的專業國際汽車展覽會。2004年6月，上海國際汽車展順利透過了國際博覽聯盟（UFI）的認證，成為中國第一個被UFI認可的汽車展。伴隨著中國汽車工業與國際汽車工業的發展，經過20多年的積累，上海國際汽車展已成長為中國最權威、國際上最具影響力的汽車大展之一。從2003年起，除上海貿促會外，車展主辦單位增加了權威性行業組織和擁有舉辦國家級大型汽車展經驗的中國汽車工業協會和中國國際貿促會汽車行業分會，幾家主辦單位精誠合作，為上海車展從區域性車展發展成為全國性乃至國際汽車大展奠定了堅實的基礎，確立了上海車展的地位和權威性。每隔2年在上海舉辦的上海國際汽車工業展覽會不僅見證了世界和中國汽車產業的發展歷程，也從一個方面反映了汽車進入普通百姓日常生活的時代步伐。

4.中國國際模具技術和設備展覽會（Die & Mould China）

中國國際模具技術和設備展覽會自從1986年開辦以來已經成功舉辦了十一屆，並於1996年率先加入國際博覽聯盟（UFI），成為上海最早的UFI品牌展。逢公曆雙年五月在上海舉辦的中國國際模具技術和設備展是中國展會規模最大、影響面最廣、知名度最高的模具專業展覽會。經歷了20年的發展，該展會規模從第一屆的3000平方公尺增加到到上屆（2006年）的60000平方公尺，辦展水平和對外影響日益擴大。中國模具工業協會現有團體會員1500多個，是模具工業唯一全國性的協會。中國國際模具技術和設備展覽會已被接納為國際展覽聯盟（UFI）成員。

5.中國國際林業、木工機械與供應展覽（WoodMac China）

中國國際林業、木工機械與供應展覽是木材機械加工行業的專業展會，它為該行業的製造商和供應商提供了一個全球性的交易平臺，可以向中國和世界各地

的採購商充分展示最新的木材加工技術。

中國國際林業、木工機械與供應展覽由中國林業機械協會及華北、華東和華南的木材加工行業協會提供支持，並已獲得代表13個歐洲木材加工協會的歐洲木工機械製造商協會（EUMABOIS）的專門認可。木材加工各個領域的參展商便可以在此展示該行業的尖端技術以及具有價格競爭力的產品。「WoodMac中國」如今已得到了行業更多的支持。中國林業機械協會及各地方木工機械協會、商會達成一致協議，共同支持在上海地區舉行的「WoodMac　China」展會；與此同時，歐洲木工製造商協會（EUMABOIS）也宣布2007年至2011年期間獨家支持上海地區舉行的「WoodMac China」。

6.中國國際食品和飲料展覽會（SIAL CHINA）

法國SIAL國際食品和飲料展覽會創建於1964年，每兩年一屆，迄今已有40多年的歷史，現已成為全球食品和飲料行業最大的展覽貿易盛會。自2000年SIAL展移植中國以來，已成功舉辦了8屆，成為中國規模最大、層次最高、效益最好的國際食品展。

中國國際食品和飲料展覽會是由世界十大展覽公司之一的法國愛博集團和中國商業發展中心共同主辦的具有國際性、專業性、貿易性的食品盛會。現已成為中國和食品飲料行業的第一展會。

展銷會為中外食品企業提供一個開拓、展銷產品，擴大品牌和企業知名度的良好交流平臺，SIAL China 2007展會迎來了22253位專業觀眾，其中15%（3338位）來自中國大陸以外的國家或地區。專業貿易商涵蓋了從食品進出口商、經銷商、批發與零售商、超市與綜合賣場，到酒店、餐飲業等食品與飲料採購的各個領域。國際參展商來自美國、法國、英國、巴西、比利時等海外50多個國家和地區。展會期間，亞太10個國家和地區的營銷機構也組織當地採購商前來採購；家樂福、麥得龍兩大超市集團則分別派出多名採購經理舉辦現場採購洽談會。

第三節 中國會展企業的經營

　　和所有行業一樣，中國會展業發展到現在也面臨著規模經營和市場規範的問題。在這一節中，我們將就目前中國的會展企業運營現狀進行分析，提出會展企業運營管理中應注意的問題，闡述會展企業運營應樹立的經營理念。

　　一、中國會展企業運營中存在的問題

　　（一）規模問題

　　規模經營是現在中國國內會展經濟急需發展的。目前，中國國內會展經濟的主要特點是市場結構過於分散。一方面，小規模展覽經營企業占據著絕大部分市場份額。全國具有主辦、承辦展覽資格的展覽企業有2000餘家，但這些企業的規模都比較小，辦展能力也比較有限，平均每個企業年辦展次數尚不足一次。另一方面是展覽規模較小。有資料顯示，在全國每年舉辦的展覽中，展覽面積超過5萬平方公尺的展覽每年不超過10個，2萬平方公尺左右的展覽約有20個，1萬平方公尺左右和5000平方公尺以下的展覽分別占全部展覽總量的50%和48%。這樣的小規模展覽公司和小規模的展覽會是無益於會展經濟發展的。

　　目前中國重複辦展的現象比較普遍，例如，同樣是家具展，在一個城市接連舉辦的事情時有發生。到目前，展覽行業並沒有准入機制，也沒有全國性的行業協會加以協調，各種規模的公司只要拿到批文都可以辦展，導致展會過多過亂，影響行業的整體發展。

　　在業內，更多人認為只有透過市場競爭才能使會展經濟的規模問題得到客觀解決。中國的會展行業起步較晚，和國外的會展公司相比，規模相對較小，但會展業的發展速度很快。因此，透過激烈的市場競爭，有一部分會展公司會主動出局，一部分具有相當規模的會展公司會逐步崛起。

　　（二）項目化運作問題

　　對於會展企業而言，會展項目本身就是展覽行業的產品，因此會展項目的開發至關重要，選擇了好的項目等於成功了一半。從目前會展項目立項的情況來看，主要有以下幾種：一是從客戶或者同行處聽說某個展覽會不錯，所以抱著試試的態度立項，可能成功，也可能流產；另外一種是看到別的會展企業在組織某

個項目，也模仿將其列入計劃；還有可能是查閱某展會大全或透過網路查找某項會展，直接拿來組織。這些立項都存在一定的隨意性，沒有真正從會展企業自身的資源和所面臨的外部環境來著手。真正的會展項目的開發需要透過全面的會展市場調研，從而確定會展主題進行立項。

（三）廣告宣傳問題

近年來，會展經濟異軍突起，汽車、旅遊、建材、果品、藥品等產品展示、推介會此起彼伏。它們在為地方經濟發展、文化的交流注入新的活力的同時，卻亦悄然湧動著一些不和諧音符。驚人的紙張浪費現象，即為其一。

現代社會發展需要會展經濟的助推，會展經濟也應當趨利避害，進一步順應社會發展的現實。在當前國家致力建設節約型社會、促進資源的高效循環利用的大背景下，會展宣傳應盡快向「節紙化」方向邁進。各參展廠商不妨倚重於多媒體宣傳工具，不妨多搞些產品諮詢、技術培訓，藉以搞好促銷。即便有些紙質資料必須印製，也未必非得「貪大求美」不可。各生產廠商沒必要從宣傳資料入手死打硬拚，而應把工夫花在平時，將注意力緊盯在自己的產品質量是否過硬、服務質量是否優秀、宣傳內容是否實用上。

（四）政府干預問題

目前中國會展企業被許多政府部門多頭審批和多頭管理，缺乏統一、協調，直接影響了會展業的發展。2002年以來，中國開始實行會展的管辦分離，各級政府不再直接舉辦會展，而是把企業推到會展業的前臺，大大推進了會展的市場化和產業化進程；但要使會展業真正做到規範成長，還需要建立統一的政府指導機構和會展行業協會，重新整合全國的會展資源，對不同城市進行主導會展產業的合理規劃和科學分工，儘量避免重複辦展和無序競爭。在會展的管理方式上要變政府審批為註冊登記，使會展從業人員更加專心於會展的市場化和專業化運作，而減少會展業以外的社會關係成本。

二、應具有的經營理念

（一）服務意識

目前中國國內的會展業不論是內容、規模、水平還是服務質量，都還無法與國際性展覽公司相提並論。以香港為例，服務業是香港的強勢領域，香港會展企業服務意識強、經驗豐富、服務水準高、有拓展國際市場的渠道。香港公司進入內地市場後，將對內地會展企業服務水平的整體提升起很好的示範作用。一般而言，市場發育到一定程度時，競爭會越來越激烈，而競爭會促進服務水平和質量的提高。這些年內地的會展業競爭已經很激烈，但由於這種競爭有許多非市場的因素，在競爭中勝出的靠的不一定是服務水平與質量，因此內地會展業這些年主要是量的發展而不是質的提高。香港企業的大範圍介入，將會增加中國國內會展企業的競爭，將有利於內地各類會展辦展辦會主體的成長。

（二）營銷意識

調查發現，經營的很好的會展都是在全國很有權威的、很有知名度的、很有影響力的會展。與此同時，另一種情況值得引起注意。一些會展公司客戶部的人員說，現在的會展不好做了，都在想辦法改變策略，想在一夜之間把客戶都塞得滿滿的。會展的競爭已經遠遠超越了人們對它的認識和想像。一般的會展營銷公司經常會推出四個方面的促銷計劃，來挽救客戶的量，而這些促銷經常是犧牲很大、收穫很小。

第一招：給廣告增肥。會展公司會加大廣告宣傳力度，使更多的海內外參展商對展覽會產生濃厚興趣和極大的信任，用會展的實力和品牌吸引客源，用來擴張會展的規模。業內人士說這是「廣告鍍金」。

第二招：給成本穿鞋。預算、預算、再預算，在成本上大做文章，用降低成本來保證營業的安全。同時降低報價和進行規模開發經營，來吸引客戶的加盟與購買量，實現規模優勢向價格優勢的合理轉化。業內人士說這是「小農持家」。

第三招：給資格讓步。為了能爭取更多的客戶來參加展會，實現上位的成功率，對來參加的客戶降低資格門檻，打破自己的設定界限，讓更多的潛在客戶參加。業內人士說這是「大女待嫁」。

第四招：給條件更寬。為了穩定客戶，會展公司開出了原來優惠以上的更優惠的條件，進行了一系列的優勢組合，給出了一系列的策略套餐服務，從而更大

限度地滿足客戶在展會上的需要，實現業務的高含金量價值。業內人士說這是「智慧開場」。

（三）品牌意識

對於會展企業而言，品牌效應是一個展覽公司最寶貴的財富，沒有品牌就意味著沒有足夠數量和質量的參展商。展會品牌經營的主要目的是透過對展會進行品牌化經營來提高展會的影響力和市場占有率，並努力使展會在相應題材的展覽市場上形成一種相對壟斷，也就是形成一種「品牌產權」。一旦一個展會在市場上形成了品牌產權，該展會就會擁有品牌知名、品質認知、品牌忠誠、品牌聯想四大核心資產，這些資產是展會展開市場競爭最有力的武器。

企業經營品牌意識就是要提高會展企業的服務水平和服務檔次，精心培育會展品牌和會展服務品牌。品牌競爭是現代國際競爭的精髓，物質生產企業的品牌競爭體現在自己的產品上，而服務行業的品牌競爭則體現在自己的服務上。具體到會展行業的品牌競爭既體現為會議和展覽的品牌產品，又體現為特定企業提供的服務。會展企業要培育和形成自己的會展品牌和服務品牌，首先必須加強自身的能力建設。包括：

第一，判斷決策能力。從世界市場會展行業和產業鏈發展角度，預測行業發展趨勢，找準企業定位，把握市場機遇，能夠在展覽市場細分、目標市場確定、展覽主題確立、服務商品組合、價格策略實施、推介渠道選擇等方面做出及時的反映和準確的判斷，做出準確的經營決策。

第二，資源整合能力。建立符合行業特點和自身發展需要的組織形式，增強市場適應性和資源調控能力，保證經營決策的適時與正確、資源整合的迅捷、企業運行的健康和高效。

第三，服務創新能力。保持積極向上的競爭態勢，不斷進行企業內制度創新和科技創新，提高會展服務的科技含量，增強管理的科學性，不斷革新會展主題策劃、會展活動安排、市場需求滿足和相關服務提供的形式和內容，確保會展品牌和服務品牌旺盛的生命力和強大的競爭力。

第四，市場應變能力。密切關注市場需求變化、競爭對手和行業發展態勢，不斷根據市場變化調整自己的經營方針和經營策略，開發適應市場需求變化需要的產品和服務，提升自己在業內的競爭地位。

要緊緊圍繞城市品牌，培育、打造一批充分體現中國「品質生活之城」特色的會展項目，創立城市會展品牌特色，實現與其他城市差異化發展。

（1）加強品牌策劃與包裝。透過資源整合，對會展活動進行策劃與包裝，實施「生活品質」序列化會展活動工程。把每年定期舉辦的休閒消費類會展活動串聯成「休閒生活」序列；把煙花、婚慶、絲綢、服裝、美容化妝類會展活動串聯成「美麗生活」序列；把保健、體育、美食類會展活動串聯成「健康生活」序列；把住房、家居、交通類會展活動串聯成「舒適生活」序列；把文化、動漫、藝術、工藝品類會展活動串聯成「藝術生活」序列；把與IT產業、數字技術相關的會展活動串聯成「數字生活」序列；把投資、教育、人力資源等生產要素類會展活動串聯成「創業生活」序列。同時設計和引進一些與「生活品質之城」宗旨相符合的會展活動，豐富現有會展活動序列。

（2）加強品牌的扶持與培育。透過自主培育、引進消化、嫁接提升等途徑，凸顯會展的生活品質序列。制定會展活動品牌培育（管理）措施，加強分類指導，大力提升展覽項目作為市場交易平臺的作用，提升會議項目專業領域的影響力，提升節慶文化活動的「親民」和「節日」效應。完善會展評價辦法，對影響大、效益好、年年辦的優秀會展項目進行扶持和獎勵，激勵項目創品牌。對重點項目進行重點宣傳推廣。

（3）加強品牌的營銷與推廣。利用各種宣傳手段，立足國內，面向國際，積極開展會展品牌的營銷推廣工作；組織重要會展推廣活動，加大與主流媒體、專業媒體和各種對外部門的合作，加大會展宣傳和營銷推廣的力度，擴大會展品牌的輻射力；大力促進會展業與旅遊產業、休閒產業、文化產業、科技產業的結合。

（4）加強品牌的維護與管理。會同有關部門積極改善會展活動的舉辦環境，強化為項目單位服務意識，主動為品牌項目提供個性化的優質的公共服務與

管理，制定符合行業實際、科學合理的會展評價體系和完善優勝劣汰的項目管理機制；聘請商標註冊顧問，引導會展項目註冊商標，加強對註冊商標的管理和保護，以及與商標相關的圖形和文字的版權保護；發揮行業協會的作用，加強行業自律活動，維護公平競爭的市場環境，保護會展品牌。

第五章 會展業與相關行業的關係

◆章節重點◆

1.掌握會展業與會展產品的本質屬性

2.瞭解會展業的特點

3.掌握會展業與旅遊業、文化娛樂業的關係

4.瞭解會展產業鏈的基本環節

5.掌握會展業的相關產業

6.掌握會展業與交通運輸業的關係

7.掌握會展業與商業零售業、廣告印刷業的關係

8.掌握會展業與資訊通訊業的關係

　　作為一種綜合性的服務貿易行業，會展業的發展既需要相關產業的有力支撐和有效配合，同時又能極大帶動、推動相關行業的快速發展。因此，分析掌握會展業與相關行業之間的關係，對於構建、優化會展產業鏈，提高會展業競爭力和推動區域經濟總體水平的提高，都有明顯的積極意義。

第一節 會展業：本質、結構與特徵

　　作為一類新興產業，科學把握會展業的本質屬性、產業結構與基本特徵，是我們正確分析會展業與相關行業之間關係的基本前提。只有弄清楚會展業自身的深層次結構及特點，才有可能科學分析它與其他產業之間的複雜關係。

　　一、會展業及會展產品的本質屬性

（一）會展業的本質屬性

一般而言，會展業（Convention and Exhibition Industry）是會議業和展覽業的總稱，是指在舉辦會展活動的過程中，由會議展覽的組織者、會展場館所有者以及會展設計建造者共同參與的一系列經濟行為的統稱。會展業隸屬於服務業。

在國際上，會展業被歸屬於服務貿易領域。根據《國際服務貿易總協定》的主要條款及內容，在國際服務貿易的十二個部門分類中，會展業屬於「職業服務」的範疇；WTO展覽服務的歸類則屬於服務貿易中（共16個大類）的「商業服務」，在商業服務中屬於「其他商業服務」，在「其他商業服務」中屬於「會議和展覽服務」（屬於4　級分類）。在聯合國中心產品目錄為　CPC（Central Products　Classification）87909；在日內瓦WTO統計和資訊系統局（SISD）提供的國際服務貿易分類表中，全世界服務部門分為11大類142個部門。這11大類為：1商業服務，2通訊，3建築和有關工程，4銷售，5教育，6環境，7金融，8健康和社會，9旅遊，10娛樂文化體育，11運輸。在1類商業服務中S項為會議服務，並在S項中設立T分項，展覽的類別歸屬為：1-S-T。

在中國，從國家統計局最新修訂的《國民經濟行業分類》（GB/T　4754—2002）中可以看到，在「商務服務業」大類L74中增加了編號為L7491的「會議和展覽服務業」小類，並把它定義為「為商品流通、促銷、展示、經貿洽談、民間交流、企業溝通、國際往來而舉辦的展覽和會議等活動」。這一分類和定義正式確立了會展業在中國國民經濟行業分類中的地位，從而結束了中國國民經濟行業分類中沒有會展行業的歷史。2004年8月，國家發展改革委員會正式把會展業列為「產業」，表明會展業在國民經濟中的戰略作用已得到國家認可。

作為一種綜合性、關聯度非常高的服務貿易行業，會展業透過舉辦各種形式的展覽會、博覽會和國際會議等，吸引大量的商務旅遊客流，並帶動交通運輸、餐飲、旅遊、酒店、廣告、印刷、零售、金融、保險、電信等多個相關產業的發展，對國民經濟和社會進步會產生難以估量的影響和催化作用。

（二）會展產品的本質屬性

在市場經濟條件下，會展產品的經濟性是第一性的。從市場供求角度來看，

第五章 會展業與相關行業的關係

織機構為參與者提供交易、展示的機會和會展經歷，這是會展參與者在會展過程中得到的核心收益，也是會展參與者參加會展的首要目的所在。

第二層次是實體產品層次，在這個層次會展機構為參與者提供場地、展位、座位、裝飾、餐飲、紀念品等實物形式的產品，相應的，會展參與者得到的是享受這些實物帶來的有形收益。

第三個層次是附加產品層次，在這個層次會展機構為參與者提供娛樂、表演、休閒、旅遊、住宿、交通、停車場及其他服務（包括通訊、金融、保險等），還提供與各種類型和身分的來賓打交道和進行社交的機會，這些是會展參與者參加會展得到的引申收益。在這三個層次中，附加產品層次往往是一個會展區別於另一個會展的品牌的特色和賣點所在，也是會展品牌特色的集中體現。

二、會展業產業結構：會展產業鏈

產業鏈是指圍繞一個關鍵的最終產品，從形成到最終消費所涉及的各個不同產業部門之間的動態關係。產業鏈不同於一般的市場交易關係，它是建立在最終產品基礎上相關企業集合的一種新型空間組織形式，是特定產業群集聚區內相關的獨立企業之間結成的一種長期戰略聯盟關係，是透過獲得整體競爭優勢而區別於個別行業或企業的單一市場競爭行為。完備的產業鏈能夠產生很大的吸附作用和價值增值作用，能夠透過不斷吸引新企業的加入、有效提高工作效率和提高各個環節的價值增值能力，為產業鏈中的企業及整個產業群帶來更大的商業利潤。

產業鏈是建立在產業內部分工和供需關係基礎上的產業生態圖譜，其存在以產業內部的分工與合作為前提。產業鏈可分為垂直的供需鏈和橫向的協作鏈。從垂直的分工角度來看，產業鏈是指在一種最終產品的生產加工過程中——如，從最初的礦產資源或原材料一直到最終產品到達消費者手中——所包含的各個環節

構成的整個縱向鏈條。在一個產業鏈中，每個環節都是一個相對的產業，因此，產業鏈也就是一個由多個相互連結的產業所構成的完整的鏈條。垂直的供需鏈一般是針對製造業而言的。會展業屬於服務業，提供會展服務所涉及的各個產業之間具有橫向關係或協作關係。

對會展產業鏈的認識，可以從不同角度進行：

（一）從會展產業關聯結構框架來看會展產生鏈

根據會展產業價值鏈的流向，會展產業關聯結構框架既包括直接從事會展生產、製造、營銷、消費的一些行業，也包括為會展活動提供支持、支撐和服務的一些行業，還包括國家和地方政府為會展業的發展而提供的法律和政策支持。

具體而言，我們可以從三個不同角度來認識會展產業鏈：

1.會展產業鏈的基本環節和支撐體系[2]

（1）會展產業鏈的基本環節

第一是會議展覽經營：專門策劃、組織、經營會議展覽活動的機構和環節。

第二是展館服務：會展場館提供的各種服務。

第三是工程設計製作：包括展臺、會場設計和施工、展覽工程公司、裝修裝飾公司、廣告公司等。

第四是延伸服務：主體為供應商和服務商，供應商是指提供物流、公關禮儀、活動策劃、新聞媒體、廣告宣傳等一系列展覽支持服務的企業公司。服務商是指提供展覽外圍服務的各相關產業及部門，包括航空、通訊、酒店、餐飲、旅遊、商業、城市交通等。

第五是參展商、買家：指參加會議展覽活動的主體，包括租用場館展示產品的企業或其他組織和觀眾（專業觀眾即買家與一般觀眾）。

（2）會展產業鏈的支撐體系

會展產業作為一種綜合性的經濟活動，它的發展離不開經濟社會提供的完善的支撐體系。首先是政府的政策環境是否有利於會展業的健康發展；其次是會展

中介服務比如協會等是否健全；最後是海關、商檢、工商、公安、消防、城管等公共職能服務是否支持會展產業。

基本環節和支撐體系二者共同構成會展產業生態系統。

2.會展業的產業結構

一是狹義的會展產業，即產生直接會展經濟效益的產業要素，包括會展組織策劃企業、會展場館企業和會展服務企業。

二是會展支撐產業，即產生間接經濟效益的產業要素，包括交通運輸業、通訊業、諮詢業、新聞出版業、娛樂業、廣告業、廣播電視業等。

三是涉及會展活動的基礎設施部門，即產生社會效益的產業要素，包括城市建設、環境綠化、交通建設、汙染治理等。

3.會展業的產業內鏈與產業外鏈

產業內鏈所涉及的產業是指那些在會展舉辦地必需的配套產業；產業外鏈所涉及的產業是指那些可以在更大範圍內選擇其產品的產業。

具體地說，產業內鏈指的是會展場館、住宿、餐飲、旅遊景區、交通運輸、郵電通訊業等因素，產業外鏈包括因素眾多，例如策劃業、諮詢業、視聽設備供應商、燈光照明供應商、廣告代理商、裝飾裝潢師、娛樂供應商、主持人、急救公司、旗幟供應商、鮮花供應商、保險經紀人和承銷商、律師、印刷商、公關諮詢師、煙火設計師、保安公司、特技效果供應商，等等。

（二）從會展產業運作的基本流程來看會展產業鏈

會展產業價值鏈，是以專業會展公司和會展場所為核心，由參會參展商、資訊傳播機構、會展工程公司、會展服務機構及最終消費者等多個部分共同構成的鏈條。我們可以從「上游—中游—下游—延伸」這樣的會展運作流程的角度來認識會展產業鏈。[3]

（1）會展產業鏈上游。主要以會展公司為中心，形成了會展的策劃開發、會展的組織實施、會展宣傳等。其經營實際上就是創意策劃、表現手段和設計理

念的統一。上游企業一般就是指會展活動擁有者，主要從事會展項目的策劃與開發。其內容包括會展項目創意、整體策劃、行業調查、市場分析、可行性研究、立項論證、會展項目的具體運作、項目實施等等。從具體運作實際看，上游企業可以是會展活動的開發者和擁有者，也可以是會展活動的專業管理公司。因此，一般是具有獨立開發、運作能力的會展活動組織者，或主辦單位、承辦單位，即Organizer。

（2）會展產業鏈中游。指為會展活動提供場館、設施、服務的企業組織。主要是以會展場館為中心的會議、展覽、活動場地的出租和管理、場館設施的更新與維護、會展服務等業務環節。

（3）會展產業鏈下游。這一環節範圍最大，能直接或間接為會展活動、參與方和觀眾提供服務的部門，都可以包含在此範圍之內。例如，展覽展臺裝潢、展品運輸、物品租賃、商務服務、商務旅遊、公關禮賓、媒體廣告、印務票務、資訊數據、法律諮詢等等。其實也就是指和會展相關的物流、餐飲、住宿、休閒、購物、交通、諮詢、培訓等企業。這些下游服務部門，實際上往往指的是會展活動的代理商（如運輸代理、旅遊代理等）或分包商（Sub-contractor）。他們一般透過投標競標，向主辦方爭取這些服務項目。在專業化分工發達的國家和地區，這些相關服務的內容可以透過社會化服務來解決。跟專門從事會展活動的策劃與組織的上游、中游企業不同的是，很多下游的服務公司可能不一定完全從事會展活動的業務，會展服務業務只是其整體業務中的一部分。如策劃諮詢公司、視聽設備供應商、廣告代理商、裝飾裝潢師、娛樂供應商、保險經紀人和承銷商、印刷商等等。

（4）會展產業鏈的延伸。會展業是一種綜合性的技術經濟文化交流活動，絕不僅僅是一般的商品展示和人流聚集，它可以讓很多行業都可以參與進來，從中得到發展的機會與利益。會展產業鏈的延伸一般有三種基本類型：第一類是系列化產業鏈延伸，即「會展場地出租─會展工程─會展物流─餐飲酒店─旅遊」；第二類是一體化產業鏈延伸，即「會展策劃─會展設計營銷─會展培訓研究─會展資訊服務─網路會展增值服務」；第三類是多元化產業鏈延伸，即「會

展一其他行業」，是以會展主業積累的資本進入投資回報率高的相關行業。

因此，廣義的會展業涵蓋社會生產、製造、營銷、消費的各個環節，跨越第一、二、三產業，其體制包括國有、集體、私營、聯營、個體、股份、外商投資、港澳臺投資等多種類型。會展經濟涉及客流、物流、資訊流、文化流和資金流等關聯環節。從內容上，它涉及策劃、場館服務、裝飾裝修、物流、倉儲、海關、公關廣告、旅遊服務、酒店餐飲、市場調查等獨立行業。上下游的產業鏈條涉及酒店、餐飲、旅遊、零售、娛樂、交通、教育、醫療、儲運、郵政、保險、海關、商檢、諮詢、通訊、廣告、傳媒、網路、印刷、出版、金融、信託、律師等幾十個行業。這些綜合服務體系構成會展產業群。正是由於這樣的原因，會展業被稱為「刺激經濟增長的強勁引擎」。這意味著會展業已經奠定了其在國民經濟中不容忽視的產業地位。由此也可以看出，會展業的形成雖然也需要新的技術要素的支撐，但更多的是依賴於對社會文化經濟層面的綜合利用和開發。

由此也可見，會展服務分工越細，所涉及的上游產業越多。會展服務質量的高低，會展產業競爭力的強弱，與會展服務分工程度和產業配套完善程度密切相關。對於會展業這樣一個需要眾多產業配合的產業來說，如何有效組合各種配套產業，構建合理完善的會展產業鏈，就成為提高會展產業競爭力的關鍵問題。只有會展公司、廣告、運輸、搭建、旅遊等會展產業鏈上的不同類型的企業明確分工，並建立責權明晰的合約關係，會展項目的運作才能更富有活力，會展業的可持續發展才有可能實現。

三、會展業的特點

要深入分析會展業跟其他產業之間的關係，還需要把握會展業作為一種產業所具有的一些明顯特徵。

（一）開放性

會展活動本身是物品、資訊、人員、資金等要素突破地域限制、加速流動的產物。會展業是經濟全球化浪潮催生出的一種新的經濟形態。它是人類文明發展過程中「交流」的規模越來越大、程度越來越深的重要體現。因此，會展業帶有天然的開放性。它主要體現在聚集、交流、傳播、溝通等功能上。

（二）集約性與綜合性

　　會展業作為一種多要素、多產業融合、跨區域、多維擴張的新型經濟形態，具有很強的產業聚集效應。一個成功的會展活動的舉辦離不開四個相關單位：組織單位、接待單位、場館單位、參加單位。由會展組織單位直接帶動的行業有新聞機構、印刷出版、會展服務業等；由會展接待所帶動的行業有醫療保健、餐飲、住宿、百貨、旅遊、娛樂等；由場館設施需求帶動的行業有商務中心、儲運中心、房地產、建築材料、建築裝潢等；由參加會展帶動的行業則可包括各行各業、各個層面。因此，會展業是一個綜合性與集約性都非常強的產業。

（三）關聯帶動性與滲透性

　　會展業的產業關聯度高、產業鏈長，透過發展會展相關產業、打造產業鏈提高會展產業經濟附加值和綜合經濟效益，是促進會展業快速發展的關鍵舉措。其產業帶動性，一方面是由於會展活動需要有其他行業地高效率、高質量的配套服務做支撐；另一方面，在舉辦大規模會展活動的同時能夠有效推動城市建設，促進社會整體服務水平的提高，從而帶動相關行業的發展。會展業的關聯帶動效應主要表現在：會展能夠吸引大量參展、觀展人員，從而刺激商品和勞務消費需求，推動商業、飲食服務業的發展；會展業特有的展品、展地和展期要素，決定了承展地必須為參展商提供商品展覽、研討會議、新聞通訊、住宿、餐飲等「一條龍」服務，這樣，就帶動了承展地的諮詢業、保潔業、廣告業、印刷業、旅遊業等的快速發展；會展能夠推動舉辦地加快交通業、運輸業、電信業、環保業等基礎產業的發展，從而全面提升舉辦地的綜合經濟實力。

　　根據國際展覽聯合會測算，國際上展覽業的產業帶動係數大約為1：9。即展覽場館的收入如果是1，相關的產業收入則為9。可見會展業的效益中要包括大量的間接效益和社會效益，也可以看出會展經濟是建立在所依託的產業基礎之上，反過來又作用於所依託產業的一種「多邊性」經濟門類。

（四）高收益性

　　一般而言，會展業的利潤率在20%～25%以上，是一個高收入、高盈利的行業。這還只是針對其經濟收入而言的。其實，會展業給區域經濟發展帶來的收益

還體現在其他多個方面。一是透過發展會展業有助於推動地區產業結構的改變和優化；二是對城市基礎設施建設如會展場館、交通通訊設施、環境等方面的重要推動作用；三是對招商引資工作的有力促進；四是對大量就業崗位的創造與提供。此外，會展業對區域形象的優化與提升、對居民素質的鍛鍊與提高、對良好社會文化氛圍的培育等等，都發揮著很重要的作用。

（五）前瞻性

會展活動作為一種交流平臺，總是會吸引、聚集各個領域最新的資訊，能夠展示行業領域的新進展、新成果、新動向和新趨勢。立足於展示現有成果、創造未來新成果，是會展活動得以持續發展的動力之源。這使它對行業及社會生活具有引導作用，其先導性非常突出。這一點是會展活動最大的魅力所在，也是其核心價值所在。正因為如此，會展業被稱為城市發展的「晴雨表」，不僅反映著一個城市的綜合經濟實力和經濟總體規模，更能反映經濟發展的未來趨勢，帶有鮮明的導向性，屬於一種典型的前瞻性經濟。這也是會展業被譽為「朝陽產業」的根本原因。

第二節 會展業與旅遊業、文化娛樂業的關係

旅遊業是透過招徠、組織和接待旅行者而獲得利潤的產業，是典型的服務業。如果把來自異地的參加會展活動人群視為旅行者的話，那麼旅遊業跟會展業之間有著極為密切的內在聯繫。文化娛樂業則是提供休閒消遣、文化娛樂服務的產業，與作為商務工作的會展活動也有著非常緊密的關係。

一、會展業與旅遊業的關係

從表面看，會展活動是人流的聚集與流動，是一種跨國界、跨地域的行為。就這一點而言，它與旅遊業有著極其密切的關係。被譽為近代旅遊業發端的1845年英國人托馬斯‧庫克組織的570人參加國際禁酒大會的活動，其實就是會議旅遊的典型反映。

從深層產業結構來看，會展業與旅遊業是一種相互支持、相互依存、相互促

進、相互推動的關係，它們是相對獨立卻又相互關聯和相互交融的兩個產業。在會展與旅遊的互動發展中，旅遊是會展發展的基礎，旅遊業的繁榮會為會展活動提供更為完善的服務，加速會展業的發展。會展業的進步可以優化社會資源的組合，帶動其他行業更快地發展，也為旅遊業帶來更多的客人、更多的消費，延長客人逗留期，增加旅遊業淡季時設施設備的利用率。

具體而言，優厚的旅遊資源和鮮明的旅遊形象是發展會展業的優勢條件，是打造會展勝地的重要資源依憑。如海南博鰲因為其良好的生態環境和優美的自然人文景觀，而成為亞洲論壇的舉辦地。周到、便利的旅遊服務也是會展服務中生活服務的主體，直接影響著參展商及觀眾的心理體驗。比如酒店住宿和餐飲服務，在這裡餐飲所發揮的已經不是一種原初的生理功能，而是越來越多地跟會展自身內容結合在一起，成為會展活動有機組成部分，例如歡迎酒會、冷餐會、午餐會、送別晚宴等。這是旅遊業對會展業的促進作用的直接體現。

會展業的凝聚效應和輻射效應則可拉動旅遊業的發展，旅遊「遇展而興，遇會而旺」成為普遍規律。一方面會展活動本身就是「活動型吸引物」，能為地方帶來更多的、更高層次的客人，直接提高地方的旅遊效益。最明顯的就是對酒店業的帶動。展會舉辦期間，酒店入住率和就餐人數會大幅度提升。除了為會展參與者提供必要的住宿和餐飲服務外，酒店業還可以透過進一步的宣傳促銷來帶動店內其他輔助設施的利用，消費店內其他服務。如南京國際展覽中心附近的金陵之星大酒店，在2002年中國國內旅遊交易會期間，該酒店的客房入住率由平時的60%猛增至90%，客房收入的增長幅度也達到50%。資料顯示，廣州酒店業對兩屆廣交會的依存度已達30%左右。目前「廣交會」舉辦時出現的高星級酒店價格「暴漲」及「房荒」現象更是明證。另一方面，會展業的繁榮刺激地方經濟發展、產業興旺、人氣聚集、投資增加等，為旅遊消費的持續發展提供不竭動力。目前會展旅遊已成為商務旅遊市場上的主要組成部分，因此受到各個旅遊地所重視。

會展業和旅遊業之間存在的這種內在產業聯繫，有助於帶起一條集商務、交通、住宿、餐飲、娛樂、觀光、購物為一體的「消費鏈」。二者成功結合併發展

為會展旅遊地的地方很多，最著名的當屬瑞士達沃斯和中國海南的博鰲。以瑞士萬人小鎮達沃斯為例，它位於瑞士北部偏僻山區。伴隨歐洲滑雪運動和冬季休閒浪潮的興起，歐洲人發現了達沃斯這塊淨土，其與世隔絕的封閉環境為舉行高層次的會議提供了絕佳場所。其會議中心建立於1969年，有從幾十人到幾千人不等的多個會議室，除了世界最先進、最齊全的會議設施外，還有盡善盡美的會議服務，每年承辦大型會議近40個，中小型會議近180個，全年230天以上是被各種會議和活動所占用，參會人員涉及經濟、科技、醫療、教育等領域，甚至一些挑剔的大跨國公司也把全球性的年會定在達沃斯舉行，還最終成為全球矚目的「世界經濟論壇」的舉辦地。僅會議本身的收入就占達沃斯整個旅遊業收入的10%以上。這是會展業與旅遊業互動的最有力的佐證。

會展業和旅遊業兩者的聯動性都很強，二者緊密結合，對相關行業資源進行組合和整合，可以更為充分地利用當地的旅遊資源，全面展示所在地的經濟、文化和社會風貌，產生更大經濟效益，擴大對外的影響力和知名度，共同促進地方經濟的繁榮和社會進步。

二、會展業與文化娛樂業的關係

會展活動是一種在短時間內舉辦的內容比較集中、節奏比較緊張的政務或商務活動，這一特點決定了它需要文化娛樂活動穿插其中以調節氣氛。反過來講，那些以文化娛樂為主題的展會，如動漫展、影視展、書畫展等，本身就是文化娛樂業的重要組成部分。而且有些學者本來就把會展業歸屬於文化產業的範疇。這是會展業跟文化娛樂業之間產生關係的最為直接的緣由。

隨著「體驗經濟」的風行和會展業運作水平的提高，文化娛樂活動在會展業中的功能與作用正在發生著變化。文化娛樂活動最初是用作會展活動的點綴，僅作為渲染氣氛的手段。而在目前的會展活動運作中，文化娛樂越來越多地作為會展活動的有機補充，融入整個的運作流程之中，成為增加會展活動附加值、體現會展策劃亮點、增加參與人員整體體驗質量的重要依靠。成功的文化娛樂活動策劃，將為會展活動大大增色，可以造成很好地調整節奏、提高效率的作用，可以使會展更加成功、更加難忘。它正在成為會展活動綜合吸引力中的重要一環。開

幕典禮、文娛晚會、文藝節目、表演劇目、主題晚會等,都可作為具體的活動形式。可以為與會者做現場表演,也可以有與會者的參與,完全以娛樂為目的;可以單獨安排,也可以作為宴會或類似活動的一部分,有的則安排在全體大會之前,以烘托氣氛。為客人安排的文化活動可以有多種:如商業區、步行遊、歷史古蹟遊,藝術博物館舉辦的展出、特別展覽、燈會、節日慶祝活動,體育賽事等等。對於國際性會展活動來說,文化活動尤其會受到賓客及與會者歡迎。對於會期較長的會展、在輪船或其他封閉地點舉行的會議,尤其需要在文化娛樂活動的策劃上多下工夫。因為這類會議很容易令人倦怠、乏味,影響效率。

從會展舉辦地的角度來看,加強會展業跟文化娛樂業之間的聯繫和融合,在促進會展活動自身運作水平提升之外,還有助於加深賓主瞭解、有效展示會展舉辦地的形象等功效。僅僅參加會展活動對一個地方的瞭解還是很表面的,而透過參加豐富多彩的文化娛樂活動,則可以對一個地方的地域文化特色、社會風貌等有更直觀、更深入的瞭解,有助於展示會展舉辦地的真實形象,提高影響力。如2001年APEC貿易部長會議舉辦期間,與會者被邀請到周莊遊覽,當地政府在歡迎儀式上舉行了獨具水鄉特色的龍舟表演,效果很好。

因此,完善文化娛樂設施,豐富文化娛樂項目,以會展業促進文化娛樂消費的發展,以文化娛樂業豐富充實會展業的內容,是會展舉辦地應著力做好的「功課」之一。

第三節 會展業與交通運輸業的關係

作為人與物在特定時間內的集聚方式,會展活動對保證人、物及時到達目的地的交通運輸、物流服務等有著很高的依賴性,也有著很高的要求。交通運輸、物流服務的管理歷來是會展後勤服務管理中的重要內容。

一、會展人流運輸

會展人流運輸主要是指會展活動中各類參與人員的交通運輸問題。

從構成環節來看,會展人流運輸主要包括:各地參會參展人員集中到會展舉

辦地的大交通；參會參展人員在舉辦地（城市、地點間）內部的交通；參會參展人員會展活動結束後的交通（會展後的旅遊交通、返回交通等）。

　　從交通方式來看，會展人流運輸主要分為空中交通和地面交通兩大類。空中交通一般是指大尺度的交通，比如，從客源地到會展舉辦地的交通以及從舉辦地返回的交通。這往往需要得到航空公司的支持，尤其是對國際性會展活動而言。航空公司對國際會議和展覽的大力支持，已成為會展競標成功的重要條件之一。會展組織者一般採用指定航空公司、首選航空公司等方式跟航空公司合作，培育良好的合作夥伴。這樣，指定或首選的航空公司一般會提供減免費用、機票折扣優惠、免費座位等，還會免費或打折扣運送會展資料、海報等物品。有的航空公司在客人確認機票後可以直接為其預訂酒店和出租車。而對於被指定或首選的航空公司而言，成為重要國際會展活動的合作夥伴，對其聲譽的提升、品牌的建設將會有很大的促進作用。

　　地面交通是指機場到會場、機場到飯店、飯店到會場、飯店到旅遊點以及會場到會場之間的地面交通。這對舉辦地公共交通系統、軌道交通、出租車等如何配合、方便客人移動提出了較高的要求。這一般由主辦機構自己解決，也可以跟當地汽車公司或目的地管理公司（DMC）合作解決。可以充分利用當地鐵路系統、機場接送巴士、酒店免費汽車、常規價和團體價出租車及私人大型轎車等交通資源。

　　如果會議地點比較偏僻，要更注意交通問題。有時需要租用小型私人機場飛機，可以考慮安排大巴往返最近機場或火車站，安排大型轎車接送或僱用出租車；而對於大型團體，還可以和當地地面交通調度合作爭取獲得幫助，按照預先商定時間往返最近的交通港和會議地點，為參與會展活動的客人提供儘可能多的便利。應特別注意的是，會展人流運輸中貴賓的交通問題、會後旅遊交通問題需給予足夠重視。

　　二、會展物流運輸

　　會展物流運輸主要是指會議物品、展覽物品的運輸。會議物品包括日程表、小冊子、會議材料、會議標誌、名卡等資訊資料，報到記錄、文件袋、包裹等所

有報到處和辦公室需要的用品，會議期間要分發的物品，特別活動要頒發的獎品以及會議地點不能提供的其他用品等等。展覽物品運輸包括展位的運輸、展品的運輸、展覽輔助物品的運輸等。

物流是物品從供應地向接受地實體流動過程。根據實際需要將運輸、儲存、裝卸、搬運、包裝、加工、配送、資訊處理等基本功能實施有機結合。會展物流系統可以分為：物流作業系統——倉儲、包裝、搬運、國內運輸、進出口報關和清關、國際運輸、展覽中的裝卸、搬運、布展等作業；物流資訊系統——資訊反饋、最佳運輸路線的選擇、全球定位系統等。具體流程及內容包括：車站、貨場、機場提貨——物流倉庫裝卸集結倉儲——市內卡車運輸——會展中心裝卸區搬運展品至展位——展品開箱就位及包裝，需要提供機械和人工、包裝材料保管、代辦展品保險、辦理國際參展品手續等各種相關服務。國際展覽運輸協會（IELA-International Exhibition Logistics Association）對現場運輸代理如聯絡、海關手續、搬運操作等有著明確的業務標準。

會展物流具有多品種、小批量、多批次、短週期等特點，會展組織者應聯絡有實力的物流企業，綜合利用貨物列車、船舶、飛機、民間運輸工具（三輪車、手推車、平板車等）等各種手段，為展商提供高效及時服務。會展物流的任務就是安全、快捷、高效、經濟地組織會展活動所需要的各種資源及各參展商的展銷產品由供貨地向會展場館的轉移、現場向購買者的過渡、結束後運回或再運到其他地點等。會展活動的時間性決定了會展物流必須快捷、及時和高效。會展物流系統的整體水平的高低，直接決定著會展活動的運營效率。

由此可知，會展業的順利運行需要交通運輸業、物流服務業的支持和保障，一個交通物流系統不發達的地方很難很好地發展會展業。但同時我們也可以清楚地看到，會展業的發展對交通運輸業、物流服務業具有非常明顯的帶動作用。它會使大量的人流、物流彙集到舉辦城市，增加對城市交通運輸業的有效需求，促進這些行業的發展。據資料顯示，1998年全世界會議代表所訂的機票占全球機票銷售量的50%左右，在美國，其航空客運量的25%來自於國際會議及獎勵旅遊；在每年兩屆的廣交會期間，來自170多個國家和地區的10萬多外商雲集廣

州，僅出租車的日收入就比平時激增300萬元左右。

第四節 會展業與商業零售業、廣告印刷業的關係

一、會展業與商業零售業的關係

會展活動期間，大量的人流集中湧入會增加對生活用品、旅遊購物品及相關服務的需求，促進商業零售業的發展。一方面會展活動的籌備、舉辦需要集中採購大量的相關物品，尤其是會展活動中的消耗品、生活用品等；另一方面，參會參展商在參加會展活動期間經常需要購買必須的生活用品，甚至工作物品，還要購買具有地方特色的旅遊商品。這些都直接促進會展舉辦地商業零售業的發展。

國外學者早在1990年代開始對會展活動的經濟影響進行研究時，就注意到了購物消費在整體消費中的比重問題。奧蘭多地區的情況是購物消費占參展商總支出的10%左右，韓國的情況是購物消費占到參展商總支出的19%左右。近年中國學者在研究此問題時，也發現類似規律的存在。在會展業實際發展中，北京市統計局對多家商場在2001年第21屆世界大學生運動會期間的銷售情況進行的統計結果顯示，這些商場的銷售額都因為大運會的舉辦而大幅增長，同比增長了35%以上；在第二屆長春汽車博覽會期間，長春市內10大商場交易額也同比增長37.1%。這都說明會展業對商業零售業的促進帶動作用非常明顯。

二、會展業與廣告設計印刷業

會展業從本質上講是一種服務經濟，從表面看則很大程度上屬於一種「注意力經濟」。它最為人所看重的「集聚效應」既包括人流、物流、資訊流和資金流的集聚，還包括對注意力的集聚。而且對注意力的集聚在會展活動組織中的重要性越來越突出。一方面它直接影響著會展活動能否成功運行，同時它直接決定著會展活動最終的「形象效益」。而注意力的挖掘、開發與培育都離不開廣告傳播。第一是會展組織者的資訊發布。會展產品開發的全過程，始終伴隨著資訊發布行為，需要透過各種媒體把會展資訊告知潛在的參與者。第二是參展商的展位設計，展位是吸引觀眾注意力的第一要素，參展商一般都要在展位設計方面下大

工夫，爭取取得「亮眼」效果。而目前承擔展位設計的除了少數專門的展臺設計公司外，絕大多數設計工作是由廣告公司承擔和完成的。第三是參展商在展會現場發送的各種活頁、手冊等產品介紹資料，這些資料數量巨大，需要提前印刷完成。第四是會展活動現場烘托氣氛的廣告、引導觀眾的資訊指南等。主辦方、參展商在會展場館拉出的大型條幅、提供給觀眾的指南手冊，都屬於廣告印刷的範疇。

因此，會展業與廣告設計印刷業之間也存在著密切的關係，會展業的快速發展會對廣告印刷業有著很大的促進與推動作用。

第五節 會展業與資訊通訊業的關係

會展業本身就是一種「資訊交流」產業，對資訊技術、通訊設備有著天然依賴性。可以說，會展活動的效率很大程度上取決於會展資訊技術的進步與提高。目前會展場館建設中對資訊化、智慧化水平的高度重視，就是典型證明。

會展活動的順利舉辦一般需要以下資訊通訊設備與設施：

其一，現場通訊計劃——互聯網、傳真、收發用無線設備、移動電話、掌上分機、集群電話、對講機、屏蔽儀等，以保證大規模資訊集中的流動和交換。國際展覽運輸協會（IELA-International Exhibition Logistics Association）要求現場代理必須配備以下通訊設備——國際電話線路、國際電傳線路、國際傳真。一般不允許透過地方電信部門提供這些服務。這是「聯絡」環節必要的設備要求。在大型國際性會展活動中，為滿足頻繁聯絡的需要，一般要求能使用專門的通訊線路，如已在上海的歷次國際會議中使用的800M集群電話等。

其二，視聽設備的安排——音響、麥克風、放映機、銀幕、投影儀、影像屏、多影像演示支架和掛圖、音響系統、投影和屏幕、燈光和錄像等。放映設備指的是在會展場館常用到的輔助器材，如幻燈機、投影機、動感投影機等。AV設備指的是所有聽和看的設備。其中雙投影屏幕科技含量較高。

隨著電話會議、電視會議、網路會議、網上展覽等新型會展組織形式的興

起,會展場館的資訊化水平已被視為衡量其質量和級別的最為重要的指標之一。中國大多數會展場館尤其是建國初期建造的展館在這方面比較落後,已遠遠不能滿足現在會展業發展的需要,目前正在經歷大規模的改造和重建。中國會展企業的資訊化建設工作目前也正在加強,有的已取得明顯成績。

2004年年初,中國國際展覽中心集團公司(中展集團)和IBM公司在北京共同宣布中展集團資訊系統項目已經成功上線。該項目包括數字展館、數字通訊、電子計費、管理系統、呼叫中心和辦公OA等幾大模塊。其技術水平遠遠領先中國,部分達到國際同行標準。該項目包括四大應用平臺——集團內部辦公應用系統、展覽綜合業務應用系統、展覽業務GIS應用系統和綜合業務查詢系統,其中有二十幾個子系統以及外部和內部兩個網站。其中最有特色的幾個系統是:展會資訊管理系統——參展商可以從集團網站上查詢各個展館的技術數據、會場地點、戶外場地、停車場、廣告位等,還有動態測量功能。數字通訊系統——因展品的電磁輻射和場館的屏蔽等原因,展會期間,參展商的手機通話效果通常不理想,臨時租用固定線路非常麻煩。該系統可以為參展商提供預置市話號碼的數字移動電話,全面滿足通訊要求。展會現場服務收費管理系統——避免多頭管理、手續繁瑣、效率低下、服務不規範等。透過資訊化建設,極大提高了中展集團自身管理水平及對參展商服務的標準和科技含量。

總之,會展活動自身「資訊交流」的本質屬性決定了它對資訊通訊有著較高的要求。同時,會展活動的舉辦拉大了人們在地域空間上的距離,提高了人們之間通訊聯繫的頻率,增加了對資訊通訊服務的需求,從而為資訊通訊業創造了新的利潤增長點。

[1] 戴光全,會展產品的本質屬性,中國會展,2006:21。

[2] 馬潔,劉松萍,會展概論,廣州:華南理工大學出版社,2005。

[3] 過聚榮,會展導論,上海:上海交通大學出版社,2006。

第六章 會展行業管理和主要國際組織

◆章節重點◆

1.瞭解會展行政管理的主要模式

2.掌握會展行政管理機構的主要職能

3.熟悉國外會展行業協會的運作模式

4.掌握會展行業協會的職責

5.熟悉主要國際會議組織、主要國際展覽組織、主要獎勵旅遊國際組織、主要節事活動國際組織的種類

6.掌握國際會議協會（ICCA）、國際協會聯盟（UIA）、國際展覽局（BIE）、全球展覽業協會（UFI）、獎勵旅遊管理協會（SITE）的簡稱和性質

　　會展行業管理是指政府會展主管部門及各類會展行業組織透過對會展總體規劃和總量控制，制定出促進會展業發展的方針、政策和標準，並以此為手段，對各種類型的會展企業進行宏觀的、間接的管理。從管理主體來看，可分為兩類：一是政府行政管理部門，二是會展行業組織。

　　目前，在市場經濟較為成熟的一些歐美國家和亞洲國家及地區，政府管理會展的職能已經和會展行業協會緊密地結合在一起，它們緊密合作、相輔相成，推動會展業健康有序地發展。

第一節 會展行政管理

　　在會展經濟發達的國家和地區，會展業主要依靠市場機制的調節。但由於不

同國家、不同地區影響會展業發展的條件存在差異,其管理模式也不盡相同。根據政府、行業協會調節力度大小,將會展行業管理模式分為:政府主導型、市場主導型及政府市場結合型三種模式。

一、會展行政管理的主要模式

(一)政府主導型

政府主導型是指政府透過投資及管理對會展業的發展起重要的推動作用,其中最具代表的國家是德國和新加坡。

德國是公認的展覽強國,展覽業在德國受到各級政府的高度重視。漢諾威、法蘭克福、科隆、慕尼黑、杜塞道夫等城市將展覽業作為支柱產業加以扶持,頒布了一系列鼓勵措施和優惠政策,以吸引展會組織者和參展商。

德國聯邦經濟科技部每年都要對出國展覽提供直接的財政支持,同時還透過特定的組織或機構,組織德國企業赴國外參加展覽會。德國的會展公司往往擁有自己的大型會展場館,公司與會展場館是一體的。會展場館基本上都是公有性質的,一般由政府出資建設,州、市兩級政府一般占會展公司股份的99%左右。展覽公司由政府控股,實行企業化管理。例如,位於漢諾威的德國最大的展覽公司——國展覽公司由下薩克森州政府和漢諾威市政府分別控股49.8%。

德國貿易會展和會展業聯盟AUMA,是由參展商、購買者和博覽會組織者三方面力量組合而成的聯合體。AUMA對德國展覽業實行統一、權威性的管理,是德國唯一的中央級的展覽管理機構,有著最高的權威性。它的職責主要包括:制定全國性的展覽管理法律條例和相關政策、支配使用政府的展覽預算、代表政府出席國際展覽界的各種活動以及規劃、投資和管理展覽基礎設施(如展館、酒店、交通、旅遊等)。德國政府和展覽行業協會緊密結合,相輔相成,使展覽業得到了有效管理。

新加坡對會展的管理模式也屬於政府主導型。新加坡政府對會展業發展的扶持主要表現在加強基礎設施建設上,尤其是對大型會展設施與配套設施建設的支持與投資上。新加坡博覽中心就是有政府背景的新加坡港務集團投資建立的。博

第六章 會展行業管理和主要國際組織

的貿易政策和發展目標出發，對符合政府產業發展方向的展覽會，或者對經過從質量、規模、參展人數、國際化程度等方面評估後認為符合標準的展覽會，授予AIF資格證書，並且給予最高達2萬新幣的政府資助款。這些政策使優秀展會得到了有效的扶持。

（二）市場主導型

市場主導型管理模式是指會展業管理主要由市場主導，很少由政府或政府某個部門直接組展和辦展，政府僅僅提供間接的支持和服務。代表性的國家與地區有法國、英國、加拿大、澳大利亞、瑞士等。

法國展覽業的協調機構主要是法國博覽會、展覽會和會議協會。該協會有336個會員單位，分別包括177個展覽公司，70個展覽場館，52個會議中心，以及一些展覽服務公司。會員單位的營業總額約占行業市場份額的85%。另外，法國的工商組織也介入展覽業，如巴黎工商總會直接擁有並參與管理展覽中心，其下屬展覽中心的展覽面積占整個巴黎大區展覽面積的1/3。法國的展覽和德國不一樣，政府參與程度低，市場競爭相對較完全。展覽公司不擁有場館，而場地公司不組辦展會，也不參與其經營。法國的業界人士堅持認為這種模式能夠促進展覽公司之間的公平競爭，也有利於場館公司專心做好自己的場館服務工作。

法國展覽業的激烈競爭使展覽公司日趨專業化和集團化。在1950、60年代，許多專業性展會由行業協會主辦。隨著展覽會之間競爭的日益激烈，行業協會逐漸把自己的展覽會轉讓給專業展覽公司，或者和專業展覽公司合資經營展覽會。另外，由於市場對展覽會的要求越米越高，展覽公司需要在資金、人力等裝備方面做更大的投入，而小公司大多力不從心，被大公司紛紛兼併，展覽公司集團化成為趨勢。

英國政府雖然長期以來也非常重視展覽業的發展，強調展覽對於擴大出口發揮的推動作用，但英國目前沒有專門的政府部門負責展覽事務，主要透過財政手段來鼓勵英國企業參加海外展覽。英國舉辦展覽完全出於商業行為，政府不直接介入，展覽市場准入政策十分寬鬆，任何商業機構和貿易組織不需要經過特殊的審批程序便可以經營展覽業務。展覽公司的商業註冊也和普通商業公司一樣，沒有額外的要求。同時各展覽公司舉辦展覽的內容只要合法均可自行確定，不需審批。英國規範展覽行業主要遵循的是優勝劣汰的自然法則。英國協會的權威性遠遠不及德國，由於英國政府對展覽行業不直接進行管理，因此行業協會發揮的是「維護質量」的職能。英國的各類協會組織制定各自的展覽服務行為規範，僅對會員起指導和約束作用。

英國的展覽行業高度開放，鼓勵國際競爭，而且對本國企業基本沒有保護政策。各種展覽公司在競爭中紛紛透過兼併和收購手段來保持企業發展，而對於效益不好的下屬公司和分支業務則盡快出售，以免影響整體實力。目前英國展覽業發展的一個顯著特點是公司規模變大，但業務範圍卻越來越專一，以便充分實現項目專業化和規模經濟，以降低管理成本。

（三）政府市場結合型

政府市場結合型是指在會展業發展過程中政府參與和市場運作同時並行，美國和香港屬於此類型。

以會展場館管理為例，在美國，大部分展覽中心都是公有的。在全美面積超過2500平方公尺的展覽中心中，大約64%（約為243個）屬於地方政府所有。在長期的產業發展過程中，形成了三種各有特點的公有展覽中心管理模式。

1.政府管理模式

這種方式是由地方政府成立大會和參觀者事務局，負責管理公有展覽中心。

大多數情況下政府並不能透過展覽中心盈利，甚至要承擔其虧損。但由於政府控制展覽中心的經營可以更好地體現政府發展區域經濟和特定產業的意圖，並對展覽市場進行宏觀調控，故而這種模式仍然有其好處。在此模式裡，展覽會組

織者預訂展覽場地需要到該機構事先登記，而不是去展覽中心。在政府管理模式下，儘管某些服務也外包給專業承包商，但參觀者事務局一般都有管理隊伍，包括市場營銷、銷售和公共關係人員。對市政展覽中心來說，盈利能力往往基於下列關鍵因素：經營實體的政治結構（一般認為，私人或權威機構／委員會的管理優於市政當局）；來自城市的對特定展覽中心和整個觀光事業的營銷支持；最重要的是，展覽中心經營和參觀者事務局管理的質量。

政府管理模式雖然有利於政府獲得某些重要的利益，但是也會造成展覽中心經營績效低下、市場機制扭曲等問題，不利於展覽產業的長期發展。從美國的情況來看，拉斯維加斯和芝加哥等重要的展覽城市都已不實行這種模式。

2.委員會管理模式

這種模式由地方議會或政府成立一個單獨的非營利管理委員會對議會或政府負責，經營公有展覽中心。例如，依照內華達州的法律，拉斯維加斯成立了半官方的大會和參觀者事務管理委員會。委員會管理往往是比政府管理更有效的模式。由於經營自主和收入獨立，由一個管理委員會管理的展覽中心，可以更少地受政府採購和城市服務需求的限制。

不過這種模式也有其弱點，那就是可能產生官僚主義等政治問題。此外，從企業治理的角度來看，委員會管理模式下存在著激勵不足的問題。很多時候政府還是要充當救火隊長，補貼公有展覽中心經營的損失。

3.私人管理模式

私人管理模式就是將公有展覽中心的管理業務外包給私人展覽管理公司。當前展覽產業界一致認為，這是一個積極且難以逆轉的趨勢。越來越多的私人管理公司從市政府那裡贏得公有展覽中心的經營權和管理權。私人管理模式具有許多公認的優勢：經營自主、富於活力，充分考慮成本效益，致力於客戶服務，避免官僚主義，人力資源得到深度開發，盈利能力較強，僱用工人有靈活性。另外，對政府來說，財政風險相對較小。

當然，對地方政府而言，將公有展覽中心交給私人公司管理也有一定風險，

有可能失去對其營利動機的控制。由於不能排除所辦展會不適應當地產業發展規劃,私人管理公司利潤最大化的經營可能不符合城市發展的整體利益。

中國香港會展業管理可歸入政府市場結合型。香港特區政府高度重視會展業的作用,一方面特區政府會展管理部門香港貿易發展局致力於為香港公司,特別是中小企業,在全球尋找新的市場機會,協助它們把握商機,並為推廣香港具備優良商貿環境的國際形象做出卓有成效的努力;另一方面,特區政府在場館建設方面進行大量投資,然後實行商業運作。香港會展中心於1987年落成,香港特區政府投資48億元,香港貿發局代表政府成為該中心業主,並收取毛收入一定百分比作為業主的投資回報。展館管理機構不參與展會的籌辦,以確保公平公正。香港的展覽館本身不主辦展覽,展覽的場地、時段的安排,由展覽館管理機構按國際慣例去協調,政府不參與。展場收費分旺淡季,以有利於時段的安排。淡旺季的收費有較大的差異,由展館按照市場機制來調節。這種管理模式對香港會展中心發展成為國際一流的會展場館造成了巨大的促進作用。由此,香港連續9年被英國權威雜誌《會議及獎勵旅遊》評為全球最佳會議中心。見證了1997年香港回歸的香港會展中心規模並不大,僅屬中等,但是每年舉辦各類活動2000多次、接待國際旅客320萬人次、會議15萬多人次、商務活動約32萬人次。會議中心的有效經營面積,平均每平方公尺每年接待約100人,這在國際上都屬罕見。

二、會展行政管理機構的主要職能

發達國家和地區會展業發展的經驗表明,作為國家經濟和國際貿易發展戰略中的一個重要環節,展覽業受到了各國政府的高度重視,幾乎所有發達國家都設有單一的國家級的展覽管理機構。例如,德國的AUMA(德國展覽委員會)、法國的CFME-ACTIM(法國海外展覽委員會技術、工業和經濟合作署)等等,這些展覽管理機構的職責可能會有差異,但都有著一個共同的特點,即唯一性、全國性和權威性。在這些國家,唯一的、國家級的展覽管理機構有著高度的權威性。這些機構的職能主要表現在以下幾個方面:

1.制定會展管理法律、法規、條例以及相關政策

德國是世界公認的展覽強國，德國政府的德國展覽委員會（AUMA）對展覽會的管理也制定了各種措施，比如對展覽名稱給予類似商標的保護，以制止展覽會雷同和撞車、保護名牌展覽。但最主要的一條是增強市場的透明度。AUMA在其章程中明確指出，AUMA將在展覽會的類別、展出地點、日期、展期、週期等方面進行協調，以保護參展者、組織者、參觀者的利益。

新加坡是公認的亞洲展覽大國，新加坡會展局從發展國際貿易、提升新加坡區域中心地位等宏觀角度，制定了一整套扶持、服務、規範、協調和發展計劃。

從目前中國會展業發展的實踐來看，對會展業的准入、主辦者的資質、展會的知識產權、展會質量評估、會展企業的稅收等問題都需要有明確、詳細、具有可操作性和權威性的法規條例和相關政策。

2.支配使用政府的會展預算

一些歐亞發達會展國家和地區的政府，為了鼓勵本國、本地區企業參加國際展覽會、宣傳本國企業、促進外貿出口，每年都會在政府的財政預算中撥出一塊向參展企業提供間接的資金支持。各國的展覽管理機構就承擔著支配和使用這筆展覽撥款的任務，並有完善的制度保證其實施。中國出國展覽的審批和管理將可能由貿促會總體負責，國家將會撥出一塊中央外貿發展基金來支持出展，希望借鑑會展業發達國家成功的經驗，推進中國會展業走向世界。

3.組織國家展覽，代表政府出席國際會展界的各種活動

各國展覽管理機構的另一個重要職能是根據本國外交和外貿政策的需要，舉辦國家性的商品技術展和組織國家展團到國外參展。德國AUMA每年都要與經濟部、農林部、能源部等其他政府各部協調，制定一個國家展覽的計劃，這些國家展的計劃一旦批准，便由AUMA會同有關部門協會選擇專業展覽公司進行具體運作，在上海舉辦的德國消費品展就是一個典型的例子。

目前國際上最具規模的官方性的展覽組織是「國際展覽局」（BIE）。它是以國家為代表的國際性展覽機構，協調管理世博會相關事務，各成員代表其國家遵循「國際展覽公約」，維持世界博覽會的正常秩序，一般各國均由其主管展覽

的代表出席國際展覽局的活動。中國國際貿易促進委員會一直代表中國政府參加國際展覽局的各項活動。

4.規劃、投資和管理會展基礎設施

展館、會議中心和飯店是會展發展最重要的基礎設施。高檔賓館、大型會議中心和展館的建設與建設大型公共基礎設施一樣，應有宏觀調控。發達國家的展館少有私人擁有，即使是市場經濟比較發達、完善的美國，展館一般也由各州各市的政府機構——展覽旅遊局進行投資建設。德國的展館均由政府投資，是一個典型的國有企業。究其原因，除了展館投資大、回收慢、社會效益大大超過其本身經濟效益外，恐怕還有政府透過展館及展館經營來對展覽市場進行調控的考慮。目前中國展覽業無序競爭嚴重，與展館建設的失控有關。展覽市場發展有其規律，它受到經濟發展水平、經濟總量以及區位條件的制約。無視需求、盲目上馬的展館設施，不僅造成資源浪費，也增加了協調展覽市場的難度。

第二節 會展行業組織

會展行業組織主要分為：國家級的行業組織和國際性的行業組織。

一、國外會展行業協會的運作模式

目前，國際上會展行業協會的運作模式，按照行業協會、政府、市場和企業之間的關係，主要可歸納為三種。第一種是以美國為代表的「水平運作模式」，第二種是以日本和德國為代表的「垂直運作模式」，第三種是以法國、中國香港為代表的「綜合運作模式」。

（一）水平運作模式——企業推動型

以美國為代表的「水平運作模式」是一種以會展企業自發組織、自願參加為特點的行業協會模式，具有較強的民間性，在管理上自由放任，規範寬鬆。其最大的特點就是企業自主推動，會展企業在發展過程中，碰到同行業內部價格上的相互傾軋與產品質量問題時，會展企業組織出於維護自身利益和市場秩序的需要，被迫產生組建行業協會的衝動，嘗試著用行業自律的方式規範市場行業秩

序，例如，美國展覽管理協會（IAEM）。顯然，在這種背景下所成立的行業協會，其動力源就在於企業本身，其他的因素，如政府提供幫助或指導僅僅是動力源的外部因素。即會展企業只要存在相同的利益，就可以建立一個行業協會，政府對此既不干預，也不予資助。行業協會為企業提供技術與資訊服務，協調政府、企業、消費者之間的關係，同時實力強勁的行業協會，如美國商會及美國製造商協會與聯邦政府、議會都保持密切聯繫。當政企發生矛盾時，這些行業協會組織尋求議會的支持與介入，按照長期以來美國人所推崇的以對立制衡原則處理政府與行業協會之間的關係。

（二）垂直運作模式——政府推動型

以日本和德國等國家為代表的「垂直運作模式」是一種政府行政作用參與其中、大型會展企業起主導、中小會展企業廣泛參與的行業協會模式。其突出特點是強調政府的推動作用，對內是政府機構，對外是民間團體。日本和德國的政府透過機構改革與職能調整，大大削減專業經濟管理部門，使專業經濟管理由過去偏重條條性的部門管理向偏重綜合性的行業管理轉化。這樣，從政府職能中逐漸剝離出一些職能轉交給行業協會，使行業協會在政府的主導下得以產生，並積極致力於高速發展本國市場經濟，力圖建立政府與社會合作或官民協調的宏觀管理模式。行業協會具有龐大的組織機構和較高的組織化程度，協會的覆蓋面廣，政府與行業協會是一種合作協調關係。

（三）綜合運作模式——市場推動型

以法國、瑞士、中國香港為代表的「綜合運作模式」不像企業自主推動和政府主導推動那樣單一，而是指在市場的推動下，政府參與管理，政府與會展企業在組建協會的過程中都傾注大量的精力，很難分清到底是企業還是政府哪一方起主導作用，可以說是企業和政府合力推動的產物。而且行業協會與政府的關係非常密切，如香港的香港展覽會議協會（HKECOSA）的主要職責是配合政府宣傳、把香港建成亞太展覽之都、提供業務培訓以提高行業水平、為會員單位製造商機、增強會員之間的聯絡、代表行業向媒體和政府表達統一意見，等等。

二、會展行業協會的特點和職責

在一個成熟的市場經濟中，政府管理企業的職能會更多地透過非政府的行業管理協會來實現。行業協會組織將發揮更大的作用，承擔起行業的主要管理職責。

（一）會展行業協會的特點

一個會展行業協會要真正發揮作用，應該具備四個特性：一是民間性；二是代表性；三是服務性；四是非營利性。

（二）會展行業協會的職責

在各國展覽行業協會中比較活躍的有美國展覽管理協會（IAEM）、英國展覽業聯合會（EFI）、新加坡會議展覽協會（SACEOS）和香港展覽會議協會（HKE-COSA）等等，它們的主要職能是：

1.制定行業規範，協調和管理行業內部事務

隨著展覽行業的發展與成熟，世界上發達國家的展覽行業協會主要是利用市場機制和行規對展覽業進行協調性的管理，其著眼點在於展覽業的秩序、效益和發展。它的最主要職能就是行業管理和協調，一方面，它與政府密切配合，共同制定一套行業道德與行為規範，一旦有會員違反有關規定，就召開會議討論解決，甚至提出制裁措施，以維持公平競爭的秩序；另一方面，在展覽會題目、展出時間安排、攤位價格、展覽會質量水準等方面，在會員單位之間進行協調，以更好地維護會員的正當權益。

如英國展覽業聯合會對展覽主辦者、參展商、觀眾等進行了明確的定義，提出了國際展和國內展的標準和條件，規定了展覽會組織過程中的基本要素。這些行規對展覽企業的運作經營，造成了指導和規範的作用。新加坡展覽會議協會的最主要職能之一就是在展覽會題目、展出時間安排、攤位價格、展覽會質量水準等方面，在會員單位之間進行協調，以更好地維護會員的正當權益。

2.制定行業標準，評估行業會展資質

展會的品牌化是一種趨勢，越來越受到重視，因此，展覽協會在這方面承擔著對展覽會的調查和評估的職能。從世界範圍看，最有效地對展覽會進行評估和

資質認可的組織是UFI。該協會的成員是建立在品牌展覽會的基礎上的。UFI對申請加入該協會的展覽項目和其主辦單位有著嚴格的要求和詳細的審查程序，取得UFI的資質認可、使用UFI的標誌便成為名牌展覽會的重要標誌。英國展覽業聯合會往往要會員對其展覽會進行第三者審計，即聘請一家獨立的審計公司對展覽會的整體效果進行評估。

中國目前還沒有評估制度，也無評估機構，參展商、觀眾上當受騙者也不乏其人，這已成為制約中國會展業健康發展的嚴重問題。

3.交流和調研會展資訊，促進會展市場的透明度

會展的全球化發展使市場從相對封閉狀態向開放發展，會展的高度自由化流動打破了地域上的侷限，這既有利於展覽會主辦者在確定辦展時進行全面系統的分析，也方便了所有展會的參與者有的放矢地選擇展覽會。這些會展資料的收集、整理、分析、交流主要是由展覽協會來完成的。

這幾年，中國的會展交流，諸如網站建設、刊物出版等方面得到了加強。

4.培訓會展專業人才，提高展會的組織水平和質量

會展業具有很強的綜合性與專業性，需要大量具有綜合素質的策劃、組織管理、服務等專業知識和技能的會展人才。會展行業協會在培養人才方面承擔著重要的任務。如美國國際展覽管理協會（IAEM）經過多年的研究實踐，從1975年起建立了一套系統完整的專業人才培養的計劃和內容，分別透過課堂學習、工作實踐、參與協會活動和考試等方式給予被培訓人員各種機會，每完成一個專業測定就給予一定的分數，累積到一定分數後，協會將授予一個資格證書，稱作註冊展覽管理人（CFM）。一般取得這個證書要花3～5年的時間，而證書持有者在展覽業界享有一定的地位和聲譽。

知識連結6—1：

中國各地會展行業協會的基本情況

自從1998年北京在全國率先成立第一家地方性的會展行業協會（北京國際會議展覽業協會）以來，全國各地相繼成立了一些行業組織，下面簡單介紹中國

三大會展中心城市的行業協會。

1.北京國際會議與展覽業協會

1998年6月北京成立了中國第一家地方性的會展行業協會——北京國際展覽業協會。2001年5月，經有關部門批准，北京國際展覽業協會正式更名為北京國際會議展覽業協會。協會的服務範圍得到擴大，會員組織及各項功能也進一步得到加強。

北京國際會議展覽業協會，是中國第一家國際會議展覽業具有社團法人地位的中介組織，有會員單位160多家，主要由北京地區與國際會展業務相關的公司、企業、團體和在京國際知名機構組成。其宗旨是：組織北京地區相關國際會展，規範會展業秩序，優化會展市場環境，提高會展質量和效益，開展中外會展市場調研，溝通會展資訊，交流舉辦會展的經驗，保障會員合法權益，促進會員間瞭解與合作，加強與國際會議展覽業界的聯絡與合作。

協會成立以來，在各有關單位大力支持下，經理事會和廣大會員的共同努力，按照協會章程規定的任務，透過舉辦年會、專題研討會、座談會、出國考察訪問和接待境外會展界專家及為會員單位諮詢、協調、培訓等多種形式，在促進會展市場的發展、提高會展組織水平和質量方面做了大量工作，因而受到會展業界的歡迎和好評。協會在國際會議展覽領域的影響和作用也日益擴大。

北京國際會議展覽業協會提供的服務項目主要有：①資訊與聯絡服務；②會展人員培訓服務；③會議和展覽服務；④為政府主管部門服務；⑤會展相關法律服務等。

（資料來源：協會網址）

2.上海市會展行業協會

上海市會展行業協會（Shanghai Convention & Exhibition Industries Association縮寫：SCEIA）於2002年4月成立，是由本市從事會議、展覽及相關業務的企事業單位自願組成的跨部門、跨所有制、非營利性的行業性社會團體法人，是具有廣泛代表性的新型行業協會。

協會由會員單位組成，截止到2007年6月，協會已有會員406家，會員成分已呈多元結構，基本涵蓋了會展主體業務以及與之相關的業務領域，其中副會長單位10家、常務理事單位5家，理事單位29家。

協會的常設機構為祕書處，下設辦公室、聯絡部、項目部、資訊部和服務中心。

協會成立五年來，本著遵守國家法律、法規，積極發揮「服務、代表、協調、自律」的四大職能，在市有關職能部門的指導下，協助政府從事行業管理，就保護會員的合法權益、提高行業整體素質、進行行業統計、形成行業自律機制、行業認證、組織國際交流與合作等方面做了全方位的開創性工作，同時一直致力於為會員單位提供全面的優質服務，體現行業協會的廣泛性和代表性，從而真正構築政府與企業之間溝通交流的和諧平臺。

（資料來源：協會網址）

3.廣州市會展業行業協會

廣州市會展業行業協會（GZCEIA），成立於2005年3月，是由廣州地區從事會議、展覽及相關活動的企事業單位發起，自願組成的具有法人資格的行業性、非營利性社團組織。行業協會在廣州市登記，接受廣州市協作辦公室的業務指導和廣州市民間組織管理局的監督管理。協會的工作部門設辦公室、會員（聯絡）部、項目部。

協會的宗旨是：遵守中華人民共和國憲法、法律、法規和國家政策，遵守社會道德風尚。在廣州市會展業管理領導小組的指導下，協助政府從事行業管理，建立行業自律機制，規範行業市場秩序，優化行業市場環境，培育國際會展品牌，保護會員合法權益，提高行業整體素質，組織行業國際交流和合作，促進廣州市會展行業的健康發展。

另外，寧波、重慶、昆明、深圳、合肥、天津、西安、福州、大連、廣西和黑龍江等市省也相繼成立了會展行業協會。

第三節 中國會展行業的管理

一、中國會展行業管理的現狀及存在的問題

中國現代會展行業起步較晚，會展活動散見於其他行業，沒有形成自己獨立的行業，產業化程度很低，會展行業的經營管理長期處於較為隨意茫然的發展狀態。在計劃經濟條件下，會展處於壟斷狀態，只有一些政府部門、政府色彩較重的行業協會和貿促系統機構可以主辦展會，沒有明確的主管部門，沒有形成明確的經營管理體系，會展行業的經營管理模式問題幾乎從來沒有被提到議事日程予以認真考慮，國家多輪經濟管理體制改革也從未涉及會展管理問題。因此，長期以來，中國會展行業的經營管理一直處於相對較為混亂的狀態，具體表現在以下幾個方面：

（1）政府管理職責不清，缺位、越位和不到位同時並存，缺乏必要的宏觀指導，會展產業定位和產業政策不明。

（2）就具體會展活動而言，經貿、科技、文化、教育不同內容，國際、國內不同範圍，展覽、展銷不同性質，分屬不同政府主管部門審批，多頭審批，多級審批，不同審批部門掌握的標準不盡一致。

（3）某些情況下，一些政府部門還承辦一些會議和展覽活動，集會展審批、監管與運營於一身。

（4）重審批，輕管理，以批代管；按業務分工多個政府部門審批，似乎大家都管，但從行業或產業發展的角度看，實際大家都不管，行業缺乏必要的政府主管部門，政出多門，缺乏必要的產業政策指導和統一法律法規協調。

（5）經營主體成分複雜，政府部門、準政府部門、商協會、各種經濟成分的企業同在會展市場角逐，市場競爭機制在某種程度上受到扭曲，會展市場有失透明、公平、公開和公正。

（6）會展法律法規建設嚴重滯後，缺乏必要的市場管理規範和法律依據。

（7）行業中介組織滯後，既有的行業組織缺乏必要的權威性和凝聚力，行

238

業自律能力較弱，市場競爭較為混亂，魚目混珠，仿冒、欺詐、矇騙現象時有發生。

所有這些都嚴重制約著中國會展產業的發展。隨著中國會展行業的發展壯大，會展產業化進程的加快，盡快建立和完善適應中國社會主義市場經濟建設進程，有利於促進中國會展產業發展，具有中國特色的會展行業經營管理體制勢在必行。

二、中國會展行業管理的模式

為推動中國會展產業良性發展格局的形成，應當盡快建立政府宏觀指導，企業規範經營，協會溝通協調，政府、企業和行業中介組織三位一體共同藉助市場力量發揮作用的發展模式和管理體制。

（一）加強政府宏觀指導與服務

在市場經濟發達國家，並沒有完全排斥政府對會展活動的參與，一些世界性會議和展覽，沒有政府參與，根本無法申辦。在中國目前的發展階段，為了扶持會展行業的發展，將中國會展行業做大做強，加快產業化進程，政府利用自己的權威性和資源，發起、倡導乃至主辦某些會議和展覽，只要不導致市場壟斷，是應當允許的。但是，隨著市場經濟的完善和市場機制的健全，政府應當逐步淡出具體會展活動的微觀操作，明確自己的功能定位，集中精力做好自己職責範圍內的工作，切實解決好所謂政府管理服務缺位錯位和不到位的問題。

在目前具體情況下，或者在今後一段時間內，中國政府在會展產業發展中的功能定位應當是：宏觀指導、政策扶持、條件提供和市場培育。

1.宏觀指導

隨著會展行業的不斷發展，政府必須加強對會展行業發展的宏觀指導，認真研究會展產業在國民經濟體系中的定位，將會展產業的發展納入國家或城市發展規劃，研究制定會展產業發展中長期規劃，明確會展產業中長期發展目標和產業政策；根據會展產業發展的戰略定位和發展規劃，創造和提供必要的硬體設施和市場條件，發揮產業政策的宏觀調節功能，促進會展產業朝著既定的方向和目標

發展。

需要強調的是會展產業定位非常重要。摸清情況、準確定位是研究制定政策，進行宏觀指導的基礎。各城市應當認真分析自己城市的文化傳統、產業結構與消費結構特點和城市輻射能力，立足於挖掘當地會展資源，找準自己的市場定位，創辦自己的會展品牌，發展具有當地特色的會展經濟。

2.政策扶持

從總體上看，中國會展行業尚處於發展的初級階段，速度雖快，但規模不大，產業化程度不高，為了加快產業化進程，促進發展，需要制定相應的產業政策給予必要的政策扶持：比如設立會展專項發展基金，用於支持國際性大型定期專業展覽和會議的申辦、行業中介組織的建設、會展項目的宣傳、品牌會展培育的政策性補貼、行業標準的研製、會展網路等資訊服務體系的建設、市場調研和理論研究、高級專業人才的培訓等；再比如，為了培育市場，在一段時間內和特定條件下，對會展行業實行適當的稅收優惠政策，對於優質品牌展會給予專項資金補貼或稅收減免優惠等。

當然，政府各有關各部門頒布的涉及會展方面的政策應當保持必要的一致性和協調性，應當與總體產業發展政策相吻合，相協調。

3.條件提供

條件提供指硬體基礎設施提供和公共服務軟體條件提供。基礎設施主要包括會展場館建設和配套基礎設施建設。會展是城市功能的一個組成部分，必要的會展場館建設和配套基礎設施提供是城市功能的具體體現，因此也應當是政府職責範圍內的事情。德國、美國等會展發達國家場館建設大多有政府財政的支持和參與，中國一些城市會展場館建設與運營成功的經驗和失敗的教訓從正反兩個方面驗證了政府投入在會展場館建設中的重要性。

4.市場培育

與其他行業相比，中國會展市場的發育更晚，更不完善，更需要培育。一段時間內，政府應當加強會展市場的培育：加強法制建設，研究制定相關法律法

規，制定必要的市場遊戲規則，透過相關立法或政府法規，明確各類參與主體的權利義務和職責範圍，確保會展市場運轉發展有法可依，有章可循。此外還要加強市場主體培育和會展中介組織建設。

（二）強化企業自主經營與規範

在市場經濟條件下，企業是市場的主體。從市場主體培育和企業制度能力建設角度考慮，實現會展行業的市場化、產業化、國際化和品牌化，首先必須實現經營主體企業化、企業服務品牌化、業務運作國際化。

1.經營主體企業化

要加強會展企業的制度建設，包括企業外部制度建設和內部制度建設。企業外部制度建設是指理順各類關係，實現會展運作主體的企業化經營。中國目前會展運作主體成分複雜，方式多樣，管理很不規範。從運作主體看，有政府部門、商會協會、國有企業分支機構、民營企業和外商投資企業；從經營方式看，有財政統收統支、財政補貼與市場運作結合、機構財務統支、項目單獨列支和企業自負盈虧；從管理方式看，有專門從事會展運作的長期法人機構，也有政府、商協會和大型企業分支機構，還有為會展項目單獨組建的臨時機構。不同行為主體，不同運作方式的經營不盡相同，管理各有特點，較為混亂，有失規範。在目前情況下，應當首先理順關係，確立會展運作主體的企業化經營方式：政府逐步退出會展活動的微觀操作，即使政府財政支持的會展項目也應當交由企業運作，或實行企業化運作；商協會組織應當將自己的行業協調和會展經營功能分離開來，成立專業化會展企業或專門機構，實行分灶吃飯，獨立核算；企業應當按照現代企業制度改進自己的經營管理，克服某些中小型企業經營管理的隨意性和盲目性，提高管理水平，加強規範運作。

2.企業經營品牌化

就是要提高會展企業的服務水平和服務檔次，精心培育會展品牌和會展服務品牌。品牌競爭是現代國際競爭的精髓，物質生產企業的品牌競爭體現在產品上，而服務行業的品牌競爭則體現服務上。具體到會展行業的品牌競爭既體現為會議和展覽的品牌產品，又體現為特定企業提供的服務。會展企業要培育和形成

自己的會展品牌和服務品牌，首先必須加強自身的能力建設。包括：第一，判斷決策能力；第二，資源集合能力；第三，服務創新能力；第四，市場應變能力。

3.業務運作國際化

就是要與國際會展市場接軌，按照國際通行的規範和要求進行業務運作和服務提供，確保會展活動運作和各類服務提供的合法、規範和長效，確立正確的企業價值取向，加強企業文化建設和誠信建設，實行文明經營，培育和形成企業自己的核心競爭力。在中國會展市場逐步開放，競爭日趨激烈，會展行業市場化、產業化、國際化進程加快的前提條件下，會展企業應當十分重視核心競爭力的強化，盡快形成自己有別於他人的會展品牌、服務品牌和競爭優勢。

（三）促進協會行業溝通與協調

發達市場經濟條件下，行業中介組織在團結業內企業、維護行業利益、實現行業自律、遊說政府決策、促進行業發展方面可發揮十分重要的作用。中國會展行業中介組織的功能建設在學習借鑑發達國家經驗的同時，應當充分考慮中國的基本國情、經濟發展階段和會展行業發展現狀，建立具有中國特色的符合中國社會主義市場經濟建設階段特點的行業中介組織體系。

1.協會功能建設

（1）聯繫企業，溝通政府。廣泛團結企業，傾聽企業的呼聲，代表行業利益向政府有關部門反映企業帶有普遍性的問題和合理要求，爭取政府對行業發展的支持，促進和推動有利於行業發展的法制和環境建設；代表會展行業參與政府會展產業發展規劃、相關法律法規的制定和決策論證，提出相關政策和立法建議，參加與行業利益有關的聽證會；宣傳政府產業政策、有關法律、法規並協助貫徹執行，發揮媒介橋梁作用。

（2）市場調研，資訊服務。加強市場調查，協助進行或接受授權進行會展統計，進行統計分析，收集和積累市場資訊和統計資料，建立會展行業數據庫，為行業發展以及政府和企業提供各類資訊和諮詢服務，為政府和企業決策提供依據；正確引導和協調會展資源配置，避免重複辦展和惡性競爭，發揮資訊諮詢服

務作用。

（3）行業自律，市場規範。進行會展評估和推介，加強會展品牌保護和品牌展會推廣；制定行業標準和市場規範，規範行業行為，維護公平競爭；接受授權，參與資質審查，進行資質認定，出具相關公信證明；協調各方關係，維護各方的合法權益；研究制定行業道德準則和行為規範，推動行業文化建設；依據法律法規、協會章程和行業規範，採取行動，懲戒違章違規行為；反對市場壟斷，反對仿冒騙展，維護市場秩序，促進有序競爭；協助企業提高服務質量和管理水平，督促企業加強誠信建設，發揮行業自律作用。

（4）廣泛聯繫，促進合作。加強與有關政府部門、研究機構、大專院校的溝通與聯繫，促進會展理論政策的研究和專業人才的培養，營造更為有利的發展環境；加強城市兄弟協會中介組織間的聯繫與合作，建立一種聯繫溝通機制，定期交流；加強與國際會展組織和其他國家同業協會的聯繫與合作，積極參加國際會展交流活動，學習和借鑑國際先進經驗。

鑒於中國會展行業發展的實際情況，現階段協會功能發揮首先應當是聯繫溝通，透過廣泛的聯繫，將業內企業團結在自己的周圍；溝通政府，爭取政府對行業的全面瞭解和支持，然後才有可能進行行業規範和協調。沒有業內企業的信任和政府的支持，行業自律和規範很難推行。聯繫溝通是前提，服務到位是基礎，協調規範是手段，促進發展是目的。

2.組織建設

中介組織行業管理協調作用的發揮，首先必須加強行業中介機構的組織建設。會展行業中介組織建設起步較晚，雖然至今還沒有代表整個行業的全國性中介組織，但許多會展活動比較活躍的城市先後成立了會展行業協會或其他中介組織，全國也組建了展覽館協會和城市工業品貿易中心聯合會。會展業中介組織應會展行業發展而生，隨會展行業發展而長，起步雖晚，但發展勢頭較好：自下而上，帶有一定行業自發和民間推進性質，業內利益代表性相對好於其他行業協會；政府色彩相對較淡，已經開始引起政府的重視。但是，我們也應當看到，畢竟會展行業中介組織建設起步較晚，政府重視的程度相對不高，協會服務功能有

待提高，協會的權威性有待增強。今後一段時間內，我們應當根據中國實際情況，找準行業協會的功能定位，加強協會的組織建設和功能建設，充分發揮行業協會在會展發展中的調研、溝通、服務、自律功能，促進會展行業的健康發展。

會展行業協會的組織功能建設要解決好社會合法性、廣泛代表性和公平公正性問題。要加快會展領域法制建設的步伐，透過立法或政府法令來明確會展中介組織的合法地位和市場協調功能；同時，在治理機制的競爭中，協會組織只有不斷地進行服務和制度的創新，才能立於不敗之地。作為企業利益的代表者，行業中介組織要在廣泛行業覆蓋面基礎上，透過自己公正有效的服務，贏得成員企業的自願承認和充分信任，確立自己的權威。打破部門門戶之見，創造條件，組建全國性會展行業中介組織。

（四）做到政府、企業與協會各司其職

建立政府宏觀指導與服務、企業自主經營與規範、協會行業溝通與協調三位一體的會展行業經營管理體制，也就是政府、企業和協會找準各自在市場上的定位，按照共同的遊戲規則發揮自己應該發揮的作用。

政府應當轉變自己的職能，跳出會展活動的微觀運作，發揮宏觀調控、政策支持、產業導向和市場監督作用。各級政府部門不再具體承辦會議和展覽，不再干預和具體參與展會的經營業務，逐步將會展行業的行政管理職能透過政府授權的方式向會展行業協會轉移。譬如，政府透過加強與國際組織之間的溝通交流，爭取獲得更多大型國際會議、展覽的主辦權；政府獲得主辦權後要將承辦權讓渡給會展市場主體，由會展企業進行具體會議和展覽的運作經營。另外，政府要透過法律法規對市場進行監管，對行業協會給予必要的指導和管理。

協會是溝通政府與企業的橋梁，發揮聯繫企業溝通政府，承上啟下的作用。協會需要全面瞭解和掌握整個行業各方面的資訊，提供各類有效服務，正確引導會展資源流向；配合政府制定一系列遊戲規則，保證市場機制最大限度地發揮作用；加強自身建設，透過制定行業規範和服務標準，以行業自律的方式負責會展市場的協調和規範。

企業透過行業中介組織反映自己的呼聲，爭取政府對行業的政策支持，獲得

國家法律保護，享受各類合法權益；並按照大家共同制定的行為規範約束自己，在法律和行業規範許可的範圍內誠信、合法、自主、規範經營，把握市場機遇，發展壯大。

知識連結6—2：

中國國際貿易促進委員會

中國國際貿易促進委員會是由中國經濟貿易界有代表性的人士、企業和團體組成的全國民間對外經貿組織，成立於1952年5月。

中國國際貿易促進委員會簡稱中國貿促會，英文名稱為：China Council for the Promotion of International Trade，縮寫為CCPIT。

中國貿促會的宗旨是：遵循中華人民共和國的法律和政府的政策，開展促進對外貿易、利用外資、引進外國先進技術及各種形式的中外經濟技術合作等活動，促進中國同世界各國、各地區之間的貿易和經濟關係的發展，增進中國同世界各國人民以及經貿界之間的瞭解與友誼。

經中國政府批准，中國貿促會1988年6月組建了中國國際商會（China Chamber of International Commerce，英文縮寫為CCOIC）。

目前，中國貿促會、中國國際商會已同世界上200多個國家和地區的工商企業界建立了廣泛的經貿聯繫，與300多個對口組織簽訂了合作協議，並同一些國家的商會建立了聯合商會；同時，中國貿促會還在16個國家和地區設有駐外代表處。在中國國內，中國貿促會、中國國際商會在各省、自治區、直轄市建立了50個地方分會、600多個支會和縣級國際商會，還在機械、電子、輕工、紡織、農業、汽車、石化、商業、冶金、航空、航天、化工、建材、通用產業、供銷合作、建設、糧食、礦業、煤炭、物流等部門建立了20個行業分會，並對中國對外服務工作行業協會予以指導，全國會員企業近7萬家。

中國貿促會、中國國際商會及其所屬業務部門已經加入了許多國際組織，其中包括世界知識產權組織、國際保護工業產權協會、國際許可證貿易工作者協會、國際海事委員會、國際博覽會聯盟、國際商事仲裁機構聯合會、太平洋盆地

經濟理事會、國際商會等。

第四節 會展業主要國際組織

與會展業有關的國際專業組織在組織和管理世界會展業市場化的發展中,發揮了重大的作用。瞭解這些國際會展專業組織,積極和它們建立聯繫,成為它們的成員,參加相關活動,能使我們有更多的機會獲取國際會展業發展的新趨勢、新發展等各種資訊,對中國會展業加速開發國際市場,參與國際競爭,推動會展業持續發展有著重要意義。

一、主要國際會議組織

(一)國際會議協會(ICCA)

國際會議協會(International Congress & Convention Association,簡稱ICCA),也稱為國際大會和會議協會,是全球會議業最具權威性的國際專業組織之一。

國際會議協會(ICCA)創建於1963年,總部設在荷蘭首都阿姆斯特丹。其目標是,透過合法的手段,促進各種類型的國際會議及展覽的發展,評估實際操作方法,以促進旅遊業最大限度地融入日益增長的國際會議市場。到2004年,在全球擁有80個國家的650多個機構和企業會員,中國已有近30家單位成為該協會成員。

國際會議協會(ICCA)結合會議產業專業部門所代表的類目,擁有自己的結構體系。根據成員不同的業務範圍分為9類,並以一個英文字母作為成員類型的代號,包括會議旅遊及目的地管理公司(旅行社)(A類)、航空公司(B類)、專業會議組織者(C類)、旅遊及會議觀光局(D類)、會議資訊技術專業機構(E類)、會議飯店(F類)、會展中心(G類)、榮譽成員(H類)等。

作為會議產業的領導組織,國際會議協會包含了所有當前以及未來的專業部門,並透過以下方式為所有會員提供最優質的組織服務:

（1）提高成員舉辦會議的技巧及對行業的理解；

（2）為成員間交流資訊提供便利；

（3）為成員最大限度地發展商業機會；

（4）根據客戶的期望值提高專業水準。

國際會議協會（ICCA）採用的是一種區域性的組織結構，成立了區域分會、國家和地方委員會。將全世界劃分為9個區域，並設立了9個區域分會：非洲分會、法語分會、北美分會、亞太分會、拉美分會、斯堪的納維亞分會、中歐分會、地中海分會、英國/愛爾蘭分會，並在17個國家和地區設立了委員會。

要加入ICCA，成為其會員，不但每年要交納會費，而且在加入時還要一次性交納一筆入會費。ICCA的會員可以享受其提供的如下產品與服務：①協會數據庫說明；②協會數據庫報告書；③協會數據庫提供的按客戶要求特製的表格名錄；④公司數據庫說明；⑤公司數據庫提供的按客戶要求特製的表格名錄；⑥國際會議協會數據專題討論會資料；⑦國際會議市場統計資料。

ICCA提供的產品和服務對於幫助其會員瞭解國際會議市場、獲取行業資訊、開展會議行業教育和調研活動，以及制定會議發展計劃和策略，有著重要的參考價值。

ICCA對國際會議的統計標準制定下列嚴格條件：

（1）會議必須要定期舉行，一次性會議不能列入統計範圍；

（2）與會人數至少在50人以上；

（3）會議至少要在3個不同國家之間輪流舉辦。

知識連結6—3：

由ICCA評選出的2006年度排名前10位的會議城市和國家如表6-1：

表6-1 2006年度排名前10位的會議城市和國家

排名	城市	會議數量	排名	國家	會議數量
1	維也納	147	1	美國	414
2	巴黎	130	2	德國	334
3	新加坡	127	3	英國	279
4	巴塞隆納	103	4	法國	269
5	柏林	91	5	西班牙	266
6	布達佩斯	86	6	義大利	209
7	首爾	85	7	巴西	207
8	布拉格	82	8	奧地利	204
9	哥本哈根	69	9	澳大利亞	190
10	里斯本	69	10	荷蘭	187

（二）國際協會聯盟（UIA）

國際協會聯盟（the Union of International Associations，簡稱UIA），是一個非政府、非營利性的組織，1910年成立於比利時布魯塞爾，工作語言主要是英語和法語。其前身是於1907年在比利時布魯塞爾成立的國際協會辦公室。1919年10月25日正式以一個具有科學宗旨的國際協會登記註冊。

國際協會聯盟（UIA）的宗旨是：收集、研究和傳播國際組織的會議資訊，這些資訊涉及政府和非政府國際機構之間的關係、召開的會議以及它們處理的問題和採取的戰略，並進行國際組織會議發展趨勢的預測。

國際協會聯盟（UIA）有18位正式工作成員，除此之外還有短期工作人員簽訂短期項目合約，每年預算約為80萬美元。其收入來源主要依靠：會費、簽訂研究和諮詢合約收入、出版物的銷售以及提供服務。另外，還有部分收入來自政府的捐贈和贊助（主要是比利時、法國和瑞典政府及一些官方和私人機構的捐款和贊助）。

國際協會聯盟（UIA）從1910年開始至今出版了300多種出版物和系列出版物。如《跨國協會》、《國際大會日程表》和《國際組織年鑑》等，UIA以書面、光碟及互聯網的形式提供的數據資料，對於廣大使用者來說是科學研究、決策和工作的有效工具。

公司和個人可以透過支付會費加入國際協會聯盟（UIA），但首先要得到

UIA執行委員會的批准。UIA的會員中有各種組織、基金會、政府機構和企業。

國際協會聯盟（UIA）對於國際會議的評定標準如下：

（1）與會人數至少300人；

（2）至少5個國家參加；

（3）外國與會者占全體與會人數40%以上；

（4）會期至少3天。

上述統計不包括國內會議和宗教、政治、商業和體育等會議。

（三）國際專業會議組織者協會（IAPCO）

國際專業會議組織者協會（The International Association of Professional Congress Organizers，簡稱IAPCO），成立於1968年，其前身是英國專業會議組織者協會。這是一個由專業的國際國內會議、特殊活動組織者及管理者組成的非營利性組織，服務於全球的專業會議組織者。其總部設在英國倫敦。

國際專業會議組織者協會（IAPCO）成員遍及全球，每年透過舉行各種活動，進一步提高會議組織者的專業認知度，為專業會議組織者提供論壇，為其成員提供交流意見和經驗的機會，開展和促進國際會議理論和實踐的培訓教育，保持和進一步提高大型會議和其他國內外會議和節事活動高水準和專業化的組織管理，不斷提高其成員和會議行業人員的服務水平。因此，其成員質量保證受到全球會議服務商的認可。

凡從事國際會議的籌備和經營工作的個人和企業都可申請參加國際專業會議組織者協會（IAPCO），該協會對專業會議組織者設立了隨著服務和經濟影響而不斷變化的標準。協會成員大致分五類：

（1）普通會員。需付會費，在全體會議上有表決權，普通會員主要針對專業會議組織公司，在公司、協會、院校、機構、會議中心等單位會議部門工作的個人，從事於國際會議籌備和經營所需服務組織工作的自由職業人。

（2）邀請會員。針對在國際會議領域有一定地位的個人。

（3）榮譽會員。

（4）項目經理會員。針對早已是國際專業會議組織者協會（IAPCO）成員的專業會議組織公司裡的項目經理而設的會員類型。

（5）分支機構會員。針對有一個或更多分支機構或有至少75%控股權的持股機構，並要讓其所有的機構都能使用國際專業會議組織者協會品牌的國際專業會議組織者協會會員。

隨著亞太地區在國際會展市場份額的增加，國際專業會議組織者協會（IAPCO）會員正在亞太地區不斷發展壯大。IAPCO　正在亞洲舉辦各種教育項目，支持會議產業在其他新興會議目的地的良好發展。中國地區只有香港國際會議顧問有限公司（International Conference Consultants Limited）是其成員。

（四）會議專業工作者國際聯盟（MPI）

會議專業工作者國際聯盟（Meeting Professional International，簡稱MPI）成立於1972年，總部設在美國的達拉斯。

MPI是全球會議和活動取得成功的主要力量，其使命是致力於成為會展行業中策劃和開發會議這一領域內的未來領導性的全球組織，主要從事會議發展趨勢的分析和預測，從事會議業的經濟效益（會議業對個體、對組織者、對全球經濟的戰略意義及會議業的投資回報率）的分析工作。

為了獲取更多的專業和技術資源、贏得專業發展和網路工作的機會及抓住戰略同盟、折扣服務和分部成員之間互相溝通的機會，越來越多的企業、機構和組織加入了該組織。

MPI目前在全球60多個國家有近2萬多個成員，其成員共分三類：策劃協調管理會議的會議策劃者、提供會議業所需產品與服務的供應商及大專院校會展專業或接待業的全日制在校學生。其中，會議策劃者成員占總數的46%，其餘的54%為後兩類成員。

（五）會議產業委員會（CIC）

會議產業委員會（Convention Industry Council，簡稱CIC）由四家社團組織的領導人於1949年發起成立。四家社團組織的領導人在一起討論會議業的發展形勢時建立了一個委員會，並制定了一套貿易標準，這就是著名的會議聯絡委員會（Convention Liaison Council）。這四家創始組織為：美國住宿業與汽車旅館協會、美國社團組織經理人協會、國際服務業市場營銷協會、國際會議和旅遊局協會。2000年更名為會議產業委員會，會議產業委員會制定了以下四個基本目標：①達成這些組織間對各自責任的相互理解和認同；②透過研究項目和教育項目，為處理會議程序創造一個堅實和穩定的基礎；③在會員組織間舉行大家共同感興趣的教育項目和活動；④讓眾人知曉，會議對整個社區和國家經濟的必要性。

多年來，該委員會一直是這個行業中的教育領導者，它創建了註冊會議專業人士認證項目（Certified Meeting Professional Program）。CMP認證項目從1993年起在國際推廣，平均每年有1000個項目得到CMP認證。

（六）國際會議中心協會（AIPC）

國際會議中心協會（Association International des Plalis de Congres，簡稱AIPC）於1958年成立於羅馬，為非營利組織，目前有來自世界49個國家和地區的160個國際會議中心會員。中國北京國際會議中心、香港會議和展覽中心、臺灣臺北國際會議中心都是其會員。

AIPC主要宗旨是：結合全世界會議中心資源，透過會員間的交流，交換有關會議管理、會議技術、會議溝通以及會議新需求等資訊，向會員提供有關會議管理和顧問服務；透過會員間主管的交流，提升有關會議硬體管理與營運、財務運作、組織與員工發展、行銷與客戶管理和環保訴求等相關議題的水準。協會在行業術語的釋義方面，統計數據方面以及國際會議等其他方面起著非常重要的作用。

AIPC每年都要在世界上不同地方舉行年會和委員大會，來自全球各地的人士共同討論行業議題並交換意見。

二、主要國際展覽組織

（一）國際展覽局（BIE）

國際展覽局（The Bureau of International Expositions，簡稱BIE）是專門從事監督和保障《國際展覽公約》的實施、協調和管理舉辦世博會並保證世博會水平的政府間國際組織。1928年11月，31個國家的代表在巴黎開會簽訂了《國際展覽公約》。該公約規定了世博會的分類、舉辦週期、主辦者和展出者的權利和義務、國際展覽局（BIE）的權責、機構設置等。《國際展覽公約》後來經過多次修改，成為協調和管理世博會的國際公約，由法國發起成立了國際展覽局（簡稱BIE），總部設在巴黎。國際展覽局（BIE）依照該公約的規定應運而生，行使各項職權，管理各國申辦、舉辦世博會及參加國際展覽局（BIE）的工作，保障公約的實施和世博會的水平。

國際展覽局屬政府間國際組織，其作用包括組織考察申辦國的申辦工作；協調展覽會的日期；保證展覽會的質量等。它的存在對規範、管理和協調世博會的舉辦，造成了很好的效果。國際展覽局的收入，主要來自申辦展覽會的註冊費和舉辦期間門票收入的一定比例。

國際展覽局每年由在職主席主持召開兩次全體成員國代表大會。這些會議由成員國代表和國際組織的觀察員參加，成員為各締約國政府。聯合國成員國、不擁有聯合國成員身分的國際法院章程成員國、聯合國各專業機構或國際原子能機構的成員國可申請加入。各成員國派出一至三名代表組成國際展覽局（BIE）的最高權力機構——國際展覽局（BIE）全體大會，在該機構決定世博會舉辦國時，各成員國均有一票。會議上由代表們評審新項目（世博會）的申請，評估那些申辦國申辦世博會的報告。大會也聽取分管各方面工作的四個委員會的工作報告。

國際展覽局日常工作由祕書長負責，下設執行委員會、行政與預算委員會、條法委員會、資訊委員會四個委員會，其工作職責為如下。

執行委員會：為世博會所展示的內容確定分類標準；審查所有申辦的註冊類（綜合類）或認可類（專業類）世博會的申請，並提出該委員會的意見一併提交全體大會通過；執行全體大會賦予的任務；向其他委員會徵詢意見。

行政和預算委員會：對國際展覽局的管理活動實施監控；對國際展覽局的財務管理進行檢查；制定國際展覽局年度預算並提交全體大會通過。

條法委員會：審查世博會的特別規章，並將其提交全體大會通過；指定供世博會組織者使用的規章範本；制定國際展覽局的內部規章。

資訊委員會：出版國際展覽局通訊，並研究和宣傳國際展覽局的活動。

每個委員會設一位主席和副主席，各委員會主席同時也是國際展覽局副主席。這8個成員與國際展覽局主席和祕書長構成了整個國際展覽局工作的管理主體。所有委員會的職位均從所有的成員國代表中選舉產生。國際展覽局主席由全體大會選舉產生，任期兩年，可連任一屆。

2003年12月12日，國際展覽局第134 次成員國代表大會在法國巴黎舉行，前中國駐法國大使、中國外交學院院長吳建民當選為國際展覽局主席。2005年12月1日在國際展覽局第138次大會上吳建民連任國際展覽局主席，任期2年。

國際展覽局成員國遍布歐洲、北美洲、中美洲、南美洲、非洲、亞洲和大洋洲。截至2006年年底，國際展覽局（BIE）共有98個成員國。1993年5月3日，BIE通過決議，接納中國為其第114個成員國。同年12月5日，在巴黎召開的國際展覽局第114次成員國代表大會上，中國被增選為BIE資訊委員會的成員。1999年12月8日，在法國召開的BIE第126次會議上，中國首次當選為執行委員會成員。中國國際貿易促進委員會一直代表中國政府參加國際展覽局的各項工作。

（二）全球展覽業協會（UFI）

全球展覽業協會（The Global Association of the Exhibition Industry），原名國際博覽會聯盟（法文Union des Foires Internationales，簡稱UFI，或者英文The Union of International Fairs，簡稱UIF），國際博覽會聯盟於1925年4月15日在義大利米蘭市由20個歐洲主要的國際展會發起成立，總部設在法國巴黎。在2003年10月20日開羅第70屆會員大會上，該組織更名為全球展覽業協會，仍簡稱UFI。

UFI是世界主要博覽會組織者、展覽場所擁有方、各主要國際性及國家展覽

業協會的聯盟。它已經從一個代表歐洲展覽企業與展會的洲際組織發展成為一個全球性的展覽業最重要的國際性組織。目前在五大洲的75個國家、172個城市中有300多個會員。

UFI的主要目標是代表其成員和全世界展覽業將展覽會作為一個獨特的市場營銷和溝通工具在全球進行宣傳促銷。它起著一個高效的網路平臺作用，讓展覽業的專業人士在這個平臺上互相交換各自的想法和經驗。UFI也向其成員提供寶貴的涉及展覽業各領域的研究成果，同時還提供教育培訓和高層次研討會的機會，並在其區域分會和工作委員會的框架內處理有關其成員共同利益的問題。

中國由中國貿促會等單位與UFI合作，分別於1987年、1997年在北京、上海舉辦UFI培訓班，介紹國際展覽知識、國際展覽操作與管理。全國20多個省市的辦展人員參加了這兩項活動。

UFI沒有個人成員，只有團體成員，包括公司協會、聯合會等。UFI吸收兩類成員：正式成員（Full Member）和非正式成員（Associate Member）。UFI的正式成員有權在它公司和它舉辦的經UFI認證的展會的所有印刷和其他宣傳材料上使用UFI的標誌來反映企業和展會的質量。

中國目前已有34個展會企業和組織加入了UFI，中國的UFI會員每年派人員參加UFI年會，介紹中國展會情況，瞭解國際展覽發展趨勢，推動中國展覽業國際化。

此外，UFI有一套成熟的展覽評估體系，對其成員組織的展覽會和交易會的參展商、專業觀眾、規模、水平、成交等進行嚴格評估，用嚴格的標準挑選一定數量展覽會和交易會給予認證。經UFI認證（UFI Approved Event）的展會是高品質展覽會的標誌，意味著符合UFI質量標準，有良好的展覽設施和基礎設施，能為參展商和觀眾提供專業的服務，在一定的領域和地域內具有市場領先的優勢和地位。得到 UFI 認證的展覽會在吸引參展商、專業觀眾等方面具有很大優勢。

當一個展會組織者加入UFI時，它所舉辦的展會中至少要有一個展會得到UFI的認證。另一方面，已成為UFI成員的展會組織者還可向UFI提出對其組織的其他展會進行認證的要求。

取得UFI認證的國際展會，必須符合以下認證條件：

（1）展會必須至少已經定期舉辦過3次；

（2）直接或間接外國參展商數量不少於總數量的20%；

（3）外國觀眾數量不少於總觀眾數量的4%；

（4）直接或間接外國參展商的展出淨面積比例不少於總展出淨面積的20%。

知識連結6—4：

長春貿促會作為新會員首次參加全球展覽業協會（UFI）北京年會

發布時間：2006—11—13 來自：吉林省貿促會

全球展覽業協會（UFI）第73屆年會於2006年11月8日—11日在北京隆重舉行。這是UFI自成立以來首次在中國大陸舉辦的國際性年會。長春貿促會作為新加入UFI的會員單位，由會長親自帶隊，參加了該屆北京年會。

UFI有著悠久的歷史。它成立於1925年，會員包括世界各地展覽主辦者、展館經營者、展覽行業協會以及相關產業服務商，是國際上最有影響的展覽行業協會。UFI年會於每年10月底或11月初在世界不同的城市舉行。年會內容包括一系列專業委員會和各地區分部的會議、有關經濟和展覽業務的專題報告及相關討論會等，是協會每年規模最大、全體會員參加的大會。UFI作為展覽業全球性協會，在全世界宣傳展覽會方面處於獨特的位置。UFI實行認證制度，對會員有嚴格的質量標準，只有展覽業的最佳機構才能加入其中。UFI認證在各國的展商和觀眾中都得到了認可，是世界公認的最重要的國際展覽業組織。

目前中國內地已經有31個單位和43個展會項目加入了UFI，其數量居世界第三位。由於中國國內目前還沒有統一的、權威的對展覽項目、展覽公司和展覽服務企業的評定標準和級別設定，所以UFI認證就在目前一段時期裡成為能夠代表高水平的標誌。

長春國際汽車博覽會是中國大陸繼上海車展之後第二個加入UFI的車展，長

春市貿促會也作為東北為數不多的會員在上屆莫斯科年會上通過認證。

（資料來源：吉林省貿促會）

（三）國際展覽管理協會（IAEM）

國際展覽管理協會（the International Association for Exhibition Management，簡稱IAEM）成立於1928年，總部設在美國得克薩斯州的達拉斯市，是當今展覽業最重要的行業協會之一，管理和服務於全球展覽市場。

該協會與UFI在國際展覽界均享有盛譽，被認為是目前國際展覽業最重要的行業組織，兩者現已結成全球戰略夥伴，共同促進國際會展業的發展與繁榮。其使命是透過國際性網路為成員提供獨有和必要的服務、資源和教育，促進展覽業的發展。

國際展覽管理協會（IAEM）的基本目標包括以下幾點：

（1）促進全球交易會和博覽會行業的發展；

（2）定期為行業人員提供教育機會，提高其從業技能；

（3）發布展覽業相關資訊和統計數據；

（4）為展覽業人員提供見面機會，交流資訊和想法。

國際展覽管理協會（IAEM）擁有以下各類成員：展覽經理、準會員、商業機構成員、學生成員、教育機構成員、已退休成員、分部成員等。目前，IAEM已有會員3600多人，來自全世界46個國家和地區，該協會成員舉辦的展覽每年近1萬多個。其董事會由13位董事組成。

國際展覽管理協會（IAEM）中國區辦事處目前已落戶深圳。

國際展覽管理協會（IAEM）透過許多渠道與成員交流，包括EXPO 雜誌、「行業新聞報導」和網址上每週發布的協會新聞等。

國際展覽管理協會（IAEM）提供展覽管理的註冊培訓認證項目，即CEM（Certified in Exhibition Management）的培訓認證項目。該培訓項目的必修課程包括：項目管理、選址、平面布置與設計、組織觀展、服務承包商、活動經

營、招展，選修課程包括：展示會開發、計劃書制定、會議策劃、住宿與交通、標書的制定與招標，高級課程為：經營自己的業務（包括策劃與預算）、經營展會的法律問題、安全與風險問題的防止、登記註冊、瞭解成人教育。高級課程專為取得CEM認證並可能使用CEM培訓認證項目再去開展培訓認證的個人所開設。

（四）世界場館管理委員會（WCVM）

世界場館管理委員會（The World Council for Venue Management，簡稱WCVM），成立於1997年，WCVM集結了全世界代表公共集會場館行業專業人士和設施的一系列主要協會。

成立世界場館管理委員會（WCVM），是為了促進公共集會場館行業內專業知識提高和互相理解，它致力於透過在成員協會和這些協會成員中的資訊和技術交流來提高溝通和促進專業發展。

WCVM 現有協會成員是：會議場館國際協會（AIPC）、亞太會展委員會（APECC）、國際會議經理協會（IAAM）、歐洲活動中心協會（EVVC）、亞太場館管理協會（VMA）和體育場館經理協會（SMA）。

這些協會成員一起為5000多個管理經營場館設施並在這個行業中聯合在一起的人士提供專業資源、論壇和其他有益的幫助。這些人士代表了世界上1200個會展中心、藝術演出中心、體育場館、競技場、劇院和公共娛樂和會議場所。

三、主要獎勵旅遊國際組織

國際獎勵旅遊協會（The Society of Incentive and Travel Executives，簡稱SITE，也譯為國際獎勵旅遊管理協會）成立於1973年，是全球唯一致力於用旅遊作為激勵有良好工作表現的專業人士的世界性組織，是目前國際上獎勵旅遊行業最知名的一個非營利性的專業協會，主要向會員提供獎勵旅遊方面的資訊服務和教育性研討會，以促進國際獎勵旅遊行業發展為宗旨，致力於為業內提供廣泛的資源共享平臺。

國際獎勵旅遊協會（SITE）會員的專業涉及航空、遊輪、目的地管理公司（DMC）、酒店和渡假地、獎勵旅遊公司、旅遊局、會議中心、旅遊批發商、研

究機構、景點、餐館、供應商等。

目前，國際獎勵旅遊協會（SITE）有2000多個會員，分屬33個大區的82個國家，總部設在美國芝加哥。會員國有澳大利亞、比利時、南非、新加坡、西班牙、泰國、土耳其、德國、英國、盧森堡、加拿大、愛爾蘭、義大利、馬來西亞、荷蘭、葡萄牙、墨西哥、芬蘭、中國香港、東非等，在印度尼西亞、馬耳他、中國香港設有分會。2006年12月「SITE中國分會」在北京正式成立。

國際獎勵旅遊協會的會員能在以下方面獲益：①被列入在線成員指南（Expertise Online），獲得免費網址連結，獲得分布在各國的會員的聯繫方式；②能夠參加SITE在全球的分會活動和教育培訓項目；③在參加SITE年會時享受優惠註冊費；④在參加獎勵旅遊交易時獲得展示臺所需的SITE成員展示材料；⑤可以在個人名片和公司信箋上使用SITE 的標誌；⑥有資格參加SITE 水晶獎大賽；⑦有機會獲得SITE認證的稱號；⑧能以會員價訂購SITE的出版物，免費獲得SITE提供的研究報告。

國際獎勵旅遊協會還設立了專門基金支持世界各地有關獎勵旅遊的課題研究，這對世界獎勵旅遊的發展起了很大的推動作用。

四、主要節事活動國際組織

（一）國際節日和節慶/節事聯合會（IFEA）

國際節日和節慶/節事聯合會（International Festivals & Events Association，簡稱IFEA，也譯為國際節日與活動協會）是一個更關心公眾娛樂和消遣的節日和活動的全球性專業節慶組織，它的前身是創建於1955年的國際節日協會（The International Festival Association，IFA），1995年加上Event 成為現在的名稱。總會設於美國愛達荷州首府博伊西城（Boise），會員以節日與活動主辦者為主，在北美、歐洲、亞洲、大洋洲、拉丁美洲、中東地區設有分部，在全球五大洲的38個國家擁有組織各種規模節事活動的2700多名會員，會員包括品牌活動和剛起步的活動、活動組織者和顧問、城市和政府部門、會議旅遊局和商業代理、公司活動、公眾和私人活動、贊助商、學術界和支持活動的供應商等。

IFEA是自願參與的協會組織，其目的是為那些以組織和展示節慶、活動以及市民和個人慶典為共同目的的活動商、供應商和相關專業人員和組織提供服務，核心宗旨是致力於突出當地文化和影響等特徵基礎之上的節慶、活動和市政慶典，透過各地市政的公眾活動增強市民榮譽感，促進文化、遺產和社區團體的保護，使得未來社區團體和世界的發展依賴於這些民族傳統節事慶典的存在。

IFEA建立了「節日從業人員認證」標準（Certified Festival Executive，簡稱CFE），作為對相關從業人員進行資格認證的依據。評審委員會每年從全球超過3000項的節日和節慶/節事中，選出最優秀的項目，頒發榮譽獎，這一獎項是旅遊業界中的權威獎項。協會在大洋洲、歐洲和北美等地設有分會。新加坡2000年憑著「歡慶繽紛新世紀」、「新加坡美食節」和「世界名廚峰會」活動得獎，成為第一個獲該協會最高榮譽獎的亞洲國家。

（二）國際特殊節慶/節事協會（ISES）

國際特殊節慶/節事協會（International Special Events Society，簡稱ISES），是成立於1987年總部設於美國的芝加哥的國際性特殊活動專業組織，主要處理公司和商業領域的活動。目前在全世界有41個辦事處，由來自48個國家的超過4000個活動專業會員組成，下設31個分部。成員囊括了從節日到商業展覽的組織者、會議策劃/規劃、餐飲商、裝飾裝修公司（decorator）、花商、目的地管理公司、租賃公司、特殊活動專家、帳篷供應商、視聽技術人員、音像技術、宴會和大會協調者、氣球設計藝術專家、教育專家、記者、飯店銷售管理商、專門娛樂公司、會展中心經理人、學術刊物、團體及會議協調（Convention Coordinators）等諸多節慶／節事領域的專業人員。

ISES的目的在於透過教育與培訓，在引導行業活動順利發展的同時使行業活動合法有序化，主張專業人士聯合起來把活動作為一個整體而非個體看待，不僅幫助特殊活動專家們提高組織與管理的成效，而且搭建同行間積極的合作平臺。其宗旨是發展和提升特殊活動業本身及建立與其他相關行業的專業網路。透過專業指導和道德約束完善特殊活動職業，使之公眾化；諮詢和宣傳有用的商業資訊；培養成員之間以及其他特殊活動專業人士的團結合作精神；促進高水平的商

業實踐等。ISES是特殊活動行業中代表和約束活動專業者的唯一國際組織管理機構，教育和專業奉獻是它的基石。協會透過「特殊節慶／節事從業人員證書」（Certified Special Event Professional，簡稱CSEP）對特殊節慶／節事從業人員進行行業技術標準和職業道德認證。其著名的大型活動組織專業人員職業資格認證（CESP，Certified Special Events Professional）是由ISES和認證委員會共同授予的，獲得CSEP資格認證的稱號，是一名活動組織經理人在培訓、經驗、服務等方面達到最高層面的證明，也是其職業水準得到活動組織管理行業的同行們一致認可的標誌。IFEA開展的主要業務有舉辦年度大會和節慶展覽會、搭建全球廣告商和贊助商事務推廣的平臺、進行節慶教育培訓認證（CFEE）、提供節慶活動管理策劃諮詢、開展節慶品牌價值評估、為會員提供國際教育交流與互訪的機會、網路與會刊服務並進行IFEA全球年度評選推薦等。IFEA每年都會從2000多個來自世界40多個國家報送的節慶項目中評選出最富創造力、高質量的優秀推廣項目並授予哈斯・維克森最高獎。

第七章 會議的運作

◆章節重點◆

1.掌握會議運作的內涵與功能

2.熟悉會前策劃與準備工作主要包括的環節

3.掌握會議場地選擇的基本步驟

4.掌握在制定會議預算時,主要考慮的費用

5.熟悉會議的執行與實施的工作步驟

6.掌握會後工作的意義及內容

7.熟悉會議運作中常見的誤區以及避免的措施

從會展業發展的角度看,會議業是會展業的重要組成部分,也是利潤率較高、潛力很大的一個部分。從一般組織管理的角度看,會議是一項有效的管理工具,是履行管理責任和實施管理控制的有效手段,也是制定計劃、獲取資訊和建立聯繫的主要手段。在資訊交流速度日益加快、範圍日益拓寬、內容日益加深的現代社會,會議對任何領域而言都顯得越來越重要了。對於任何一個組織而言,要及時解決問題、形成決策或激勵成員鬥志,都離不開用開會的形式進行相互交流和溝通。這樣一來,如何提高會議的質量和效率,如何實現會議的目的,既是會議公司或其他會議策劃者面臨的現實業務問題,也是組織領導人面臨的一個挑戰。因此,掌握會議運作的規律,把握會議運作的流程及特徵,成為任何會議組織者都必須高度重視的問題。

第一節 會議運作概述

一、會議運作的內涵與內容

會議運作是指包括會議的策劃、組織、實施、接待服務等一系列相關環節在內的會議操作系統。既包括對會議的運籌、策劃，又包括對會議的操作。它比一般而言的會議組織與管理更為實在，也更貼合實際，是任何會議組織者都必須掌握的「必修課」。

會議運作的內容涵蓋了從會議前的準備到會期的操作執行再到會後的總結評估在內的一個完整過程。在會議的準備階段，也就是會議的策劃與規劃階段，包含以下環節：會議項目立項與審批、成立籌備委員會、策劃會議方案、宣傳推廣與營銷、製發會議通知、組織報名、準備會議文件、布置會場、人員培訓、會前檢查；在會議舉辦階段，包括註冊報到、資訊編發、後勤保障等內容；在會後階段，包括清理會場、安排旅遊活動、會議總結、會議評估等內容。由此可以看出，要提高會議組織工作的科學性，必須要對會議運作的各個環節、各個相關要素進行深入的研究。

二、會議運作的作用與目標

「會議室內煙霧繚繞，主持人在那裡滔滔不絕講個不停，與會者是東倒西歪、哈欠連天，交頭接耳者、玩弄手機者、嬉皮笑臉者都有」，這是我們都不陌生的、且都有過親身體驗的開會場景，會議又長又不解決問題，導致領導苦惱、員工抱怨。究竟是什麼原因造成的呢？應該說這主要是緣於會議組織管理者對會議本身的認識有很大侷限，對會議運作規律及技巧缺乏很好的把握。

（一）會議運作的功能與作用

（1）揭示會議組織與管理的內在機理。

（2）明確會議組織的基本流程。

（3）總結會議運作的基本特徵。

（4）歸納會議運作誤區及應避免的問題。

（二）會議運作的基本目的

第七章 會議的運作

⋯⋯把握會議運作的全⋯流程和相關要求，把﹍﹍﹍﹍﹍﹍﹍﹍﹍﹍﹍﹍﹍有機結合，是一種有效的學習方法。本章最後所附附錄一中的兩個不同類型的會議運作案例即用於此目的。

第二節 會議運作基本流程

會議的運作流程基本包括會前策劃與準備、會中管理與執行、會後總結與評估三大階段。各個階段又包括多項內容。全面、科學掌握這部分內容對於提高會議策劃與管理的質量與水平至關重要。

一、會前工作——策劃與準備

（一）項目立項與審批

在中國當前會展業發展大環境中，很多會議、展覽項目的舉辦都還要得到國家相關部門的批准。所以，我們在談會前工作的時候，首先要講立項與審批的問題。

1.立項

醞釀會議主題，然後對預想的主題進行多方面論證，進行項目調研，是會議組織者開發新的會議產品時第一步要做的事情。首先要考慮預想主題是否違背國家的政策法令，這是個大前提。絕不能為了使會議主題求新出奇而跟有關政策法規、風俗習慣等產生衝突。在保證這一點的情況下，還要透過各種途徑包括查找書籍和報刊資料、網路檢索、聽主題報告會及參加有關的研討會等，對預想會議主題進行論證。目的是要全面掌握會議主題所在行業的發展以及學術發展情況，同時還要瞭解相關方面競爭對手的情況。對預想主題的論證最終要形成一份「可

行性研究報告」，進行立項。

2.審批

將項目可行性分析報告提交到與會議主題相對應的政府主管部門進行審批。這實際上是要與主管部門進行合作，該部門在會議中可以充當「主辦單位」的角色。審批下來後，可繼續邀請其他相關主管部門以「支持單位」的身分出現。審批成功後，會議的組織機構、基本框架初步形成，即主辦單位、支持單位、承辦單位、支持媒體等。

需要指出的是，在會議市場上除專業會展公司策劃的會議以外，還有一些國際組織召開的國際性會議。其運作流程有獨特之處。國際會議的承辦方式一般有三種：成員國或會員國輪流舉辦、地區性輪流主辦、透過競標方式主辦。如果透過競標方式主辦的話，對於擬申請舉辦者而言，會前準備首先是會議申辦工作，包括製作標書、接待評審委員、展示特色等環節。

（二）成立會議籌備委員會或會務工作組

根據會議項目實際籌備工作的需要，確定相關機構和人員成立會議籌備委員會或會務工作組，並賦予職權、明確職責、明確運行方式及時間節點安排，確保該機構能夠有效運轉。

（三）策劃會議方案

會議方案是整個會議組織工作的綱要，會議方案的策劃可以說是會前準備工作的「重中之重」，其好壞直接影響甚至決定著會議的成敗。

會議方案主要以文案形式體現，一般包括以下基本要素：

會議名稱；

大會主題；

會議背景：簡單地說就是為什麼要舉辦此次會議？大會主題的理論依據是什麼？需要分析行業現狀、市場需求以及發展空間等；

會議目標：會議擬達到的目的、擬完成的任務；

組織機構：主辦者、承辦者、支持者等；

時間地點：要考慮到同期是否有競爭對手出現，還要考慮場館檔期安排；

日程安排：會議形式的策劃；

會議議題：討論、報告的主要內容，體現會議的目的、主題與任務；各類技術專題；

出席會議人員：主持人、嘉賓、出席人員、列席人員、記錄人等；

大會特色：對會議新穎、獨特方面的分析；

會議保障：會議組織保障與經費支持等。

會議方案策劃中最為重要的環節是目標設定、主題確定、日程安排、場地選擇和預算制定。

1.設立會議目標

設立會議目標是會議策劃人員的首要工作，是其他所有決定的基礎。會議試圖達成什麼樣的結果？會議準備做出什麼樣的決定？準備取得什麼樣的行動方案？會議目標是會議的終極目的，是會議最終要完成的任務。它為會議主旨和會議日程及類型設計提供一個良好的基礎，是會議各項工作的指揮棒。在國際上，會議的目的一般分為繼續教育、人際關係、獎勵和公司四大類。設立會議目標時，必須要做充分的市場分析或需求分析，正確評估潛在與會者參加會議的不同需求。同時還要注意會議目標的可行性、可評估性，最好能夠書面列出、能夠用數字來表示。

2.確定會議主題

會議主題是會議的靈魂，它直接反映著會議的目的與任務。它會影響社會公眾和與會者對會議的關注程度。會議主題的確定需要多方論證，要切實迎合行業用戶、廠商、專家等相關方的切實需求，並要提前通知與會者。政府類會議主題的確定則要緊扣經濟社會發展中的重要問題，並能夠契合各級幹部和群眾的心理預期。

265

3.日程安排

日程策劃是會議各項活動的核心。首先要確定一個會議期間所有要完成的活動的時間表，也就是會議議事日程表[1]。一般是先有一個初步的議事日程，然後再開始設計具體的時間表。這個時間表不僅指會議各項活動的時間安排，還包括會議組織機構的工作時間安排。它要能夠反映出會議組織機構和與會者的期望。不宜安排得太過緊湊。其次要確定會議類型，選擇合適的會議形式，不要太過單調、死板，儘可能豐富、生動一點。還要對會議組織機構進行細分，以功能為導向設立若干行動小組或分委員會，承擔會議運行中的各項相關工作。

4.場地選擇（內容、步驟、途徑）

會議場地的選擇是會議早期策劃中的一項重要工作，直接關係到會議的成敗。場地選擇包含兩個層面：地點（如城市）的選擇和具體場所的選擇。

（1）場地選擇著重考慮的因素

對會議舉辦地的選擇一般要著重考慮以下因素：

會議室的數量、大小和質量；

住宿、餐飲條件；

會議支持的服務和設備；

舉辦地的知名度；

交通、安全狀況。

從會議組織者自身而言，則要著重考慮以下方面。

會議類型與形式：比如，大型會議宜放在大都市，便於安排食宿；培訓會議放在培訓中心或旅遊勝地培訓點，那裡有專門服務人員；研發類會議適合放在郊區酒店，那裡安靜有利於沉思默想；重大獎勵表彰會議宜放在有較高知名度的場所（如北京人民大會堂），以顯示非凡的意義。

考慮預算：會議分為營利性與非營利性兩類。前者選擇舉辦地時要考慮潛在參會人員的可接受費用的預算。非營利性的會議也要考慮開會的成本問題。

與會者的期望與偏好：最好能夠對潛在參會者對地點的期望與偏好情況做些調查和預測，更能激發其參會的積極性。

對具體會議場所（會議室）的選擇需要考慮以下因素。

會議時間長短：會期長的，面積要大些，會期短的場地面積可稍小。

會議類型：講座型會議、討論會、現場演示會等各自對會場要求不一樣。

出席人員數量、會場容量。

會議專用設施、設備情況：講臺、桌椅等設施，視聽設備的狀況。

餐飲住宿條件。

整體環境：安全、安靜，少受外界噪聲等不良因素的干擾。

會議舉辦場所一般有城市酒店、郊區酒店、機場酒店、渡假區、會議中心等幾種類型，各有其特點與優勢。城市酒店交通便捷，參會者可以有更多的機會參觀博物館、去影劇院及購物等；郊區酒店交通也比較方便，環境相對清靜，費用較低；機場酒店特別適合會期短、節奏快的比較緊急的會議類型；渡假區環境幽靜平和，有特色服務，特別適合獎勵會議、追求品位的會議；會議中心則適合大型會議。隨著會議操作個性化程度的提高，目前會議舉辦場所的選擇也出現個性化傾向，如選擇遊船、老倉庫、博物館、山洞會場、畫廊、歷史古蹟遺址、圖書館甚至動物園等地方。

與會者一般喜歡到風景秀麗或具有特色的地點參加會議，喜歡住在環境舒適、服務優質的酒店。這是一般規律。中國的會議以前多選擇在風景區舉辦，後來隨會議數量的劇增、國家整頓會風措施的頒布以及經費方面的原因，不再以風景區為主，逐漸轉到以城市為主的階段。

（2）會議場地選擇的步驟

初步篩選：根據會議目標、內容、類型及要求，初步選擇開會場所；

確定候選名單：縮小選擇範圍，列出候選依據，供委員會決定；

地點推薦；

實地考察：列出考察項目清單，全面考察，多方交談，獲取更多資訊；最終選擇。

（3）會議場地選擇的途徑

可以跟政府的會議旅遊管理機構合作，如美國的「會議和旅遊管理局（CVB）」，獲得「會議策劃者手冊」等有價值的工具。

還可以跟場館代尋經紀公司、目的地管理公司（DMC）、產業聯盟、航空公司、國際連鎖酒店中心銷售處、行業展覽會及同行機構等合作，獲得資訊支援。另外，透過互聯網、場館目錄、雜誌等也可獲取有用資訊。

知識連結7—1：

會場選擇的基本步驟與方法

會議的成敗，場地的選擇相當重要。應如何選擇適當的會議場地，以下6個基本步驟都需考慮進去：

1.確定會議目的。

2.確定會議形態。

3.決定實質上的需求。

4.考慮與會者的期望。

5.選擇何種會議地點與設備。

6.評估選擇的正確性。

針對這6個步驟，茲將有關內容說明如下。

一、確定會議目的

大部分會議的目的是教育、學術交流、商業討論、專業提高或社交聯誼等多重目的；少數活動是單一目的的。例如一般社團年會多半集合教育、學術交流、商業及休閒活動。而一般企業界會議的特色是激勵性的研討會結合休閒活動，如高爾夫球賽等。每一種會議有其特定理由、目的與期望，因此在考慮場地前要先

瞭解清楚。

二、選擇會議場地的工作清單

先列好工作清單，知道你在選擇場地時需要注意哪些事項，如此更能幫助你正確選擇適當的開會場地。

地區

1.費用（成本）與便利性。

2.是否鄰近機場。

3.轎車或出租車是否足夠。

4.充足的停車空間。

5.如果需要，接送交通工具是否充足，費用情況。

環境

1.當地有何觀光點。

2.購物。

3.休閒活動。

4.天氣狀況。

5.環境是否良好。

6.餐廳。

7.當地治安是否良好。

8.社區經濟狀況。

9.當地給予外界的評價、過去會議舉行情況。

10.當地會議局或觀光旅遊局支持與服務情況。

11.會議周邊供應廠商的經驗、設備是否足夠，如視聽器材公司、展覽公司、事務機器公司與安全方面。

設備

1.警衛人員與服務人員是否友好、做事效率如何。

2.大廳（lobby）是否整潔，吸引人。

3.報到處是否容易找到：

（1）是否有足夠房間供工作人員使用。

（2）是否足以處理check-in／check-out的高峰時段。

（3）接待處的人力是否足夠。

4.當人數眾多時是否有足夠的電梯設備。

5.詢問處是否全天候有人值班。

6.立即回覆有關電話詢問，盡快轉送留言。

7.對客人的服務：

（1）藥店。

（2）禮品店。

（3）櫃臺服務。

（4）保險箱。

8.舒適、整潔的飯店住房：

（1）家具是否完好。

（2）現代化沖浴設備。

（3）充足光線。

（4）足夠的衣櫥空間與衣架。

（5）煙霧警示器。

（6）火災逃生資料是否清楚。

（7）冰箱和小酒吧。

（8）走道是否整潔，包括清潔人員是否迅速清理通道、煙灰。

（9）是否在每層樓有冰塊和飲料。

（10）電梯服務。

（11）標準房與豪華房的大小。

（12）是否有特別樓層提供特殊服務。

（13）豪華套房的數量與形式，客廳、臥室尺寸和睡床類型的簡介。

（14）訂房的程序和方法。

（15）房間類別，如高樓層或低樓層，面海景或面山景。

（16）每一種類別的房間數。

（17）有多少房間數可以使用，如果需要，對早來晚走的與會者如何處理。

（18）會議房價與一般房價如何。

（19）何時能提供確定的會議房價。

（20）是否需要保證數量與訂金。

（21）進房與退房的時間。

（22）什麼時間取消已預訂的房間。

（23）付款方式。

（24）接受哪幾種信用卡。

（25）萬一取消訂房，退款方式如何。

會場空間（Meeting Space）

1.會議室尺寸（面積）。

2.當會議室做不同座位安排時,其容量如何。

3.會議室隔音設備是否良好。

4.電源開關、冷暖氣控制是否單獨分開。

5.會議室的音響效果,是否有良好音響系統。

6.固定設備如黑板、銀幕和家具。

7.障礙物如圓柱。

8.視聽設備:

（1）視聽效果,是否後座的人可以看到銀幕。

（2）會議室天花板高度。

（3）是否有裝飾燈架。

（4）裝飾的鏡子是否會反光。

（5）是否有窗簾遮住窗戶光線。

（6）電源控制位置。

9.火災逃生口。

10.公共區域是否整潔。

11.相同性質的會議室是否在同一層樓或分散在不同樓層。

12.房間和公用電話是否很方便。

13.洗手間數量、位置,是否乾淨。

14.衣帽間數量、位置。

15.其他服務:

（1）足夠空間放置家具和器材。

（2）良好光線。

（3）很容易讓與會者找到。

（4）足夠的電源插座。

（5）安全性。

16.設備：

（1）桌子。

①1.83米寬×2.44米長。

②一般教室桌寬38.1～45.7釐米。

（2）椅子：舒適並適合較長會議使用。

（3）舞臺。

①不同高度的舞臺。

②有地毯和鋪裙邊的舞臺。

（4）講臺。

①站立式講臺。

②有燈光的講臺。

（5）黑板和布告欄。

（6）指示架。

（7）廢紙簍與垃圾桶。

（8）照明燈與輔助燈設備。

（9）燈光控制盤。

（10）報到臺。

（11）麥克風。

餐飲服務（Food & Beverage Service）

1.公共區：

（1）清潔與外觀。

（2）備菜區是否乾淨。

（3）在最忙時段是否有足夠人力。

（4）工作人員態度。

（5）有效、快速的服務。

（6）各式菜單。

（7）價格範圍。

（8）預訂的方式（Reservation Policy）。

（9）是否可能增加食物放置區域（如走廊）作為早餐或簡單午餐的場地。

2.大型活動：

（1）費用（成本）。

（2）創意性。

（3）質量與服務。

（4）多樣菜單。

（5）稅和小費。

（6）在活動前要求漲價。

（7）特別服務。

（8）特製菜單。

（9）提供主題宴會（theme party）的建議。

（10）獨特的茶點。

（11）素食和節食者的食物。

（12）餐桌布置。

（13）舞池。

（14）宴會桌的尺寸。

（15）8人座／10人座。

3.酒的規定：禁止服務時段。

4.現金交易酒吧規定：

（1）調酒師費用和最低計費小時。

（2）出納人員費用。

（3）點心價格。

（4）保證數量規定。

（5）何時需要提供保證數量。

（6）準備的份量超過保證，數量的最大極限。

展覽空間

1.有多少卸貨點，距離展覽區多遠。

2.是否有貨運接收區。

3.設備：空氣壓縮機（Conpressed Air）的水、排水系統、電力、煤氣、電話
插座。

4.最大地面承載量。

5.警衛區。

6.防火逃生口。

7.展覽與餐飲、洗手間、電話的距離。

8.是否有充分時間進、出場。

9.是否需要特別裝潢來增強場地外觀。

10.燈光是否需要補強。

11.展覽場地是否接近會場。

12.救護站是否靠近。

13.是否可提供展覽廠商一間臨時辦公室。

14.存放打包箱的地區和方式。

（資料來源：海南861會議網）

5.預算制定

在準備階段要對會議費用做出科學的預算。會議費用一般要包括場地費、會場裝飾費、設備費、交通費、人工費、茶水食宿費、文具資料費和其他費用。在制定會議預算時，主要考慮以下幾方面的費用：

（1）交通費用：交通費用可以細分為出發地至會務地的交通費用、會議期間交通費用（住宿地至會所的交通、會所到餐飲地點的交通、會所到商務交際場地的交通、商務考察交通以及其他與會人員可能使用的預定交通）、歡送交通及返程交通費用三大方面。

（2）會議室（廳）費用。具體可細分為：①會議場地租金。通常包含某些常用設施。②會議設施租賃費用。主要是租賃一些特殊設備，如投影儀、筆記本電腦、移動式同聲翻譯系統、會場展示系統、多媒體系統、攝錄設備等。③會場布置費用。通常包含在會場租賃費用中。有特殊要求的另外協商。④其他支持費用。通常包括廣告及印刷、禮儀、祕書服務、運輸與倉儲、娛樂保健、媒介、公共關係等的費用。可由專業會議服務商代理。

（3）住宿費用。住宿費可能是會議主要的開支之一。找專業的會展服務商通常能獲得較好的折扣。住宿費跟酒店的等級、房型等因素有關，還跟客房內開放的服務項目有關。

（4）餐飲費用。主要包括早餐（多為自助餐）、中餐及午餐（正餐）、酒

水及服務、會場茶歇（多按人數預算）、聯誼酒會或舞會等費用。

（5）視聽設備、節目費用。在室外舉行活動時需要做出預算。既包括設備本身的租賃費用（常按天計算），還包括設備的運輸、安裝調試及控制技術人員支持費用，有時還要包括背景音樂及娛樂音樂材料的費用、娛樂節目的費用。

（6）其他費用。會議舉辦過程中一些臨時性安排產生的雜費，諸如影印、臨時運輸及裝卸、紀念品、模特與禮儀服務、臨時道具、傳真及其他通訊、快遞服務、臨時保健、翻譯與嚮導、臨時商務用車、匯兌等等。這部分難以準確預算。

會議費用的籌措辦法一般有行政事業經費劃撥、主辦者分擔、與會者分擔、社會贊助、轉讓會議無形資產使用權（名稱、會徽、吉祥物等的商業開發）等。

（四）宣傳推廣與營銷

為吸引參會者、增加與會人數和擴大會議的社會影響，需要組織者做大量的宣傳推廣與營銷工作。

宣傳推廣工作包括廣告宣傳和人員推廣。前者包括印製會議宣傳手冊、發布會議通告、發電子郵件、郵寄會議材料、向媒體散發宣傳資料等。同時還要重視新聞宣傳，要下工夫寫好提供給新聞界的新聞稿，跟大眾媒體坦誠合作，儘量提供媒體新聞採訪所需要的資料及服務。

營銷與促銷工作更為關鍵。營銷計劃必須建立在會議的目標和內容基礎上，要認清目標市場，全面分析競爭環境，爭取在價格、質量和資訊傳遞等方面建立自己的競爭優勢。要特別重視促銷材料的製作，如明信片、廣告單、小冊子、信件、網站等，綜合運用印刷品廣告、直接郵寄、電話營銷和電子營銷等手段加強營銷工作。

營銷國際會議比國內會議更複雜。往往還需要向國際與會者提供入境、當地狀況（天氣、文化名勝、穿著、購物、支付方式等）、交通、住宿、風俗習慣等多方面的實用資訊。

（五）製發會議通知

會議通知的功能是傳遞有關會議的內容、性質、時間地點、方式等基本資訊，以便與會者做出抉擇，讓與會者做好赴會的思想準備和時間物質等準備。會議通知一般可分為邀請函、會議通知、請柬、海報、公告等。發會議通知的方式有多種，可根據會議性質和與會人群的特徵確定。

　　（六）組織報名

　　要設計多種報名方式供參會者自由選擇。如電話、電子郵件、傳真、網站等都可利用。在時間上儘可能前移，增加現場報到前報名的人數所占的比例。

　　（七）準備會議文件

　　要準備好各種會議文件和證件等資料。會前資料主要包括會議專用信封、信紙、海報、通知、註冊登記單等。會議期間資料包括會議議程手冊、名牌、參加會議證書、晚會請柬、餐券、文摘要集、與會者名冊等等。其中與會者與會務人員及其他相關人員佩戴使用的證件要特別重視。它是表明持證人在會議中的身分以及權利和義務的直接證據。包括出席證（代表證、列席證、嘉賓證、旁聽證等）和工作證（工作證、記者採訪證）兩大類。

　　（八）布置會場

　　會場按功能一般可以區分為主席臺、觀眾席和發言區三大部分。主席臺的布置則為重中之重。那是觀眾和媒體聚焦的地方。要設置好會標、會徽、臺幕、標語、講臺、桌椅、座簽、裝飾物等。以吸引觀眾目光，很好地烘托氣氛。

　　設計和安排會場座位格局：可根據會議性質及人數選擇劇院式、課堂式、宴會式、U形、董事會型、T形、E形、多　U形等多種格局。類型選擇以方便進出、方便溝通為準則。

　　排定會議座次：可採用職務、身分等多種排座方式。

　　配齊會議用品和設施：包括文具用品、生活用品、通風設備、照明設備、視聽器材、通訊設備、辦公用品、裝飾用品等。

　　會場裝飾性布置：色調、燈光、氣味、花卉、旗幟、畫像、標語口號等。

除了主要的三大功能區外，會場一般還有一些其他功能區域：報到處、會間茶歇廳、衣帽存放間、視聽設備控制室、同聲傳譯室、嘉賓休息室等。也要注意做些適當的布置和裝飾。

知識連結7—2：

各類會議的場地布置要點

政府部門主辦的大型會議——一般安排在中心城市舉行，要求檔次高，座位數量多，同時能提供一系列中型會議室作為分組討論室用。主會場布置應隆重、莊嚴、神聖，表達積極向上的興奮喜悅之情。對會場的保衛安全衛生服務提出更高要求。往往要進行電臺或電視直播，會後召開新聞發布會。要有為媒體記者安排的場地供轉播、採訪、休息。

培訓會議——透過講授、討論、觀看錄像、現場演練等方式的交流來進行知識傳授。要求有封閉會場，還要有各類拓展訓練設施或場地，有高品質的休閒放鬆地。會場可採用課室式、宴會式或U形等布置。費腦較多，應保持空氣流動通暢，溫度可稍低一點，配備薄荷糖或冰水等。

研討會議——專家參與，應選相對封閉、安靜、不易打擾的地方，多選旅遊勝地、郊區會所。要有夜間娛樂休閒、團隊精神訓練項目，交通相對方便等。

企業例會——分為企業員工例會、企業客戶例會兩大類。員工例會可以簡單一些，但會後的員工聚餐需要精心策劃；客戶例會一是答謝，一是繼續合作，有的還現場簽單。一般會安排在高檔、豪華的會議場所進行，以顯示公司實力。客戶年會要求喜慶歡快、充滿活力。同時安排一些輕鬆愉悅的參與性活動，配備較多的休閒娛樂設施。特色餐飲很重要。座位安排很講究。

新聞發布會——一般選擇在高檔有品位的酒店召開，目的是提高新聞的可信度和重要性。政府的、企業的區別很大。前者嚴肅、正式、簡單，後者靈活。

宴會——是餐飲與會議的結合，其實也是會議的一種。宴會的現場氣氛營造十分重要，它影響客人的心境和對客人的吸引力，關係到宴會的成敗。宴會氣氛由兩方面組成：一是客觀物理環境，包括宴會廳所能提供和控制的周圍情況和條

件,溫度、濕度、空氣質量、噪聲,場地空間大小,家具氣味等。這些會影響客人的舒適度和食慾。二是主觀感官環境,是指與宴會主題相關的場地布置、場地裝飾和宴會活動安排,場地裝飾風格可以透過光線色彩、音樂綠化等烘托不同的主題,設計比較靈活,但一定是圍繞宴會主體進行布置和設計。重點顧客對該主題宴會的總體期望,應給予重視。

(資料來源:張以瓊,會展場館管理與服務,廣州:廣東經濟出版社,2007。)

(九)人員培訓

會前籌備工作是否紮實,很大程度上取決於相關工作人員的業務素質與職業精神。如有條件,應組織相關工作人員進行專門培訓,以有效提高其業務能力,從而提高各項工作的質量。

(十)會前檢查

這是會前準備階段的最後一個環節,應按照工作方案的要求,對會議籌備的各項工作做認真檢查,以及時發現問題,確保萬無一失。會前檢查的方式一般有聽取匯報和實地檢查兩種,尤其要重視實地檢查。

知識連結7—3:

會前準備小貼士

1.檢查燈光、音箱、桌椅、空調是否完好,如有破損及時報修理;

2.做好會議室內衛生工作,保持桌面、地面及各個角落的整潔;

3.檢查桌簾、沙發套是否乾淨、整齊;

4.根據會議需求,合理擺放桌椅(如客人提出桌子需要變換形式,應在前一天擺放好);

5.根據人數擺放茶杯及礦泉水或會議要求的其他飲品;

6.如需要條幅,應在前一天掛到指定位置;

7.調試投影設備,在會前與會議聯繫人做好投影的調試工作,以免會中出現差錯,雷射筆擺放到位;

8.會議桌擺放紙和筆;

9.根據會議要求在會議空門前擺放簽字桌;

10.如需要錄音,要準備好空白錄音帶、卡座;

11.在指定位置擺放「吸煙區」的指示牌和煙缸;

12.需要屏蔽時,擺放安裝到位,定時開關;

13.如需要鮮花,及時預訂好,根據會議要求,擺放到位;

14.如需要果盤,要在前一天與供應商聯繫好,在會議開始前2 小時送到位,要查看水果否新鮮,有無異味,開出收貨單;

15.如需要鋪桌布,要鋪好,做到乾淨整潔;

16.如需要桌簽,提前擺放到指定座位上。

二、會中工作——執行與實施

該階段的工作任務就是按照預先制定的議程開會,做好控制工作,保證會議有序、高效進行。主要應做好以下幾點:

(一)設立祕書處

會議祕書處在會議現場設立辦公場所標誌著會中管理工作的正式開始。祕書處統籌處理所有會議相關事宜,既是會議運轉的樞紐,又是對外聯絡的窗口,工作比較繁雜。要確保將資訊資料、供給等會議所需物品按時運送到會議地點,包括報到記錄、文件袋、包裹、資料,以及報到處和辦公室需要的物品、會議期間要分發的物品、特別活動要頒發的獎品;等等。

(二)召開會前預備會

目的在於梳理工作,各相關方坐在一起審閱會議日程安排,確保無誤,確保沒有遺漏;讓酒店或會展中心一線的工作人員清楚知道自己的任務;對特殊客人

的接待問題要提前考慮。

（三）接待與組織報到

組織接站：派專人、專車到機場、碼頭、車站分批分時段按要求接站。

註冊報到：應儘可能簡化報到程序，便於操作，縮短與會客人的等候時間。現在越來越多的會議把註冊工作提至會前，如網上註冊報到等。條件允許的話，40%～70%的與會者會提前註冊，這不僅有助於預算，而且能幫助組織者推算現場報到的人數。可透過互聯網、電子郵件、傳真、信函等方式完成。要精心組織會議開始前或進行過程中在會議場所進行的報到註冊工作。重視報到處的布局設計，包括報到處本身、諮詢臺、燈光設計、留言板、資訊中心、衣物領取處（冬季北方城市）、包裏存放處等，還要配備必要的設備如影印機、信用卡處理機或收銀機等。這些都要有所考慮。

安排住宿：確認和分發房間，確認VIP用房及整理記錄相關資訊。

分發資料：分發會議資料、會議禮品、餐券，房間派送水果等。

（四）引導就座、開會

及時引導與會客人便捷抵達各自座位，按照會議議程開會。包括主題演講、安排會議發言、組織分組討論、處理臨時事項等工作。

（五）編發會議資訊

為擴大會議的影響，增強會內、會外的溝通，應及時收集並編發會議資訊，製作會議簡報。簡報的編寫要體現出簡、真、新、快的特點。切實成為資訊溝通的有效載體。

（六）安排會議後勤保障

安排會議餐飲：自助餐、圍桌餐、宴會等不同形式的設計。

編印通訊錄和拍攝集體照：通訊錄應及早做好發到與會人員手中。

保障會議安全：會議場所的安全問題，如場地安全、秩序安全等。還包括會議期間會場防盜、消防等安全工作，參會代表的人、財、物等安全工作。尤其注

意火災、恐怖襲擊、遊行示威、自然災害、醫療突發事件的防範。

提供醫療衛生服務：做好緊急醫療衛生服務和簡單藥品提供。

組織參觀訪問、旅遊和文娛活動：確認旅遊公司為該會議提供的旅遊考察的吃、住、行、遊、購、娛安排事宜。確認會議服務公司或娛樂機構提供的文娛表演項目如期上演。

安排會期交通工具：安排會議期間會議代表需用的交通工具，代辦會議代表返程及他程的交通票務及其他委託代辦服務。

（七）特殊人群的接待與特殊事件的處理

重視特殊客人如領導、少數民族代表、VIP、殘障代表及家屬等的安排及接待工作。加強對會議期間各種突發性特殊事件的處理及預防。

知識連結7—4：

會中服務小竅門

1.在會議開始前1小時，打開門、燈；

2.調節好室內溫度；

3.打開音響，播放輕音樂，更換麥克風電池；

4.暖水瓶打好開水，以備會議開始後使用；

5.水果清洗或切好裝盤，放上牙籤，擺放美觀，用保鮮膜封好，放在會議桌上，同時，擺好小毛巾（冬天毛巾要先熱）；

6.會議開始前30分鐘，服務人員在門口站立服務、問好；

7.會議開始後倒茶水，第一次續水為會議開始後15分鐘，後每隔20分鐘續一次水；

8.會議室前後門有服務員站立服務，為出入客人及時開門，注意擴音設備音量大小並及時調節，為客人指引吸煙區、洗手間等；

9.填寫會議使用記錄單；

10.會議中間休息，要盡快整理會場，補充和更換各種用品。

三、會後工作——總結與評估

這是會議運作中最後一個階段的工作，儘管不是主體性工作，但也是必不可少的重要環節之一。做好會後工作既是組織者善始善終的體現，更是提高會議運作水平的必需。會後工作包括會場清理、會務掃尾、會議評估、會議總結等內容，其中最為重要的是會議評估與總結。評估的作用與意義在於為會議運作各階段工作的效率和效果提供評判依據，為日後相關工作的改善和提高積累經驗。總結的作用與意義在於整理資料、統計有關數據、積累經驗，透過考察過去以指導未來。

（一）清理、掃尾工作

（1）會場清理：及時撤除臨時布置，歸還租賃設備，整理和保存標誌，把剩餘貨物運回。把會議用具用品清點歸位。及時關閉投影、音響、麥克風等設備，及時清理茶杯和礦泉水，及時打掃桌面、地面衛生，查看有無客人遺留物品，如發現應及時與會議接待人聯繫，並保存好。查看桌椅是否完好並擺放整齊，以備下次會議使用。關閉燈光、鎖門等。

（2）返離服務：熱情、周到歡送與會代表離開，提供會議人員的返程票務預訂及分發、送站工作。

（3）資料彙編：把會議資料、領導講話稿、代表發言稿、新聞報導資料等歸類彙編、存檔。

（4）會議代表的意見反饋及處理工作。

（二）會後宣傳

把會議成果及時宣傳報導，透過召開新聞發布會、記者招待會，提供新聞通訊稿、會議視頻等辦法，聯繫並督促媒體及時刊發或播出，以擴大會議的社會影響，增加會議的綜合價值。

（三）感謝與表彰

感謝的對象包括所有的會議參加者、會議支持單位、會議合作單位、媒體等。可以透過當面致謝、電話感謝或送交感謝信等辦法進行。對會議工作人員的感謝可透過開表彰會的辦法來進行。

（四）費用結算

支付會議籌辦、舉辦過程中產生的消費帳單，結算所有會議費用。

（五）會議總結

對會議籌辦、舉辦過程中的各項工作進行全面總結，形成書面總結報告。尤要重視各項數據的收集、統計與分析。會議總結中的重要內容是財務方面的總結與分析。包括會議決算、成本核算與效益分析、利潤的推算、會議效率與效益分析等。可以做出近期支出報告和遠期效益報告，這樣會更加清晰。會議總結報告可以向主辦單位負責人如公司總裁等匯報，也應爭取向同事和職員匯報。讓會議各相關方及時瞭解會議運作的第一手資訊。這些統計、分析報告在以後的會議營銷及策劃中都會用到，對指導未來的工作有重要作用，應作為一種歷史記錄妥善保存。

（六）會議評估

（1）評估目的：真實瞭解會議運作質量，真心想要提高會議運作的質量。

（2）評估內容：會議日程方案、會議主題相關性、會議預算、發言人等應作為評估的重要對象與內容。

（3）評估實施：會議的組織者和與會者參與評估工作，國外則有專門的顧問公司或評估公司等機構為會議主辦單位提供籌劃、預測、統計和評估專業化服務。

（4）評估時間：在會議結束後立即進行或在結束後一兩天進行為宜。

（5）評估方法：一般採用問卷調查、採訪等方法。調查問卷表的內容要涵蓋會址、住宿、食物、會中會後活動等。題量不易過大，應該可在5-10分鐘完成為宜。調查問卷表的發放與回收可採用人工手動方法，也可採用電子方式自動完

成。

（6）評估分析：彙總所收集的數據，進行統計分析，計算結果；把得出的結果與原定目標進行比較，找出不足或成績所在。並針對不足提出新的行動措施。

到此為止，會議的運作完全結束。可以看出，規範的會議運作必定是多個環節環環相扣、多種要素有機交融的系統工程。

第三節 會議運作常見誤區及注意事項

我們在工作中可以清楚發現，有的會議開得妙趣橫生、富有成效，很好地完成了會議的任務；而有些會議卻開得死氣沉沉、枯燥乏味、毫無建樹，招來怨聲一片。有的會議可以做到「會美價廉」，而有的會議卻「勞民傷財」且效果不佳。為什麼會這樣呢？原因就在於會議運作中存在很多常見的誤區，有些會議組織者沒有注意這些誤區，導致會議的效果很差。

一、目的不明、目標不清

不同目的的會議有不同的組織方式，只有明確了目的才能有效保證會議效果。任何形式的會議無非有三個目的，一是瞭解溝通資訊；二是部署任務；三是分析解決問題。瞭解溝通資訊的會議就是相互通報情況，告知相關的資訊，溝通協調相關事宜，一般不會形成決定性事項；部署任務的會議更多是單方面的資訊傳遞，即多為上向下傳達指示、布置任務，與會者則是受命者；分析解決問題就是針對專題問題分析討論，解決問題。很多企業將上述很多目的融為一體召開會議，結果是目的不明確，問題不清晰，自然造成會議冗長且效率極低。因此，每次的會議必須明確設計預期的效果，以此考慮會議的議程和相關計劃的設計安排。

二、認識不夠、準備不足

會議是一項有效的管理工具，是履行管理責任和實施管理控制的有效手段，但也是時間成本非常高的一種管理手段。組織者在觀念上對此要有深刻認識，才

能精心組織會議。企業在探索適合自己的管理工具和方法的時候，應在日常管理過程中的會議管理、時間管理等方面下大工夫，在改善會議交流方式、提高交流質量與效率方面多做努力。

三、責任不實

任何會議都由組織者、與會者、列席者等人員構成，不同的會議，其組織者、與會者和列席者均承擔不同的職務角色和不同的會議責任。因此，會議的組織者、與會人員參加每一次會議時，在充分瞭解會議目的的前提下，要清晰自己的會議責任，沒有無緣無故的會議，既然通知你參加會議，必然期望你能承擔某一方面的工作或責任。需要充分的準備，不要只帶耳朵參加會議，必須是心、腦、耳、口齊全。很多企業的管理者在參加會議時，只要不是自己主持或沒有通知自己講話，就悠閒的只帶著「耳朵」來聽，具體聽什麼、想要達到什麼目的都不清楚，單純為了開會而開會，這必然不能充分發揮會議的作用。

四、協作不夠

會議運作可以藉助專門的會議、旅遊管理及策劃機構。如政府的會議管理局、目的地管理公司（DMC）、飯店連鎖集團銷售部等。跟這些部門或機構充分合作，是提高會議運作效率的有效途徑。同時，會議服務中的很多項目可以透過各類合約提供商提供，如花商、娛樂機構、設備租賃機構等。這些合作方、合約方之間的協調非常重要，但具體運作過程中恰恰最容易在相互協調方面出現問題。各相關方協作不夠直接影響會議的正常運轉。

五、控制乏力

會議主持人是會場的靈魂人物，應對會議進行有效的控制。會議中往往會出現偏離主題或發言超時等不可預測的現象，要求會議主持人要適時、恰當、藝術地掌控節奏，在不挫傷發言者積極性的同時又能很好地把握局勢，從而提高會議效率。因此會議主持人要在會前做充分的準備和考慮。

六、法律意識不夠

合約類服務越來越多，不會妥善利用這類服務會影響會議運作的效率。但要

充分利用這類資源，前提是會議組織者善於透過簽訂合約、協議等跟合約類服務提供商進行合作。相關法律意識的匱乏將直接影響雙方的合作。

七、重「實」不重「虛」

在會議準備及操作的整個過程中，只顧埋頭紮實工作，對公關宣傳、媒體關係、社會推廣活動等「虛」的方面重視不夠，沒有制定周密、翔實的專項工作計劃，也沒有安排專門部門或人員從事這一工作，從而使這一重要工作顯得隨意、盲目，缺乏系統性和完整性。這種狀況將直接影響會議的招商、會議內容的傳播和會議效果的擴散。

八、對新技術手段的認識侷限大

新技術的發展會為會議業帶來很多便利，也給會議的運作方式和操作模式帶來很多根本性變革。如電話會議、電視會議、交互式會議系統、多媒體視頻會議系統（網路視頻會議系統）等。除了這些會議溝通手段方面的技術進步外，會議場地所用的各種設備的技術含量也在飛速發展，燈光系統、音響系統、傳譯系統等。很多組織者在技術方面不是內行，又不願花心思請教專門人員或自己學習相關知識，容易想當然地去安排這些問題。往往會出現一些令人失望或措手不及的局面和情況，影響會議的正常運行和最終效果及質量。

九、危機意識不強

做展覽的場面較大、人流較多，易出問題，組織者對擁擠、踩踏等的人流管理，對場地的防火、展位安全等的管理，對餐飲衛生的管理等，大都比較重視和關注。而很多會議組織者往往以為會議規模不是特別大，人員流動性不強，在一個封閉空間容易控制，所以對會議的風險管理不夠重視，缺乏相應的準備，預案安排跟不上。其實會議的風險管理內容很多，如火災、恐怖襲擊、遊行示威、自然災害、醫療突發事件等，尤其是國際性會議，必須在這方面做足夠的事先準備。否則會使會議聲名不佳。

十、善始不善終

會後會議評估與總結是會議運作中的重要內容。會議評估的目的是為了有效

改善以後會議質量，並非是要獎勵。可以對會議主持人、參會人和會議綜合效率三個方面進行評估，每次評估後進行總結，找出成功與失敗的方面，在以後的會議中加以改善。長此以往，會議將會越來越有成效。

會議的運作是一個環環相扣的系統工程，需要多個相關方面的協調與合作。任何一個環節出現問題，都會影響會議的效率與質量。因此，要提高會議運作的質量和效果，必須要科學、全面把握會議運作的特點、規律及流程，並注意避免其中的若干誤區。

本章附錄1

不同類別會議的運作流程分析

一、企業招商會議（省級）的運作流程

前言：

企業招商會是一種具有特別意義的營銷公關工作，也是展示公司組織、控制、管理、產品等基本素質的活動，關係著公司整體招商活動的成敗及區域營銷運作工作的順利展開。在每年的春季，都是各類廠家在各個省會召開招商會議的好時機；招商會議運作，對於品牌在省級市場的運作，具有至關重要的作用。運作得當，會吸引到各個地級市場的優秀終端商，為品牌的推廣、銷售做好了基礎工作；反之，則會對品牌造成惡劣的影響，會影響到本年甚至未來數年的品牌形象和渠道推廣工作。

（一）會議前期準備

1.預先籌劃，制定方案

招商會議籌劃方案作為會議組織的綱要，主要圍繞如下兩個環節進行。

（1）確定會議時間、會場，邀請客商

與會議時間相關的會期安排，要根據緊湊、連續的原則進行，並制定詳細的計劃安排表，既要嚴格控制會議時間，力求高效，又必須使招商會議時間安排合理，讓組織者有充足時間介紹情況，參會客商有充裕時間提問、洽談，達到預期

招商目的。

　　招商會議地點（即會場）的選擇，應依據會議的規模及招商品牌的實力做出決策，會場座位通常以略多於到會人數為好。會場地點選擇在交通便利、停車方便的地域為宜。

　　與會對象，需圍繞本次招商會的目的來確定。除廠方、代理商各有關領導和招商人員外，邀請的客商應包括終端經營網點的老闆及其代表、新聞界人士、協辦組織的有關人員等。

　　（2）編制會議費用預算

　　透過編制會議費用預算，對於所需的總費用有一個大致的估算，並可有計劃地分配會議的各項費用，防止超支和浪費。招商會議的費用通常包括場地租金、設計費用、工作人員費用、聯絡及交際費用、差旅費、住宿費、宣傳費用、器材租金、運輸和保險費用等。

　　籌劃方案形成並取得批准後，下一步工作是盡快形成強有力的招商會務團隊，以便形成具體細緻的工作方案，分工協作予以實施。

　　2.會務工作組的組建、分工和訓練

　　會務工作小組的職責，主要是為會議提供會務服務，負責策劃、制定和落實方案，造成上傳下達的樞紐作用。包括確定開會時間、地點、中心內容、人員和邀請客商和與會賓客及相關機構，組織和編制會務資料、招商品牌資料，組織安排我方人員和邀請客商的食宿、會場布置、會議主持、來賓主持、新聞發布等多項工作。

　　會務工作小組的組建，應由主管、帶隊領導負責統籌安排，並以有相關經驗的人員負責常務工作，透過詳細分工，明確職責範圍和工作標準，保證各成員富有成效地開展工作。

　　會議的主持人，必須在會議召開過程中，造成「起」「承」「轉」「合」的作用，因而必須對招商業務有足夠的瞭解，具有較強的語言表達能力、思辨能力、組織駕馭能力以及良好的修養和禮儀知識，故通常應由招商品牌負責人或骨

幹，或由廠家相關部門素質較高的專門人員擔任。在選擇會議接待人員時，要求儀表端莊，善於交際，品牌業務知識豐富，同時需加強以下四個方面的訓練：

（1）有關會議中心內容、展示內容的基本專業知識。

（2）公關方面的常識，接待和禮儀方面的訓練。

（3）會議當地風俗習慣和概況的瞭解。

（4）各自的職責和對種種可能發生的突發性事件的處理程序和準則等。

3.媒體宣傳

選擇當地有影響力的報紙作為傳播媒體較為理想。同時，可在招商會議舉辦的前幾天，在當地收聽及收視率較高的電臺、電視臺進行廣告宣傳，加強轟動效應。

4.對象邀約

為保證重點、表達誠意，達到既定目標，還應有目的、有選擇地向有關單位或人士發出邀請函。

（1）向當地著名經銷商、商會組織負責人士發出邀請函。

（2）向當地有影響力的報刊、電臺、電視臺記者發出邀請函。

必要時可隨函附上宣傳介紹材料和招商品牌項目簡介。

5.準備會議資料

會議文件、輔助材料、招商資料等。

6.布置會場，準備視聽設備

會務工作小組應在當地代理商或辦事機構的大力協助下，組織好會場的布置工作，包括展牌的布置，主席臺、賓客席、接待處、簽約席的布置，橫幅、照明、空調、錄音輔助器材、視聽設備、電話、傳真機等設施的設置和測試。對附設酒會的場合，還需做好飲品、點心的準備、訂購工作。會場接待處的兩旁，應預留賓客送來花籃的擺放空間。

7.其他事項

一般情況下,品牌招商會和品牌的商品秀同時舉行。

(二)會議運作注意事項

會議中容易出問題的幾個環節加以重要提示。

1.入場階段

做好來訪賓客的簽到、接待、座位引導工作;

及時收集來訪嘉賓的名片,分類歸放,做好整理工作;

仔細鑒別來訪客戶的身分,杜絕競爭對手人員、閒雜人員藉機入場,造成不必要的麻煩;

調試所有要使用的視聽設備,確保所有設備正常運行。

2.會議召開階段

注意會場氣氛調節,做到有張有弛;

維持好場內秩序,勸阻來回走動的賓客;

及時做好加水、更換煙灰缸等服務工作;

杜絕中途退場的客戶,可安排其在中場休息時退場。

3.簽約階段

本階段是招商會議最為重要的階段,簽約客戶多少是招商會議是否成功的重要參考指數;

簽約前的提問時間不宜過長,控制在15分鐘以內,避免回答折扣、價格等敏感問題;

現場簽約優惠政策一定要一步到位宣布,激發客戶強烈簽約衝動,刺激簽約。

(三)會後跟蹤

1.媒體：應及時提供宣傳用的新聞通訊稿、視頻片段，並督促其盡快發布；

2.簽約客戶：下一步的貨品上櫃、店面開張、人員培訓等相關工作；

3.其他客戶：加強聯繫，瞭解其未簽約的真正原因，有的放矢地展開市場拓展工作。

二、企業推廣會的運作流程

推廣會是一種集中的客戶拜訪、宣傳、促銷、銷售手段。它可以實現拓寬銷售渠道、挖掘市場潛力、快速消滅市場空白點的目的；它也是新品上市實現快速成長的有效推廣手段；在旺季來臨之際，抓住時機召開推廣會，還可以實現有效打擊競爭對手形成壟斷銷售促進快速上量的目的……

成功的推廣會首先要目標客戶選擇準確，邀請的客戶到場率高，利益點設置明確有吸引力，現場氣氛熱烈，促銷到位，後期工作及時跟進、送貨收款及時。

故此，必須認真組織活動。按照活動各環節的重要程度來分，在各環節投入的精力比例應有側重點，推廣會可以遵循613原則，即，前期準備：會中操作：後期服務＝6：1：3。就是説，活動的籌備工作最重要，前期準備工作是繁雜的瑣碎的，只有前期工作準備充分到位，整個活動才有成功的基礎。只有準備工作做到位，客戶的到場率才能保證，現場促銷才可能水到渠成。後期服務同樣很重要，要及時跟進，這樣可實現貨款及時回籠，貨物禮品及時到位。

（一）會前籌備

1.合作單位選擇：合作單位的選擇要具備以下條件，如客情關係良好、在目標市場有批發能力、有一定的客戶網路資源、商業信譽度良好、對終端掌控能力強等。

2.人員培訓：根據推廣會規模的大小，確定會務組成員人選並明確各自的崗位職責，就會議相關內容對會務組成員培訓。制定明確的工作目標，根據安排把握會議進程。

3.促銷政策的制定：要充分考慮促銷效果及利潤空間，根據訂貨量制定極具

殺傷力的促銷政策。

4.禮品設置及物資貨物的準備：禮品設置前要做好調研，瞭解客戶的需求，根據客戶需求來定購，要有新意，與以往用過的、與競爭對手用過的要有差異。方案制定後，開始進行推廣會所需物資的準備，尤其是貨品要準備好。

5.客戶的邀請：方案敲定後，開始客戶邀請，客戶邀請可以透過以下途徑完成：老客戶、重點客戶我方業務人員必須直接上門邀請；新客戶可以透過合作單位邀請。在邀請客戶時，必須帶上邀請函及相關產品及訂貨獎勵政策等資料，講明推廣會涉及的產品及產品介紹、獎品、獎勵政策、時間、地點等，同時要與客戶做深入的溝通，激發其對本次推廣會的興趣，徵求其意見，以便及時對推廣的品種、獎品作出調整。客戶邀請後，業務人員要對當天邀請的客戶做出評估分析，預計到場人數與訂貨量，以便及時調整相關工作。

（二）會中操作

1.召開預備會

推廣會實際操作的前一天，會務人員召開預備會，具體做以下工作：

（1）電話再次通知客戶次日準時到場；

（2）清點貨物、禮品及其他物品到位情況；

（3）進一步明確次日會議程序；

（4）明確各業務員負責接待各自邀請客戶的責任；

（5）明確各業務員的促銷責任，每桌必須有我方人員促銷；

（6）統一說辭、進一步強化促銷技巧；

（7）布置會場，會場顯眼位置擺放禮品實物樣品、張貼宣傳品等。

2.推廣會程序

（1）客戶簽到，會務人員接待就座，發放本次訂貨會的產品資料、訂貨獎勵政策資料、訂單等，會務人員邊接待可邊與客戶進行前期溝通（此段時間播放

企業形象片）；

（2）主辦方代表講話；

（3）貨品公司負責人講話（講話內容前期溝通）；

（4）客戶代表講話（客戶前期篩選，講話內容前期溝通）；

（5）主持人介紹訂貨會的產品，我方業務員做好產品演示，突出賣點與競品的差異點（配合幻燈片、錄像片）；

（6）主持人介紹本次推廣會的獎勵政策及獎品，介紹本次各獎項的規則；

（7）現場訂貨，促銷人員做好現場促銷工作；

（8）就餐（每桌安排促銷員，帶上樣品在就餐過程中進一步促銷，增加訂貨量，每桌可有意識地安排一名「鐵桿」客戶帶動訂貨）。

3.現場氛圍營造

（1）就餐過程，促銷員及時將各自客戶的訂貨數量交主持人，結合各類抽獎，宣布中獎結果，與促銷員的促銷工作形成互動，營造現場氛圍；

（2）主持人在每次抽獎後，可宣布禮品尤其是大件禮品的剩餘情況，增加緊迫感，推動猶豫客戶快速做出訂貨的決心。

（三）會後服務

推廣會現場操作完畢後，後期服務極其重要，能否及時提貨、能否及時拿到禮品、能否及時收回貨款，都決定著整個推廣會的最終成敗。推廣會的後期工作主要有以下方面：

1.及時提貨

及時將貨物送到客戶手裡，是保證成交的首要條件。只有貨物送到客戶手中，才完成交易的第一步。如果推廣會結束後貨物遲遲不能到位，客戶就會從推廣會的興奮狀態中很快冷靜下來，退貨的可能性大大增加。保證貨物及時到位，除現場保證貨物充足外，還要對大客戶的貨物安排專人及時送貨上門。

2.及時送禮品

禮品及時到位送到客戶手中，是對客戶承諾的兌現，言而有信！另一方面，只要禮品到位，客戶會自覺產生壓力，往往會想辦法積極銷售產品。

3.及時回款

貨款實現回籠，是一個推廣會真正完成的標誌。因此，我們在促銷、送貨、送禮品等各環節中，一定要與客戶積極溝通，始終要向客戶表達貨款及時回籠的要求，特殊情況可以延續但一定要有期限。

4.會後繼續跟蹤促銷

針對會上未訂貨的和未到場的客戶，帶上禮品繼續跟蹤促銷，一方面深度挖掘銷量，另一方面增加對客戶的拜訪次數。

5.定期跟進回訪

貨物訂到客戶手中後，只有賣出去，才能增強客戶的信心，逐漸培養成為優質客戶。為此，要定期不定期地對客戶進行回訪，瞭解貨物銷售狀況及銷售中遇到哪些問題，以便及時協助其解決。比如，協助其操作促銷活動，對確實滯銷的貨物進行調換等。確實為客戶著想，逐漸培養「鐵桿」客戶。

本章附錄2

提高會議效率的十二條措施

我們知道，會議是一種正式的溝通方式，也是最有效的溝通方式之一。然而，會議也是成本最高的一種溝通方式，是所有溝通方式中最厲害的「時間殺手」。

在我們身邊，這樣的會議屢見不鮮：如會議主題不明確、會議拖拉、會議議而不決、會議決而不行等，嚴重浪費了時間和成本，極大地影響了會議效率。

如何提高會議的效益，讓會議所花的時間和成本真正「物有所值」甚至「物超所值」？這是比較多地困擾會議負責人的問題。本文結合作者這幾年的工作經驗，談談提高會議效益的十二條可行措施，期望能向我們廣大會議主持人或會議

負責人提供一些有價值的參考。

1.做好充分的會前準備

俗話說「臺上一分鐘，臺下十年功」，說明的是準備工作的重要性。其實會議也是一樣，如果會議負責人能在會前花充分的時間進行會議議題和會議內容、材料的準備，則會在很大程度上保證會議的順利進行。否則可能會由於情況考慮不周、材料準備不夠等導致會議拖延或會議無法得到所期望的效果。

2.提前將會議相關材料分發給與會者

為了節省會議時間、提高會議效率，會議負責人或會議主持人應該將會議相關材料提前分發給與會者，以便讓與會者能有足夠的時間在會前閱讀和消化這些材料並形成自己初步的意見和結論。這樣，正式會議討論時，大家就能快速、完整地將事先準備好的意見和建議闡述出來，從而加快會議的進程，提高會議的效率。

3.會議議題不要安排過多

我們知道，目標太多，就等於沒有目標。因為目標太多就無法抓住工作的重點。

會議也是如此。每次會議，議題不宜安排過多，一般一到兩個議題為宜，儘量不要超過三個議題。如果議題太多，則大家討論時的注意力很可能會分散（因為每個人所重點關心的議題可能會不同），這樣就會影響結論的達成速度，從而影響到會議效率；另外，議題過多，勢必導致會議時間拉長，而過長的會議會讓與會者感到疲倦，從而也影響到會議效率。

4.會議時間不要安排過長

我們知道，一個成年人能聚精會神投入工作的時長大約是兩小時左右。因此，我們舉行會議時，會議的時間也不應該安排過長（實際上這也與安排的會議議題多少有關），會議的時長一般需要計劃和控制在半小時到兩小時之間。會議時間太短不利於大家充分溝通並達成最佳結論，會議時間太長則會讓與會者「身心疲憊」從而影響會議效率。

5.會議儘量安排在下班之前召開

我們知道，有些與會者時間觀念不是很強或因為個性使然，他們往往不到會議最後很難果斷、明白地表達出自己的觀點，這種情況極易導致會議的拖延。

解決這一問題比較有效的措施是，將會議安排在上午或下午下班前的時段。

如會議的計劃時長為一小時，則可以安排在上午11：00舉行（假如12：00下班）或下午5：00舉行（假如6：00下班）。安排在這樣的時段，實際上已經給出了明確的時間期限，大家也就會盡快表達自己的觀點和看法，從而有效地提高了會議的效率。

6.不邀請與會議無關的人與會

邀請與會議無關的人參加會議，是一種極大的浪費，也是毫無意義的做法。我們經常看到一些會議，整個會議過程中有些人一言不發，其實這些一言不發的人，大部分是與會議無關的人。因此，作為會議負責人或會議主持人，一定要事先確定好哪些人需要且必須參加會議，一些參加也可不參加也可的人員，儘量不要邀請他們與會。

7.準時召開會議

很明顯，會議延遲召開是對時間和成本的浪費，其實這樣的會議在我們日常工作中很常見。杜絕會議延遲召開的辦法是：給會議遲到者適當的懲罰，時間一到即召開會議。

8.儘量避免討論與會議議題無關的內容

每次會議都已經計劃好了需要討論的會議議題。會議負責人或會議主持人需要注意控制並限制討論本次會議沒有計劃的問題。否則一旦放開，則很難收回，結果不是該討論的問題沒有討論到就是會議不得不拖延。

解決這一問題的有效辦法：一定控制住不討論與本次會議無關的議題。如在會議上確實發現了很重要的問題需要開會討論，則可以先記錄下來，另行安排一次會議。

9.約定與會者的發言時長

有些與會者發言時口若懸河、滔滔不絕，完全沒有時間觀念。

解決這一問題的有效辦法是：會議正式召開之前就和與會者約定好發言的時長，讓大家在發言之前都做到「心中有數」。

10.及時提醒發言者

對於某些「健談」者來説，僅僅約定好發言時長還遠遠不夠，因為他們談興正濃時，根本就將時長約定拋到了「九霄雲外」。如果不及時提醒發言者，則他們很可能會占用過量的會議時間，從而影響會議的效率。

解決這一問題的有效辦法是：在與會者發言時長過半時提醒一次；到與會者發言時長還剩兩到三分鐘時再次提醒，以便讓發言者利用剩餘的時間總結自己的意見、建議和觀點。

11.完備記錄會議紀要並分發給與會者確認

有些會議開完後，沒有任何的會議紀要，實際上這樣的會議與沒有召開沒什麼兩樣，因為沒有會議紀要（書面結論）的會議，最終是沒有人去關心和執行會議決議的。因此，我們需要整理完備會議紀要（紀要中需要約定決議的責任人、完成時限等），在分發給與會者的同時讓相關責任人簽字確認。

12.安排專人跟進會議決議的落實情況

有些會議，雖然有會議紀要，但沒有跟進會議決定是否被執行的相關辦法和措施，這樣導致了會議「決而不行」，使會議沒有發揮應有的效果。

解決這一問題的有效辦法是：安排專人跟進會議決定的落實和執行情況並及時公布，將會議決定的落實和執行結果作為對相關責任人考評的指標之一。

一個有效和高效的會議，需要會議負責人和與會者共同的努力。從會議前期的準備到會議的召開再到會議決議的落實，我們都需要採取有效的措施來加以保障。

以上總結的這十二條措施，期望能對提高我們大家日後的會議效率提供可以

借鑑的參考。

（資料來源：王樹文，希賽網）

本章附錄3

會場設備簡介

各種類型的會議都需要使用視聽設備，尤其是國際會議，在視聽設備方面的要求更是嚴謹，不管是音響、麥克風、放映機、銀幕等等，都要保證質量，因此更需要專業人員的協助規劃。

一、講臺

講臺即演講人的講壇，應可以放置文件和材料，並配有適當的照明。比較現代化的講臺有供演講人調節照明和視聽裝置的控制器。

會議室應配有桌式、立架式和其他一些配有音響系統的優質講臺。講臺面應足以放置水杯和書寫文具筆、紙、粉筆和雷射筆，講臺高度適中容易接近，走道要有一定照明，防止演講者被電纜和其他障礙物絆倒，講臺的正面中央一般刻有會議的名字以及酒店的名稱，這樣在新聞媒介報導尤其是電視轉播時便於向社會宣傳。

二、放映設備

指在會議室內演講時所用到的輔助器材，如展示臺、幻燈機、投影機、動感投影機等。

（一）JVC實物展示臺：支持主流投影機及電腦顯示器，清晰展示A4幅面上的5號字體。20倍變焦的360度全方位遙控。膠片照片等物品圖像快捷投影。可與VCD、DVD連接，有音視頻功能。

（二）幻燈機：在會議的產業裡，35mm幻燈機最常被用作幻燈片投影。柯達愛影AT-Ⅲ是35mm幻機中最耐操作的機器，此型機器提供了自動對焦、有線遙控、高亮度影像及背後更換燈泡等功能。

會議室中最常用「柯達」牌幻燈機，除了更換燈泡外，基本不需要其他維修

和服務。備用燈泡、保險絲和延伸線應備齊。

幻燈機可以兩臺同時使用；有時可用幻燈機配錄音帶播放，放音節奏應與幻燈節奏一致。

（三）投影片投影機：是最簡單的視聽設備，它利用鏡子折射方式將透明片的資料投射到最大3米×3米的平面銀幕上。

（四）實物投影機：其外形酷似手提型投影片投影機，主要構造包含一小型攝影機、光源及置物板；使用時，將一實際的物件，如商品樣本、相片、印刷品等立體的物件放在置物板上，打上光源，透過實物投影機上的小攝影機將此物件拍攝下來，再連接影像投射器（如小單槍等），使物件放大投射到銀幕上。

（五）反射式書寫投影儀：3M-1700和3M-1720型，適用於A4紙透明手寫膠片投影。

（六）錄像機：許多觀眾可以離開會議室，到有接收裝置的地方收看電視。錄像磁帶在培訓會議中廣泛使用，這是聲音圖像的一種新結合體。錄像機能將演講稿、事件的聲音和圖像等錄下，然後播放，並且可以重複播放。

（七）VCD／LCD／DVD機：用於放映光碟，取代錄像機。自身體積小，操作方便，所放的光碟小而薄，可壓縮進大量圖片、聲像資訊，而且清晰、保真，製作價格也不貴，比錄影帶好攜帶。

（八）多媒體投影機：可與臺式電腦、手提電腦、錄像機、VCD、DVD連接，分辨率：600×800。

多媒體投影機是一種可與電腦連接，將電腦中的圖像或文字資料直接投影到銀幕上的儀器。其特點是：

一方面，無須將電腦中的資料影印出來製成幻燈、膠片，再使用幻燈機、投影儀放大給會議觀眾看，從而做到節約成本、減少中間環節，使用快捷。

另一方面，具有動感，可以透過電腦播放 VCD／CD-ROM，透過錄像機放映錄影帶等。電腦中資料需要更改時，可使用電腦直接操作，如書寫、畫圖、製表

等，觀眾可以立即在銀幕上看見，對於需要強調的部分可透過在電腦上進行局部字體放大，提示與會觀眾。

再者，多媒體投影機體積小，搬運、安裝、儲藏方便。

但是，要使用多媒體投影機必須要有與之相配的投影銀幕和電腦設備。在會議開始前，一定要做好電腦的連接，與銀幕的距離調試，保證投影效果清晰、不變形。因投影銀幕的大小有限，多媒體投影儀不能使用於大型會議。

（九）液晶多媒體投影機：相關設備連接全部可使用。分辨率為1024×768，亮度為2800ANSI。700：1超高對比度。自動檢測連接設備。有圖像及音頻效果。

銀幕：選擇了不適當的銀幕材質投影影像，投影設備就形同虛設，使用銀幕首先要決定的是銀幕尺寸，而選擇銀幕尺寸則必須考慮到會議室的容量、尺寸和天花板高度。一旦決定了銀幕的尺寸，那接下來則是要考慮形式、規格及材質三個關鍵項目。

（十）投影機架：要將投影設備置於適當的投影位置，必須置於經過精心設計過的架子或是升降機上。對於出租業而言，Safelock架（最高的高度為142釐米）及活動式推車（高度最高可達137釐米）為最常用的兩種基本設備。

三、視訊設備

音響設備對會議的質量具有相當大的影響。音響系統是大多數會議室內所具有的視聽設備的一種。音響必須保證聲音逼真，所有與會者能聽清楚，麥克風架、音箱臺和音箱是會議室最基本的音響設備之一，高質量的擴音系統是辦好會議的關鍵，以保證演講者在使用時不出現失真或發出尖鳴等現象，當音響設備和放映設備一起使用時，音響和屏幕應放在同一地點。研究表明，當聲音和圖像來自同一方向時，容易增加人們的理解程度。

音響必須保證所有觀眾都能聽清楚。要事先檢查室內音響系統的質量和可調性。音響系統通常能夠將講話聲音傳得足夠大，但是，有時候音響也會出現問題，應提早解決所有可能發生的問題。將一個大廳分隔成若干小間的通風牆通常

不是太合適，因為這樣不能隔音，另外，要檢查室內有無死角（即不能像室內其他位置那樣聽清傳音的地方）。

（一）麥克風：是會議活動中使用最頻繁、最重要的視聽器材之一。麥克風可粗略分成有線麥克風和無線麥克風兩種，當會議需要錄音時，使用有線麥克風的穩定性通常會比無線麥克風高。

下列有6種麥克風選擇方式：

（1）手持麥克風。是一種傳統的擴音器，說話時麥克風必須距離嘴巴很近。

（2）固定桌面麥克風。固定安放在講桌上的麥克風，演講人講話時不能離開講桌，限制了演講人的行動。

（3）桌面麥克風。將麥克風放在桌子上的架子上使用，一般在小組討論、幾位發言人坐下發言時使用。

（4）落地式麥克風。這種麥克風旋轉在可伸縮的金屬架上，引線很長，使得演講人可以走動。

（5）漫遊式麥克風。這是一種手持麥克風，電線可有可無。

（6）領夾式（俗稱小蜜蜂）或肩掛式無線麥克風。適用於演講者需走動且運用雙手時，但需隨身佩帶一個接收器。同時使用兩支以上的無線麥克風時，必須每支使用不同的頻率才能發音，當然頻率越多，產生相互干擾的情況越嚴重。

在一場重要會議中，最好準備「備用」的麥克風。

為保證聲絕緣與吸聲效果，室內地毯、天花板、四周牆壁內都裝有隔音毯，窗戶應採用雙層玻璃，進出門應考慮隔音裝置。

根據聲學技術要求，一定容積的會議室有一定混響時間的要求。一般來說，混響的時間過短，則聲音枯燥發乾；混音時間過長，聲音又混淆不清。因此，不同的會議室都有其最佳的混響時間，如混響時間合適則能美化發言人的聲音，掩蓋噪聲，增加會議的效果。

（二）錄音：如果在一場會議中考慮到錄音，就必須要在演講區增加麥克風或者是從會場的音效系統中收音，如果是全場錄音就比較簡單，只要與會場連接即可，通常會場都會提供這種協助。

（三）室內音響：大部分符合會議標準的場地都有室內音響系統，在決定是否要使用其音響系統前，一定要親自身臨其境地感受一下。當決定使用會議本身音響時，而你所使用的會議室僅僅是可分隔會議室中的一間，那麼你一定要確定是否每一間有獨立的音響系統，一流的會議場地都會特別留意可分隔會議室的隔音效果，提供最佳會議場地。

（四）擴音器：擴音器位置放在會議室前面比放在前幾排或後排聲大。

---

[1] JeAnna Abbott，Agnes DeFranco，王向寧，會展管理，北京：清華大學出版社，2004。

第八章 展覽的組織

◆章節重點◆

1.瞭解展覽前市場調研的主要內容

2.熟悉展覽題材選擇的基本內容

3.掌握展覽會立項框架的主要內容

4.掌握展覽會招展的主要對象、內容和常用的招展手段

5.熟悉開幕式的籌備和程序

6.掌握開展後現場管理的主要內容

7.熟悉參展商的現場管理

8.掌握會展後續工作的主要內容

要成功舉辦一個展覽會，從策劃到現場管理，再到展後評估都至關重要，本章將從展覽前期的準備工作、展覽會的現場服務和管理以及展覽會結束後的後續工作三個環節介紹展覽的組織。

第一節 展覽會的準備工作

展覽前期準備工作是展覽會舉辦的基礎，展覽會的題材選擇是否得當，定位是否準確，招展對象是否有針對性，手段是否合適等都直接關係到展覽會的成功舉辦，所以，展覽會的前期準備工作要著重做好展覽前的市場調研、展覽題材的選擇、展覽會的立項、展覽會的招展工作等。

一、展覽前的調研工作

開發一個展覽會，展覽會主辦機構應提前2—3年就開始進行市場調研。透過調研，確定展題，找對主題，是展會策劃的首要和關鍵的工作，是成功開發與經營展覽會的前提。在策劃一個新的展覽項目之前，主辦方必須進行廣泛的市場調研，充分掌握各種市場資訊和相關產業資訊，全面認識市場，進行市場分析和預測，為舉辦展覽進行科學決策提供依據。以市場資訊的內容為標準，對展覽市場資訊的分析研究主要有三類，即目標客戶方面的資訊研究、市場開發方面的資訊研究和會展技術方面的資訊研究。

展覽前的市場調研主要應著重於以下幾方面：

（一）產業資訊資料

產業作為會展業發展的基礎，是展覽會在展覽策劃時首要考慮的因素。對相關產業資訊的收集與分析對於展會主題的選擇、市場定位、戰略管理甚至時間安排都有重要的參考價值。

產業資訊包括產業性質（是投入期、成長期、成熟期和衰退期）、產業規模（生產總值、銷售總額、進出口總額和從業人員數量等）、產業分布狀況（產品的分布、地區的分布）、廠商數量（潛在參展商和專業觀眾）、產品銷售方式（適合舉辦展覽會的產業一般都是那些「看樣成交」為主的行業；還得考慮產品的銷售渠道模式及其成熟度，比如批發市場；還有季節性等）。收集這些資訊的範圍包括國內國外資訊等。

一般情況下要根據本地、本區域的經濟結構、產業結構、地理位置、交通狀況和展覽設施條件等特點，首先考慮本區域的優勢產業和主導產業，其次考慮重點發展中的行業，再次考慮政府扶持的行業。

（二）市場資訊資料

舉辦展覽市場調研的重點一方面是有參展需求的參展商，另一方面是有瞭解這些展會資訊的人群，即專業觀眾。是否具有較大的市場需求，決定了展會舉辦的可行性。需要收集的市場資訊主要有：市場規模、市場競爭態勢、經銷商數量和分布狀況、行業協會狀況、市場發展趨勢、相關產業狀況等。

第八章 展覽的組織

物報關規定和關稅等海關有關規定；對舉辦展會的企業或機構的市場准入規定；知識產權保護方面的法律法規，以及對交通、消防、安全等其他有關行業的規定。

（四）同類展會的資訊

會展公司要使自己的品牌在市場中占有一席之地，就必須對同類展會的情況有一個詳細的瞭解，包括同類展會的基本情況，如定位、辦展機構、舉辦時間、頻率、地點、規模、參展商及專業觀眾的數量及結構等；同類展會的數量和區域分布狀況；同類展會的成功經驗；同類展會之間的競爭態勢。特別是本地、本區域，如果有同類項目的話，就須慎重考慮。一是要形成自己的特色；二是原則上要避開國內外同類展覽項目的舉辦時間，避免衝突，特別是與該項目的品牌展覽，兩者的舉辦時間起碼要相隔三個月以上。

二、展覽題材的選擇

在市場調研基礎上，進行展覽題材選擇，其內容就是舉辦一個展覽會所計劃要展出的展品的範圍。

（1）確定在哪個行業舉辦展會：需要將市場進行細分，考察的內容包括細分市場的規模和發展潛力、細分市場的盈利能力、細分市場的結構吸引力和辦展機構自身的辦展目標和資源。

接下來就得考慮選擇展覽會的具體題材，主要有新立題材、分列題材、拓展題材和合併題材。

（2）新立題材：指辦展機構把從來沒有涉及的產業作為舉辦新展覽會的展覽題材。一般來說，辦展機構為確定新立題材進行市場調查的產業不止一個，而

是有好幾個，也就是說，同時對幾個題材展開調查，以便經過分析後確定一個或幾個可以進入辦展的題材。辦展機構可以從收集到的資訊中選新立題材，亦可從國外已經舉辦的展覽會的有關題材中選擇新立題材。

（3）分列題材：辦展機構將已有的展覽會的展覽題材再作進一步的細分，從原有的大題材中分列出更小的題材，並將這些小題材辦成獨立的展覽會的一種選擇展覽題材的方式。當然，分列題材一般要滿足以下幾個條件：一是原有的展覽會已經發展到一定的規模，某一細分題材達到一定的展覽面積；二是由於場地限制等原因，這個細分題材的展覽面積受限；三是細分出來的這個題材不會對原有的展會造成太大影響；四是這個細分的題材和原有展覽會其他題材之間有相對的獨立性；五是收集的資訊表明可以細分的題材可以單獨辦展。

（4）拓展題材：就是將現有展覽會所沒有包含的，但與現有展覽會的展覽題材有密切關聯的題材，或者是將現有展覽會展覽題材中暫時還未包含的某一分題材列入現有展覽會展覽題材的一種方法。拓展展覽題材是擴大展覽會規模的一種常用的有效辦法。一是可擴大招展展品範圍，二是可以擴大參展企業數量和觀眾來源。當然還須具備以下條件：一是計劃拓展的題材與現有展覽會的展覽題材要有一定的關聯性；二是計劃拓展的題材的加入給現有展覽會不會造成操作上的任何不便；三是現有展覽會的專業性不會因計劃拓展的題材的加入而受到影響。

（5）合併題材：就是將兩個或兩個以上彼此相同或有一定關聯的展覽題材的現有展覽會合併為一個展覽會，或者是兩個或兩個以上的展覽會中彼此相同或有一定關聯的展覽題材剔除出來，放在另一個展覽會裡統一展出。

三、展覽會的確立

展覽題材確定了，即可根據相關資訊的分析進入展覽項目的立項階段，規劃展會的有關事宜，設計出展會的基本框架。主要包括以下幾個方面的內容。

（一）展覽會名稱的選擇

展覽會的名稱一般包括三個方面的內容：基本部分、限定部分和行業標誌。如「第102屆中國出口商品交易會」，其基本部分是「交易會」，限定部分是

「中國」和「第102屆」，行業標誌是「出口商品」。

（1）基本部分。用來表明展覽會的性質和特徵，常用詞有展覽會、博覽會、展銷會、交易會和「節」等。展覽會是指以貿易洽談和宣傳展示為主要內容的展會，展覽題材相對較少，一般具有較強的專業性。而博覽會雖也以貿易洽談和宣傳展示為主要內容，但相對展覽會而言，展覽題材更加廣泛，是綜合的、內容較廣、規模較大、參展商和觀眾較多、專業化程度相對較低的展覽會。需要指出的是，展會的名稱要慎用博覽會。特別是專業展由於內容較集中專一，不宜用博覽會。交易會通常以外貿或者地區間貿易為主；展銷會則是以零售為主的展覽，由一個或數個行業參與，規模多為中小型。

（2）限定部分。用來說明展會舉辦的時間、地點和展會的性質。展會舉辦時間的表示辦法有三種：一是用「屆」來表示，二是用「年」來表示，三是用「季」來表示。如第12屆上海國際汽車工業展覽會、第三屆大連國際服裝節、2008年德國法蘭克福春季消費品展覽會等。在這三種表達方法裡，用「屆」來表示最常見，它強調展會舉辦的連續性。那些剛舉辦的展會一般用「年」來表示。展會舉辦的地點在展會的名稱裡也要有所體現，如第12 屆上海國際汽車工業展覽會中的「上海」。展會名稱裡體現展會性質的詞主要有「國際」、「世界」、「全國」、「地區」等。如第12屆上海國際汽車工業展覽會中的「國際」表明本展會是一個國際展。

（3）行業標誌。用來表明展覽題材和展品範圍。如第12 屆上海國際汽車工業展覽會中的「汽車」表明本展會是汽車產業的展會。行業標誌通常是一個產業的名稱，或者是一個產業中的某一個產品大類。

（二）展覽會地點的選擇

策劃選擇展會的舉辦地點，包括兩個方面的內容：一是展會在什麼地方舉辦，二是展會在哪個展館舉辦。

策劃選擇展會在什麼地方舉辦，就是要確定展會在哪個國家、哪個省或者是哪個城市裡舉辦。展會選擇在哪一個城市舉辦取決於很多的因素，最主要的還是取決於展會的展覽題材，展會的性質和定位。從展覽會的題材上來看，展會最好

選擇在展覽題材所在行業生產或銷售比較集中的城市，或者是在其臨近地區交通比較便利的地方舉辦，以使展會有充分的產業基礎和市場基礎；從展會的性質上來看，國際性的展會一般應在對外交通和海關比較便利的地方舉辦，以方便海外企業參展和觀眾參觀。而全國性的展會則應在國內比較重要的中心城市舉辦；從展會的定位上來看，所選城市的區域優勢應該和展會的定位相匹配，要注意城市的規模、現有的基礎設施條件和接待能力。城市的風格也是選擇城市時應該考慮的因素，所選的城市要具備符合展會活動的風格和氣質。例如，文化類、生活類、休閒類的展會很適合在精緻優雅的杭州舉辦。

策劃選擇展會在哪個展館舉辦，就是要選擇展會舉辦的具體地點。具體選擇在哪個展館舉辦展會，要結合展會的展覽題材和展會定位而定。考慮的因素主要有以下幾個方面：

交通是否便利：展覽場館通常都建在交通比較便捷的地點，國際展覽會在選址時應考慮是否有國際直達航班。便利的交通將方便人員和物資快捷地到達或離開展覽場館。

展館與展會面積：參展商預期需要的展位面積和附加面積、展覽場館可使用面積在很大程度上決定了租用展會所在地的哪個展覽場館。展覽場館最好是由較小展廳組成，這可降低場地空置的風險；最好在同一個展覽場館進行，即便於參觀，也便於管理。

展覽場館設施：展品是否對展覽場館的空間有特別要求，如裝修是否合適，是否有儲藏空間，高科技設施設備如何；燈光、電力等基本條件如何；展覽場館內或附近最好要有會議室、餐廳、銀行、商務中心、廁所等相應配套設施，是否有電話、煤氣、空調、冷熱水、蒸汽、上網設備等。

展覽場地費用：展覽場館不同，租金價格也會有所不同。會展中心收費一般是根據實際使用展場面積或每天使用的淨面積來確定。一些較高檔的會展場所，則以每一個展位價或每天淨面積價計算展會期間的租金，布展和撤展另計。

專業管理技能：展覽場地的準備、貨物的分發和運輸、布展、入關手續、空運證明、開展儀式、演示、燈光和音響控制、當地及海外參展者的接待工作、緊

急事故等相關事宜都需要得到及時而嫺熟的處理。舉辦地的專業會議、展覽組織者，展覽中心的承包商，物流人員等都應具備出色的管理與協調才能。

展覽安全條件：展覽場館形象、工作人員的服務水平是選擇展覽場館時需要考慮的軟體條件；此外，要瞭解展覽場館是否有損害參展商和觀眾權益的規定；展覽場館要提供足夠的安全保障。

參展目標觀眾：能否有目標觀眾前來參加展覽是一個極其重要的因素。

其他因素：當地是否擁有一定數量和檔次的酒店、旅遊景點等等。

（三）辦展機構的選擇

辦展機構是指負責展會的組織、策劃、招展和招商等事宜的有關單位。辦展機構包括政府部門、行業協會、專業學會與商會、專業性展覽公司、大型企業和會展中心等。

1.辦展機構的種類

根據各單位在舉辦展覽會中的不同作用，一個展覽會的辦展機構一般有以下幾種：主辦單位、承辦單位、協辦單位、支持單位等。

主辦單位：擁有展會並對展會承擔主要法律責任的辦展單位。主辦單位在法律上擁有展會的所有權。

承辦單位：直接負責展會的策劃、組織、操作與管理，並對展會承擔主要財務責任的辦展單位。

協辦單位：協助主辦或承辦單位負責展會的策劃、組織、操作與管理，部分地承擔展會的招展、招商和宣傳推廣工作的辦展單位。

支持單位：對展會主辦或承辦單位的展會策劃、組織、操作與管理，或者是招展、招商和宣傳推廣等工作起支持作用的辦展單位。

2.尋求支持單位

尋求支持單位是展覽會成功的關鍵環節，其目的：一是可以提高展覽會的檔次、規格和權威性；二是擴大展覽會的影響力，吸引媒體的廣泛關注，便於展開

新聞宣傳和炒作;三是提高行業號召力,利於組織目標客戶參展和目標買家參觀;四是能代表行業的發展狀況和趨勢;五是能有效地形成項目的品牌效應,最終實現可持續發展戰略。

3.尋求合作單位

當地行業權威機構(如行業協會、組展單位的分支機構)、專業展覽公司都可作為候選的合作單位。

(1)尋求合作單位的目的:一是能提高展覽會的影響力,確保資訊的有效快速傳遞;二是善用資源,優勢互補,加快資源整合;三是最大限度挖掘新客戶,壯大參展隊伍;四是最大限度地降低招展成本。

(2)合作單位的條件:①能切實有效地開展組團工作;②在相關行業有較高的信譽和威望;③有一定的組團招展經濟實力;④有專人負責相關工作;⑤有豐富的招展組團工作經驗。

(四)展覽會時間的選擇

辦展時間是指展會計劃在什麼時候舉辦。辦展時間有三個方面的含義:一是指展會的具體開展日期,二是指展會的籌展和撤展日期,三是指展會對觀眾開放的日期。

展覽時間的長短沒有一個統一的標準,要視不同的展會具體而定。有些展會的展覽時間可以很長,如「世博會」的展期長達幾個月甚至半年;但對於占展會絕大多數的專業貿易展來說,展期一般是3-5天為宜。展會的舉辦時間與展會展覽題材所在行業特徵密切相關。有些行業的生產和銷售的季節性很明顯,在確定展會辦展時間時應儘量能符合這種特徵。此外,還要合理安排辦展時間,原則上儘量避免與國內外有重大影響的同類展會在時間上相衝突。

(五)展覽會週期的選擇

辦展頻率是指展會是一年舉辦幾次還是幾年舉辦一次,或者是不定期舉行。從目前展覽業的實際情況看,一年舉辦一次的展會最多,約占全部展會數量的80%,一年舉辦兩次和兩年舉辦一次的展會也不少,不定期舉辦的展會已經是越

來越少了。

辦展頻率的確定受展覽題材所在產業的特徵的制約。眾所周知，每個產業的產品都有一個生命週期，產品的生命週期對展會的辦展頻率有重大影響。

產品的投入期和成長期是企業參展的黃金時期，展會的辦展頻率要牢牢抓住這兩個時期。

（六）展品的範圍選擇

展會的展品範圍要根據展會的定位、辦展機構的優劣勢和其他多種因素來確定。

根據展會的定位，展品範圍可以包括一個或者是幾個產業，或者是一個產業中的一個或幾個產品大類，例如，「博覽會」和「交易會」的展品範圍就很廣，如「廣交會」的展品範圍就超過10萬種，幾乎是無所不包；而德國「法蘭克福國際汽車展覽會」的展品範圍涉及的產業就很少，就只有汽車產業一個。

（七）展覽會的規模選擇

展會規模包括三個方面的含義：一是展會的展覽面積是多少，二是參展單位的數量是多少，三是參觀展會的觀眾有多少。在策劃舉辦一個展會時，對這三個方面都要作出預測和規劃。

在規劃展會規模時，要充分考慮產業的特徵。展會規模的大小還會受到會觀眾數量和質量的限制。

（八）展覽會的定位選擇

展覽會的定位要明確展覽會的目標參展商和觀眾、辦展目標、展會的主題等。通俗地講，展覽會定位就是要清晰地告訴參展企業和觀眾本展會「是什麼」和「有什麼」，具體地説，展會定位就是辦展機構在劇烈的市場競爭中，明確市場競爭狀況，根據自身的資源條件，找準自身差異化的競爭優勢，給參展商和觀眾形成一個鮮明而獨特的印象。

可在展覽會定位選擇時重點突出的幾個方面：①突出新的功能。主要突出展

覽會的新功能,如展覽題材的擴展等;②突出優勢利益。強調展覽會的舉辦能給參加者帶來的具有一定優勢的利益與品質;③突出競爭優勢。從競爭對手的特性出發突出本公司的展會市場定位策略;④突出特色。強調不同於其他項目的方面,如項目有效觀眾的獨特等。

知識連結8—1:

第十二屆上海國際汽車工業展覽會

主辦單位

· 中國汽車工業協會

· 中國國際貿易促進委員會上海市分會

· 中國國際貿易促進委員會汽車行業分會

承辦單位

· 世博集團上海市國際展覽有限公司

· 德國慕尼黑國際博覽集團／IMAG國際交易會及展覽會有限公司

展覽會日期

· 2007年4月22日—4月28日

· 媒體日:2007年4月20日、4月21日

展覽會地點

· 上海新國際博覽中心(上海浦東龍陽路2345號)

2007第十二屆上海國際汽車工業展覽會情況介紹

2007上海國際汽車展由中國汽車工業協會、中國國際貿易促進委員會上海市分會、中國國際貿易促進委員會汽車行業分會主辦,世博集團上海市國際展覽有限公司、德國慕尼黑國際博覽集團—IMAG國際展覽會與交易會有限公司承辦,特別支持單位是中國機械工業聯合會,中國汽車工程學會為支持單位。

2007上海車展使用上海新國際博覽中心全部9個室內展館和室外場地,總規模超過14萬平方公尺。其中7個展館為整車館(W1—W5,E1—E2),2個展館為零部件館(E3—E4)。同時,室外將搭建2個臨時展館用作零部件展廳,室外場地用作商用車展示區。從面積的劃分來看,整車8萬平方公尺,汽車零部件4萬平方公尺,室外商用車2萬平方公尺。

在展覽會日程的安排上,為便於新聞記者對車展進行全面、翔實的採訪,主辦方將4月20、21日兩天設為媒體日,僅對中外新聞媒體開放。4月22、23日是專業觀眾參觀日,4月24—28日對公眾開放。展覽會將集中展示各類轎車、商務車、客車及卡車、特種車、汽車設計及新概念產品、各類汽車零部件、汽車音響、輪胎、汽車檢測維修設備、汽車用品等,體現了國際汽車工業最新成就及中國企業近年來的領先技術和產品,全面展現當代汽車工業的發展水平。

2007上海車展主題:「人、車、自然的完美和諧」

2007上海車展的主題定為「人、車、自然的完美和諧」。隨著汽車工業的發展和技術的不斷進步,汽車已不再是簡單的代步工具。如今,車輛的生產工藝不斷改進與提高,使得駕駛更為便捷、舒適和安全。而以人為本的操作設計和安全技術都讓駕駛帶給人們更多的享受,深切感受到人與車融為一體的和諧。當前,國際上各大汽車廠家越來越重視汽車的環保性能。低能耗、太陽能、無汙染、零排放,這些都已成為近年來汽車技術研究中的重要課題。車展作為汽車最新技術的發布平臺,環保型汽車每次都能成為車展的焦點。人們透過汽車的改變,真正實現了人、車與自然的和諧。

四、展覽會的招展工作

(一)對象

1.參展商

(1)參展目的

企業的參展目的不外乎展示實力、樹立品牌形象、宣傳產品、達成交易、物色代理商或批發商或合資夥伴、研究當地市場、開發新產品等。德國展覽協會根

據市場營銷理論將參展目標歸納為：基本目標、產品目標、宣傳目標和銷售目標等類型。具體說來，參展商參展的目的在於以下幾個方面。

把握市場趨勢及動向：交換資訊、把握產品或所屬產業領域發展動向、瞭解市場需求、把握關於新產品的趨勢。

分析競爭態勢。

構築顧客關係，保持與客戶的聯繫：強化現有顧客的關係、開發新客戶、接受客戶反饋和意見、解決客戶關心的問題和受理投訴。

銷售產品或服務：發布新產品、與購買方面對面地接觸、商談和簽約、捕捉出口機會、獲得可能性評價、增大利潤、確保抓住具有購買可能性的買家。

物色代理商、批發商或合作夥伴。

作為營銷工具，打造品牌：提高企業形象、品牌定位和再定位、透過演示產品或新產品進行展示或教育、開拓新市場、建立並加強認知度。

支持流通渠道：構造合作關係、發展且深化個人接觸、支持現有的貿易關係。

加強與傳媒的關係：發布產品資訊與相關評論、刊登產品記事、與傳媒建立友好關係。

（2）如何選擇參展商

吸引足夠數量和質量的企業參展是關係到展覽項目成功與否的關鍵因素之一，為此組展者需要開展針對參展商的宣傳促銷。

選擇參展商的標準要根據展出目的、展覽會的性質和內容等因素制定。標準可以有不同的形式和內容，最簡單、容易的方法是制定產品標準。選擇參展商宣傳促銷要注意以下幾點：

①參展商名錄。潛在參展商名錄的建立（透過協會、工商行政管理部門、網路等，可獲得潛在參展商資訊）；老參展商名錄的整理（每屆展會結束後及時將參展商及潛在參展的企業彙總），可以開展針對性營銷。

②已知參展企業營銷。大多數展覽項目需要對那些猶豫不決者繼續營銷，爭取他們參加下一屆的展覽。對於那些已參加本屆展覽的參展商來說，最好的營銷是讓他們對本屆展覽滿意，滿意的參展商不僅將繼續參加下一屆的展覽，而且可能帶來新的參展商。

③發掘潛在參展企業。發掘潛在的參展企業的方式有三種，一是合作招展和組團，二是透過潛在參展企業比較熟悉的媒體發布展會資訊，三是創品牌展覽項目。

選擇參展商時，一定要注意對名家、名品參展商的組織。這些名家、名品參展商是吸引專業觀眾的主要因素，是對展會檔次、展會水平評價的重要依據。所謂「名家、名品」，是行業的領頭羊、行業產品的代表品牌，它們具有一定的引領作用，會產生「名氣」效應。它們的參展會引來一批同行廠家參展，很多參展商往往會視領頭羊的動向來定奪自己的行動。在某種情況下，有「名家、名品」參加，則不愁其他參展商不來。名廠的參展，除了要帶上「經典」作品外，一般都要推出新產品，或展示將要發展的概念產品，還要舉行新產品發布會、推介會。專業觀眾最感興趣的焦點就是產品的成熟度、經典性以及新產品的出現和發展趨勢。能組織一大批、甚至涵蓋整個行業的名家、名品參展商參展，是會展組織者有實力的表現。

其中值得一提的是組織對參展商的培訓。目前，不少展覽會還未認識到對參展商進行培訓的重要性。展會組織者為了保證展會的成功，應該為參展商提供多種形式的免費培訓。在國外，營銷培訓班一般定在展會開始的前六個月，主題集中在如何在展會上設置有價值的項目品和產品。展位事務上面的訓練在展會之前提供，能夠作為培養參展商展會銷售技巧的絕妙機會。一些展會組織者甚至連續提供訓練項目，以確保他們的參展商達到銷售目標。如國際製造技術展覽會每年在美國芝加哥舉行一週時間，組織者在開幕前的幾個月，為他們的參展商提供了兩天的訓練項目。參展商可以從兩個方向選擇，一個重點在營銷上；另一個在展會綜合運作上，如布展組織、現場指揮及入館時間安排等。展會的組織者，國際製造協會的副主席彼德先生說，參加他們的展會的1400家參展商中大約有25%

參加了培訓，在培訓會上向參展商提供小型展示會，解釋水、電、空調等服務方面的組織形式及其奧祕，並給予完成組織者各項要求的參展商一定的參展折扣價。

（3）參展商如何選擇展會

在眾多的展會中，企業必須有選擇地參加。選擇展會時主要考慮如下一些因素。

展會的目標市場：展會的目標市場包括主題定位、目的、觀眾結構等，企業參展前確定展會是否與企業的發展計劃相吻合，能否促進企業達到預期的目標。這些情況可以從展覽會的主辦者那裡瞭解到，在絕大多數情況下，他們備有參觀者情況的詳細資料。當然，企業還必須對這些資料的可靠程度作出判斷。

展會的歷史與影響及展會主辦者的情況：在過去的幾年中，參展商有哪些、展會的效果如何等，企業應選擇有影響力、知名度高、參展商多且參展商的影響力強的展會；而且需要瞭解展會主辦者的背景、主辦能力和水平、信譽如何。選擇有影響力、富有經驗及對行業的認知度高的組織者。企業可以從其對外的招展函、廣告以及各項組織計劃等方面來評估組織者的策劃能力和宣傳推廣能力。

會展的規模：成功的會展必然具備一定的規模，規模大的會展可以吸引更多的專業觀眾，而這正是保證參展商達到參展目的的最主要因素。評估展會的規模主要看參展商和專業觀眾的數量以及展覽面積的大小。

參展的費用：在參展費用越來越高的趨勢下，企業應根據自身的財力在預算內選擇適合的展會，參展的費用不能對企業造成額外的負擔。對於開支謹慎的中小企業來講，更是如此。參展所需基本費用包括租用展覽場地的費用；廣告宣傳費（包括展前吸引參展客商和參觀者的各種媒介廣告費用，展中發放各種廣告宣傳品如產品目錄、產品使用說明書、產品廣告傳單、促銷贈品、產品的試用樣品的費用，展覽會上錄像播放、懸掛廣告橫幅和廣告宣傳畫的費用，等等）；展品的運費、保險費、供現場示範表演的產品費用；展臺的設計和建造費用（包括展臺設計或再設計的費用，展臺建造和裝飾整理費用，展臺建造材料的購買和運輸費用，僱用專業公司或專業人員的費用，等等）；展覽場地的聲、光、電、水、

電話、空調、清潔場地、攝影照相等多種設備的費用；展覽場地的家具、地毯、花卉及其他環境裝飾物的費用；公共關係活動的費用，如召開新產品新聞發布會的費用；招待記者對本企業產品及展位進行採訪報導的交際費用；邀請知名人士出席開幕式剪綵儀式的費用；對重點客戶迎來送往、請客吃飯、租用賓館套房、安排旅遊娛樂活動、預訂返程票、饋贈禮品的費用；對於一般的潛在客戶或目標觀眾開展聯誼活動的費用，如贈送展覽會入場券、戲票，邀請參加文娛活動等；在展覽會期間舉行產品技術研討的費用；聘請和培訓展覽禮儀模特及產品示範操作人員的費用等等；參展人員的吃穿住行、郵政通訊、公關交際、工資津貼獎金等方面的費用；應付偶發事件的處理費用和其他雜支費用。

還需要考慮的問題有：其他的參展企業有哪些，這些企業的檔次、規模、知名度如何；展覽會舉辦的地點是否合適；舉辦的時機是否合適等。

（4）參展商如何成功參展

一般展覽中通常會有上百個參展商，幾百個展位。如何才能在參展商中脫穎而出，使參觀者對自己印象深刻？提以下的幾點建議。

①展位搭建有特色。現在，中國國內的標準展位幾乎全部為白色展板。一般的選擇是宣傳畫。建議宣傳畫最好畫面簡單、文字洗練、色彩艷麗統一、突出公司標誌。這樣，既可以吸引參觀者、又能給人留下深刻印象。

②在展覽會同期舉辦技術報告會和產品推介會。展覽會的最大特點就是在短期內彙集全國各地的專業觀眾。如果能夠抓住這一時機，以報告會和推介會的形式，及時全面而詳細地介紹公司的最新技術和產品，不僅在最充裕的時間內向最廣泛的客戶作了宣傳，而且也從另一方面提升了公司形象。

③宣傳資料廣告。每一次展覽前，主辦機構都會向全國各地的專業觀眾發送參觀邀請函，介紹展覽的內容和同期將舉辦的活動。一般情況下，參觀邀請函的數量都會達幾萬份，甚至十幾萬份，與一些專業雜誌的發行量不相上下。往往由於篇幅有限，主辦方只會接受一家參展商的廣告要求，這樣，相對於一些專業雜誌上鋪天蓋地的各家廣告而言，獨家廣告的宣傳效果不言而喻。類似可以做廣告的地方還包括胸卡、掛繩和會刊。

以上的幾點建議只是造成拋磚引玉的作用。畢竟，廠商才是展覽會的主體。只要能夠積極開拓思路，同主辦單位溝通、配合，相信各廠商一定會拿出更新、更好的方案，在展覽會上大放異彩。

知識連結8—2：

參展商對展覽項目的選擇

展覽會是展示企業形象、推廣企業產品、促進產品貿易的舞臺。選擇合適的展覽會，首先要確定企業的參展目標。參展商可能會同時抱有幾種目標，但在參展之前務必確定主要目標，以便有針對性地制定具體方案。其次，確定了參展目標後，慎重選擇將要參加的展會。主要考慮的因素有以下幾個方面。

（1）展會性質：每個展覽會都有不同的性質，按展覽的目的分為形象展和商業展；按行業設置分為行業展和綜合展；按觀眾構成分為公眾展和專業展；按貿易方式分為零售展和訂貨展等。

（2）展會知名度：展覽會的知名度越高，吸引的參展商和買家也越多，成交的可能性也越大。如果參加的是一個新的展覽，則要看組辦者是誰，在行業中的號召力如何。雖然參展費用較高，但如果展會知名度高，參展效果會遠好於不知名的展覽會。

（3）展覽覆蓋市場：考慮展覽會是否覆蓋了參展商所需的市場，是否能夠吸引合適的觀眾群，是否與參展商的生產計劃、廣告和促銷活動相吻合，選擇時機是否恰當。如果答案是肯定的，則考慮參展。

（4）尋找價值展覽：首先從UFI成員所主辦的展覽會中尋找有價值的展覽會，其次，可以看看其他協會成員中是否有參展商所希望的展覽會。

2.觀眾

展會的成功與否很大程度上取決於會展觀眾的數量和質量。會展觀眾有專業觀眾（目標觀眾）和普通觀眾之分，展覽不僅需要參觀者，而且需要達到一定數量和質量的專業參觀者。專業觀眾是構成對參展商吸引力的主要因素，因而專業觀眾是會展組織者宣傳和吸引的主要目標。

專業觀眾參展的比例，是參展商衡量展會服務質量的首要參數，直接影響參展商的參展效益和以後再次參展的可能性。參展商的主要目的是擴大成交額，擴展新客戶，擴大宣傳。他們費心地將自己的產品篩了又篩、選了又選，反覆包裝，不惜重金設置展臺，全部心思都是為了吸引目標觀眾，因為專業觀眾中有合作夥伴，有潛在客戶。

另外，專業目標觀眾中的決策者的比例也是至關重要的。專業觀眾中如果缺少決策者，那麼所進行的洽談多數將是意向性的，能拍板定案的不多，這自然會影響參展效果。

選擇觀眾主要有三個標準：一是行業，二是地區，三是企業規模。行業的選擇主要根據展覽的性質和展覽內容而定，例如旅遊資源博覽會就要以旅遊行業的各相關企業（如旅行社、飯店等）為目標。地區的選擇主要受此行業在各地區的發展狀況、市場分布、參展商業務範圍的影響。企業規模取決於展覽的檔次、參展商的企業規模和交易要求等。總之要綜合考慮各方面的因素，選擇恰當的專業觀眾。

在組織專業觀眾的過程中，需認真瞭解參展商產品的用途和銷售渠道，以便有目的地開展觀眾組織工作，一般可透過參展商提供的產品說明書、行業報紙雜誌以及在與參展商的溝透過程中瞭解到；利用行政職能部門和行業協會的影響力來招展或組織觀眾，並力邀主協辦單位的領導出席開幕儀式，以增強展會的權威性。在中國，往往只重視招展，而忽視組織專業觀眾。我們必須把組織觀眾作為展會運作過程中最為關鍵的工作來認真對待，因為展會的成功是建立在客戶信任基礎上的，而客戶的信任取決於參加展會後有多大收穫，只有這樣，才能培育出具有號召力的品牌展會。如中國每年兩屆的廣交會和國外的一些知名會展公司舉辦的展會，都成立了專門的部門對外招商，或者和國外的商會、協會及駐外使館或外國駐展地國家使館的商務參贊處一起合作組織招展、招商。

為了擴大參展效果，一般展會將專業觀眾與普通觀眾在參觀時間上作了分流，以便減少干擾，提供高質量的交流機會。這種做法受到了參展商與目標觀眾的共同歡迎。

3.媒體

為了提高展覽會的影響，吸引潛在的企業參展和潛在的觀眾參觀，許多展覽會都利用新聞媒體為自己造勢。媒體宣傳是吸引潛在參展商和觀眾的重要手段。許多組展者在招展時都向參展商說明自己的支持媒體。

（1）選擇新聞媒體。組展者應確定專職或者兼職的新聞媒體負責人。媒體負責人需作選擇媒體的決策。新聞媒體包括大眾媒體和專業媒體，可以是報刊、電視、網路，政府機構也可視為媒體。

（2）提供新聞資料。組展者媒體負責人應積極主動地向媒體提供相關的新聞資料，新聞資料包括新聞稿、專稿、特寫、新聞圖片等。向媒體提供的新聞資料內容可以不必侷限於展覽會。

（3）記者招待會。記者招待會是組展者與媒體建立並發展關係的機會，是將展覽項目廣泛深入地介紹給多個新聞媒體的一種有效方式。

（二）宣傳的內容

宣傳資料包括展覽會資料、市場資料、組展要求和安排、協議或合約等。資料的形式有新聞資料、情況介紹資料。

新聞資料主要用於宣傳，其目的是讓參展商和觀眾瞭解展出項目。新聞資料應包括展覽會的基本情況，如時間、地點、內容、性質等；市場的規模、特點、潛力等；組織者聯繫地址、參展手續、申請截止日期等。新聞資料的特點是簡短、全面。

情況介紹資料的基本範圍與新聞資料相同，不過內容更為詳盡，使潛在的參展商能夠更為詳細地瞭解展覽會的情況，以便做出是否參展的決定。情況介紹資料包括參展申請表和參展的基本要求和手續等。

（三）招展手段

招展的目的是招攬到合適的企業（也包括專業媒體等潛在參展商）來參展，它是展覽會取得成功的基礎。招展主要工作有：一是準備工作，包括招展計劃書

的制定、招展函的設計與印刷、潛在參展商數據庫的建立等；二是招展工作，包括人員拜訪、代理機構的確定及電話招展等。招展的常用手段有：

1.郵寄信函

郵寄信函就是將各種資料直接寄給潛在的客戶，並發出邀請。這是會展業使用最廣泛且成本效益比最佳的一種宣傳方式。但要注意這也是一種單向的宣傳方式。

根據分類郵寄對象如老客戶、潛在參展商、專業觀眾、政府官員、演講嘉賓、新聞媒體等，有針對性地郵寄相應資料，關鍵要突出展覽會能給材料接收者帶來什麼利益。

（1）寄給參展商的資料，除了介紹參展程序外，應著重強調展覽會的觀眾組織計劃和配套服務。對於重要客戶，還要附上展覽會組委會主要負責人的親筆簽名。

（2）面向專業觀眾，應強調參展商的數量、檔次以及主辦方能提供的洽談環境，同時寄送觀展指南、邀請函和入場券。

（3）向媒體編輯或記者郵寄有新聞價值的材料，這裡的新聞價值主要指展覽會的技術創新之處或者在參展商人數及檔次等方面的突破。

2.電話銷售

電話銷售是雙向的溝通方式，是加強宣傳效果的有效措施。根據促銷對象的不同，可以將電話促銷分為兩大類，即新顧客開發性促銷和老顧客追蹤性促銷。一般來說，展覽會主辦者的電話促銷更多的是為了開發新客戶。電話銷售對銷售人員的溝通技巧要求較高。

3.廣告宣傳

廣告媒體較多，常用的有報紙、雜誌、電視、廣播、路牌、霓虹燈·海報、宣傳條幅、彩旗、交通運輸工具、氣球等多種形式。除了要首先根據營銷目標選擇廣告媒介外，在設計展覽會廣告時還應遵循明確性、經濟性、新穎性和親和性

等原則。比如,某展覽會屬於消費性質,那麼組展者就可以選擇大眾媒體,如大眾報刊、電視、電臺等。大眾媒體面向大眾,覆蓋面大,影響力也是其他媒體所不能及的。如果是專業性質的貿易展覽,就應該選擇針對目標觀眾的專業媒體,包括專業報刊、內部刊物、展覽刊物等。

4.網路宣傳

互聯網是一種功能強大的營銷工具,它兼具宣傳推廣、營銷渠道、電子交易、適時服務以及市場資訊收集與分析等多種功能。

透過各種媒體宣傳本展覽會的網址,讓更多的參展商和專業觀眾瞭解展覽會的情況;為參展商提供網上申請參展註冊服務;提供相關資料或發布展覽會的最新情況;提供線上諮詢服務或與參展商進行雙向溝通;在展覽會網站上公布下一屆展覽會的舉辦時間和地點,以便參展商和專業觀眾提前制定好參展或觀展計劃;開發有關本次展覽會的電子雜誌、電子資料庫等資訊化產品等。

5.新聞發布會

透過新聞媒體開展營銷既能節省費用,又容易取得較好的宣傳效果,因為新聞報導一般是免費的,而且在公眾心目中的可信度高。展會組織者常用的媒體策略有舉辦記者招待會、提供新聞稿件、邀請記者採訪等,其中,新聞發布會由於相對正式且影響力較大而被經常使用。

6.公關活動

主辦單位為擴大展會的影響,還採用各種公關手段,組織諸如會議、表演、評獎等公關活動。一般來説,會議能夠吸引到真正對展出產品感興趣的人,而且這些人大都是有決策能力的企業高層管理人員,所以會議作為一種公關手段,對展覽宣傳具有很大的促進作用。評獎一般由主辦單位組織,參展商參加。可以對展品評比,也可以對展臺設計評比。透過媒體公布評比結果能夠造成很好的宣傳效果。

知識連結8—3:

七招識別展覽騙局

由於會展業法治的不健全，諸如騙展等類似事件在展覽界已屢見不鮮，如何防範避免此類事件的發生是參展商討論最多的話題。有專家指出，造成此類事件發生的一個重要原因在於參展商缺乏自我保護和防範意識。專家認為透過網路查詢主辦單位是否存在，是避免上當受騙的一個好辦法，如未能查詢到此類資訊，此類展會應當慎重參與。目前中國展覽主辦單位主要有政府機構、行業協會、商會、政府部門下屬企業、國家相關部門批准備案的集團性展覽公司等等。展覽會大多由主辦、承辦、協辦、支持媒體單位組成。參展商除了要查清主辦單位外，還應該注重承辦單位相關資訊檢索，如透過工商部門來查詢承辦企業是否真實存在。具體要從以下幾個方面做起：

一、鑑別批文真偽

大型的展覽展示活動，必須有上級主管的行業部門或機構進行備案、批示，如您收到的大型展覽資訊中，無批准字樣，請及時向發送資訊的單位查詢辨別批文的真偽。

二、核實場地

一些展會糾紛中，展覽場地也是參展商討論較為集中的話題，有的展覽公司在運作項目時往往是還沒有定製場地，卻已經開始招商，最後由於場地的問題，展覽意外流產。現在中國國內一些規模大的展覽場館均設置場地預定部門，參展企業可以透過電話查詢展覽會是否預定或是否交納場地租賃費。

三、諮詢判斷

目前舉辦的大型展覽，主辦方大多會設立展會諮詢處，諮詢人員對展覽內容都應有深入瞭解，參展商如在諮詢中發現陳述含糊，應慎重考慮。

四、分段交費避免欺騙

大部分展覽或會議都需要提前交納相關費用，為了防止出現意外，參展商可選擇現場交費或者先交定金，會議當天繳納其他費用的方式。對於參加展覽會的商家，可以透過其他途徑的觀察，根據企業發展的需求做出選擇。

五、鑑別公章

參展商在參展前一定要檢查公章印記的完整性，公章與批示單位名稱是否一致，核實公章單位批示其他展會的文稿，對照公章印記。

六、委託書

凡大型的展覽會議均設置招商委託單位，並辦理委託證明。參展商可透過諮詢查驗招展單位資格並請對方出具委託的證明，如有疑問及時向組辦方加以核實。

七、警惕跨年度預定陷阱

一些信譽較高的品牌展覽或會議在展會舉辦期間，都會告知參展商下屆舉辦時間、地點等相關資訊。有些人會利用這些資訊，策劃同類型的展覽會議項目，同期舉辦，以同樣的名義或內容進行招商宣傳，攪亂市場，給需求參展企業造成選擇混亂。為了安全起見，參展商在進行跨年度預定時一定要直接與展覽或會議的主辦單位聯繫，避免選擇錯誤。

（資料來源：中國展覽網）

知識連結8—4：

2007中國（上海）國際樂器展

展品範圍：

鋼琴和鍵盤樂器、電聲樂器、打擊樂器、銅管樂器、木管樂器、絃樂器、民族樂器、樂器配件和加工機械、樂譜和書籍、音樂相關電腦硬體和軟體、音樂相關服務、協會和媒體

2007 展位和廣告報價：

（註：光地27平方公尺起訂；標準展位9平方公尺起訂）

區域 光地價格 標準展位價格

A價：1580元／平方公尺；15800元／9平方公尺

B價：880元／平方公尺；8800元／9平方公尺

C價：680元／平方公尺；6800元／9平方公尺

*斜線部分展位面積價格A價另加收10%，B價、C價另加收20%（具體位置請參閱銷售平面圖），如有其他過道開口，需加收過道面積。

*（1）2007年3月10日前簽訂參展合約，可享受5%的價格優惠。

（2）中國樂器協會會員可另外享受5%優惠。

展位類型：

光地展位：僅提供場地、展廳照明、公共場所清潔及現場管理與服務

標準展位：除上述服務外，另提供三面展板、地毯、一張問訊桌、兩把折椅、二盞射燈、一個13安培電源插座、中英文公司名稱楣板、廢紙簍1個

參展辦法：

貴司欲報名參展，請填妥「參展合約」，加蓋公章後傳真至021-62780038／62953209或郵寄至上海國際展覽中心有限公司王蕾、戎曉嫻、姚鳴、施先之、房瑾收

地址：上海市婁山關路55 號新虹橋大廈8樓801-804室

郵編：200336

詳情垂詢：021-62956677*3970 6149 1401 8366 1403

62953970 62096149 62951401 62958366 62951403

詳細請點擊 參展程序

展覽平面圖：

瀏覽展館分布圖和各館平面圖請點擊 展館平面圖

展商名錄：請點擊2006 展商名錄

同期活動（2006）：

節奏的力量——第二屆中國國際鼓手節鼓與貝司組合完美演繹

聚焦行業焦點，聚首業內精英——NAMM大學課程

民樂文化之旅——古代箏瑟實物展暨古箏工作坊活動

互動音樂體驗日——「音樂‧家」電腦音樂大揭祕、大型互動音樂會

國內外樂隊精彩獻演——現場品牌演示

欲瞭解更詳細展會同期活動內容，請查看展會活動。

交通住宿：

詳細情況請點擊 交通住宿

展商登錄：

若貴公司報名參加了2007 中國（上海）國際樂器展，需進行上傳公司資料（會刊登記）、申請證件、上傳展品圖片、查看觀眾資訊、修改基本資訊、下載參展手冊等工作，請點擊展商登錄。

（資料來源：www.musicchina-expo.com）

第二節 展覽會的現場服務與管理

展覽會的現場管理主要包括以下內容：入場證件辦理、觀眾註冊、開幕式、安保管理、清潔服務、會刊銷售、突發事件處理、發收相關調查表、撤展等。

一、證件辦理和觀眾註冊

為說明身分，便於管理，組展者需要提前或現場製作一些證件，如貴賓證、嘉賓證、參展商證、參觀證、工作證、記者證、保衛證、車輛通行證、布展撤展證等。

專業觀眾是展會的重要的資源之一，辦展機構一般對專業觀眾到會情況都極為重視，並安排專門的程序對到會的專業觀眾進行註冊登記。為做好專業觀眾註冊及其相關服務工作，展會一般要準備展會參觀指南、觀眾登記表、展會證件、門票和展會會刊等資料。

登記註冊時，可以將觀眾登記臺和通道分為「持有邀請函觀眾登記臺」和「無邀請函觀眾登記臺」，以減少現場工作量，提高工作效率；要有專人負責管理觀眾登記的現場事務，維持秩序；工作人員必須經過一定的培訓，準確錄入觀眾資訊，妥善保管填寫好的觀眾登記表、邀請函和名片等資料。

為了減少人們在登記處的等待時間，展會的主辦單位可以在入口處設置展覽活動及論壇議程牌，方便觀眾預先瞭解展會的總體情況和主要活動安排。

二、開幕式的舉行

開幕式是展覽會的重要儀式。舉辦開幕式的主要目的是製造氣氛、擴大影響，提高展會的知名度，吸引更多的觀眾來參展。如果展覽會已經有很高的知名度，就不一定要舉行開幕式。

（一）開幕式的籌備

1.前期準備

籌辦工作的第一項就是要確定人員、事項、時間、預算等管理方面的因素以及開幕的時間、地點、規模、程序等基本事項。人員包括後臺的籌辦人員和前臺的司儀、發言人、剪綵人等。

開幕式通常安排在展覽會的第一天，但有時也可安排在其他時間。例如，如果邀請國家或地區的高級領導出席開幕式，就要根據重要人物的時間表安排開幕式。如果場地需要預約租用，就要儘早聯繫、協調。地點安排好之後，就可以開展其他工作了。

2.邀請出席人員

開幕式一般邀請一些具有強大影響力和宣傳價值的人物出席，如政府官員、工商名流、新聞人上、外交使節、公司領導等。一方面，這些人本身的影響力可以造成宣傳展覽的作用；另一方面，這些人物都有一定的購買決定權或建議權，這將對貿易展覽效果產生直接或間接的影響。要先擬訂邀請範圍和名單，編印請柬。要根據當地的邀請出席率計算寄發數量；對於重要的邀請對象，可以在寄發請柬後用電話再次確認；根據需要和條件，在請柬上註明「請確認」或附上次

執。

3.現場布置

首先要準備開幕式的橫幅。包括橫幅的用詞、尺寸、顏色等。然後，根據需要安排發言臺、坐椅、茶具或飲料以及名牌等。席座牌位要事先商量好，坐椅上要做記號，以防坐錯，最好在主席臺上安排引座人員。飲料的提供要根據當地習慣和條件事先商定。現場設備主要包括擴音設備、照明設備、空調設備等，要安排專人負責控制。要準備好剪綵用具和禮儀小姐，用具主要有立桿、綵帶、剪刀、手套、托盤等。

（二）開幕式的程序

開幕式的程序一般是司儀宣布開幕儀式開始，主賓按順序發言致辭、剪綵和參觀展臺。參觀展臺的路線要事先安排好，計算好時間，並通知相關展臺。參觀過程中要安排引路、解說、陪同人員。重要人物都要有人陪同，但也不要冷落其他人。隆重的開幕式還會有表演、放煙花等節目，這些一般都由專業組織籌劃，展覽組織者要做好各方面的協調工作。

三、開展後的現場管理

參展商、觀眾等所有人員原則上須憑證件進出展覽場館，參展商和組展者工作人員比觀眾早半小時入館，進行接待準備。

開展後，展覽主辦方主要起總體協調、控制的作用，另外還要提供完善的後勤服務。展覽會應該設立大會控制中心，總體監控和協調整個展會的進行，隨時處理各種問題、投訴和突發事件；維持整個會場的秩序，安排工作人員現場巡邏，幫助參展商和觀眾解決不時之需；加強保安工作，消除各種安全隱患，保護參展商和觀眾的人身和財產安全。另外，還要做好後勤配套工作。維護展館的交通秩序，做好疏散工作，以使觀眾正常進出會場；提供充足的餐飲場所，並檢查和監督餐飲衛生，以防食物中毒；保持會場的衛生工作，尤其是廁所的衛生，要有專人隨時打掃。

除了這些常規工作外，作為展覽的組織者應時時具備危機意識，建立危機應

急機制。應急機制包括制定緊急情況應急預案,成立專門的危機管理機構,建立危機資訊處理系統,設立風險基金等。

1.緊急醫療

準備緊急醫療設施。展覽會的參展商和觀眾可能會因為氣候、飲食、疲勞和其他意外情況突然生病,對此組織者應有各種預防和應急措施。首先組織者應搞好飲食衛生和環境衛生。環境衛生一般不會有大的問題,而餐飲衛生要複雜一些,要慎重選擇餐飲合作對象,並搞好衛生監督與檢查,以防食物中毒或腹瀉,否則將會給主辦城市和主辦單位帶來負面影響。會展組織者還應當透過當地有關部門或機構協助成立一個緊急醫療救護系統,在展覽會現場安排醫療人員,並與當地醫院聯繫,一旦有緊急病人立即安排救護。

2.火災防範

火災也是舉辦會展的大敵。由於會展活動的人流、物流的密集性,火災發生後,如果滅火以及疏散措施不得力,將會造成很大損失。主辦單位應做好展前和展中的消防檢查,要重點檢查其消防設施的配備和完好情況,如是否有自動滅火系統、滅火設備是否完好、安全出口是否通暢等。另外還要檢查場館的電路系統,有無易燃物品等,以消除火災隱患。組織者還應該向與會者提供預防火災方面的資料,告知火災應對措施、逃生步驟和緊急逃生出口。可以編印活頁手冊,放在資料袋中提供給與會者。

3.防範盜竊

防盜也是展覽會應引起重視的問題,尤其是貴重物品如珠寶展之類的展會。為提高防盜能力,除加強防盜設備建設外,現場應配備高素質的安保人員,加強安全檢查和巡視,並與當地公安系統協調工作。另外,應以書面形式向參展商告知相關的防盜事項。

四、參展商的現場管理

參展商的現場管理工作的目的就是最好地實現展出目的,它是所有展前準備工作效果的直接體現。

1.確定展臺工作人員

參展商現場管理的主要目的是透過展臺工作人員的接待、宣傳、產品介紹以及貿易洽談等工作，與客戶簽訂合約，銷售產品。展臺工作人員的整體素質是否滿足展覽現場工作的需要是展出目標能否實現的重要因素。因此，要根據展臺工作的實際需要，確定展臺工作人員。

一般來說，展臺人員應該具有以下幾方面的素質或能力：

（1）較強的業務知識。包括展出者的基本情況、展品或服務產品的基本情況及相關的技術問題、展品的市場需求及競爭態勢等。

（2）有展覽工作經驗。有決斷能力；有領導、鼓舞士氣的能力；有組織、處理緊急事務的技巧；處事沉著、善於表達；有責任心；能夠談判、協調；積極的工作態度和嫻熟的工作技巧。

（3）穿著整齊，舉止端莊。

2.展臺接待

接待客戶是展臺現場工作的第一步，也是關鍵性的一步。大量參觀者中只有一少部分是展出者的潛在客戶或已有客戶。如何使這些潛在客戶或已有客戶的潛在需求變為現實需求，這是展臺接待所要解決的問題。作為展臺接待人員來說，應該具備區分潛在客戶和普通觀眾的能力。潛在客戶和現有客戶是展臺接待工作的重點。

展臺工作人員應該掌握一定的展臺接待技巧，保持開放的心態，讓參觀者感覺到展臺人員有交流的願望，並使參觀者有一種受歡迎的感覺。

（1）參觀者進入展臺後，先讓其有足夠的時間參觀展臺、展品。注意其對何種產品、服務感興趣。如是熟悉的參觀者，應立即接待。

（2）在參觀者顯示興趣或有疑問時，便可以上前簡單介紹參觀者所感興趣的產品，並迅速瞭解參觀者的業務範圍、尋找何產品以及其本人在訂貨方面的權力。在確認參觀者需求之前，不要太多地介紹公司和產品。

（3）接待之後，必須將情況記錄下來。參觀者記錄是後續工作的基本依據。

3.貿易洽談

經過展臺工作人員有效的推銷、介紹，參展人員對展出公司的產品、服務產生興趣後，展臺工作人員就應該積極與這些潛在客戶進入洽談階段。洽談是展出者建立新的客戶關係的重要方式。透過貿易洽談贏得新客戶，鞏固老客戶。

4.情況記錄

對展臺接待和洽談情況所做的記錄是參展商進行展覽評估和展覽後續工作的主要依據。很多展出者無法判斷展出效果或無法取得很好的展出效果與沒有做好記錄有很大關係。記錄可以採用多種方式，如收集名片、使用登記簿、記錄表格、電子記錄設備等。

展會結束後，參展商應按撤展時間要求有序撤展，特裝展位由參展商自行撤出展覽場館。展會結束當晚，可通宵撤展，參展商應在規定的撤展結束時間前完成撤展。

知識連結8—5：

參展商易犯的小錯誤

以下是參展商在展會上易犯的一些錯誤，您可以對這些小錯誤付之一笑，但確實有人在展會不斷地重複這些錯誤，使參展效果大打折扣，失去不少寶貴的機會。

鏡頭一：參展公司職員手拿著咖啡在攤位裡談笑風生。其實也許他們有很多其他機會聊天，但在展會裡，他們的「上帝」是走在走道裡的參觀買家。

鏡頭二：不要在展位上雙手抱胸地站著，這樣只會傳遞一個資訊：「別過來，滾開！」

鏡頭三：不要在展位上吃東西。一來並不禮貌，二來，當您在吃東西時來往的客人大多都不好意思走進攤位打擾，本來想走進攤位的也只會改道。

鏡頭四：在每天展會即將結束時，不到最後一刻不要急著收拾東西，這樣同樣會失去很多機會。

（資料來源：中國展覽展示網）

第三節 展覽的後續工作

展覽的後續工作是展覽實體活動之後所開展的一系列工作，是展覽的組織者與參展商、參展商與客戶之間在展覽期間關係的延續。其目的是鞏固和發展客戶關係、實現展覽目標和價值，最終達到營銷目的。展覽後續工作的主要內容包括：展後資訊跟蹤、展後評估和展後總結。

一、展後資訊跟蹤

為擴大展會影響，打造展覽品牌，展後的資訊跟蹤服務是不容忽視的。因為展覽剛結束不久，參展商和專業觀眾對展覽還有一定的印象，如果能及時抓住機會進行跟蹤服務，客戶對展會的印象就會更深。有美國機構專門對參展商和專業觀眾記憶率的變化進行過研究，發現參展商和專業觀眾在展覽會閉幕後5周對展覽情況的記憶從100%迅速下降到約60%，之後記憶有所反彈，研究人員認為反彈的原因可能是主辦單位的跟蹤服務開始起作用。

由此不難看出，展後的資訊跟蹤服務不僅能有效加深目標客戶對展覽的印象，樹立展覽會品牌形象，同時也能為下一屆展覽會作預告宣傳。

展後資訊跟蹤主要的工作有：

（1）對參與展覽會的各方深表謝意。展會的成功舉辦離不開各方的大力支持和參與，應對他們表示感謝。感謝的對象主要有：所有的參展企業、重要的專業觀眾、支持單位、合作單位、支持的媒體、政府部門領導和演講嘉賓等。對於重要的客戶，可以採取登門致謝，甚至透過宴請方式表示謝意。

（2）利用媒體進行跟蹤報導。主要是對展覽會進行回顧性報導，進一步擴大展覽會的影響。報導內容涉及：展覽會的有關情況、各類統計數據如：①展覽

環境：參觀人數、專業含量、平均參觀時間等；②展覽效果：展位布局、成交額、展商和觀眾的反饋意見等。

（3）及時發布下屆展覽資訊，讓參展商能儘早計劃，做好準備。

（4）發放展覽後的意見徵詢表，以求下一屆改進提高。

二、展後評估

展後評估是指對展覽環境、展覽工作及展覽效果進行系統和深入的評價。展覽結束後，無論是主辦單位還是參展商都應該對所組織的展覽或所參加的展覽進行評估，以瞭解展覽整體情況，是否達到展出目的等。展後評估可分為主辦單位展後評估和參展商評估兩種。

（一）主辦單位展後評估

主辦單位展覽評估主要對展覽整體情況、參展商以及觀眾的整體情況進行評估。展覽的整體情況主要包括主辦單位的前期準備工作、展覽現場管理工作，這些情況可以透過對參展商、展臺工作人員以及參觀者進行調查獲得。比如可對參展商進行調查，從而瞭解參展商對展館環境及組展者的組織管理工作是否滿意，展出者的展覽效果是否理想，接待客戶情況、參觀展臺的客戶質量、展覽期間的成交情況等，再如透過對展臺工作人員調查，也可獲得展出者對組織工作的評價，接待新老客戶情況，實際成交額，成本效益比等，對參觀者的調查可獲得其對組織工作的評價情況以及他們是否在展會上獲得了相應的資訊並實現了觀展的目的等。展覽整體情況評價可以説是主辦單位透過相關主體的反饋來瞭解自身的工作情況。

對參展商的評估主要是評價參展商在行業中或參展企業中的地位，透過這項評估主辦單位可以瞭解所舉辦展會的檔次、規模等，是否有行業內的知名企業參展，參展商在行業內的影響如何等。對觀眾的評估主要瞭解國外的觀眾比例以及專業觀眾的比例。對參展商和觀眾的評估結果是主辦單位工作效果的間接反映，一般來説，主辦單位實力越強，展會的品牌效應越強，越能吸引到高質量的參展商和觀眾。

（二）參展商展後評估

參展商主要是對展覽工作和展出效果進行評估。

展覽工作主要包括前期準備工作以及現場管理工作。在前期準備工作中，評估內容主要包括：所確立的展覽目標是否合適、會展宣傳是否到位、展臺人員的工作態度、展臺整體工作效率、展品的製作運輸情況、管理工作情況等。

展出效果的評估包含一些經濟指標：平均成本指標、成本效益、利潤、成本利潤及客戶接待成本效益等。

一般來說，平均成本指標越低，而成本效益、利潤、成本利潤及客戶接待成本效益越高，展出效果越好。

無論是主辦單位還是參展商所做的評估都是以所收集的資訊為依據的。收集資訊是評估工作中工作量最大，也是最關鍵的一個環節。如果所收集的資訊不準確，那麼會展評估就不具有科學性。收集資訊可以採用多種方式，如收集已有資料、實況記錄、組織會議、座談、發調查問卷。其中，組織專家召開會議或座談所獲得的資訊通常是定性的，這種方式能夠比較迅速地獲得對展會的一個整體、大概的評價，而發調查問卷所獲得的資訊通常是定量的，這種方式以概率論為依據，採取抽樣調查的方式，具有一定的科學性，所獲得的資訊可作為具體項目評估的依據。因此，設計科學、合理的調查問卷也是會展評估中的重要工作。

三、展後總結

展後總結是指透過對工作資料的統計整理，透過對已做工作的評估，形成總結報告，以期為未來工作提供數據、資料、經驗和建議。一般展後總結分三部分：①從籌備到開展中的各項工作總結；②效益分析和成本核算；③項目市場調查——本展覽會在市場同類項目中所占的市場份額、優劣勢比較、競爭情況等。

在展後總結中要注意客觀的數據、資料的總結和對主觀的經驗、教訓、意見、建議的總結的有機結合。

客觀數據、資料的總結主要包括以下內容：

（1）展覽會概況：展覽會名稱、日期、地點、規模、性質、內容、參觀者數量和質量、展出者數量和質量等。

（2）市場和競爭對手情況：競爭者數量、展臺面積、展示內容、展示活動等。

（3）展臺情況：展館面積、展館環境等。

（4）管理工作：整體組織和管理工作、展品的運輸、設計和施工、宣傳和廣告等。

展覽主觀評價的對象也是上述這幾個方面，是透過客觀數據和資料所做的主觀評價。

知識連結8－6：

2005世界客車博覽亞洲展覽會觀眾分析報告

由世界客車聯盟、中國土木工程學會城市公共交通學會和VNU亞洲展覽集團聯合主辦，上海商業展覽辦公室協辦的2005世界客車博覽亞洲展覽會（Busworld Asia 2005）於3月15日至3月17日在上海新國際博覽中心隆重舉行。

專業或境外觀眾數據分析的目的與意義

針對展覽數據具有獨立、片段、不連貫性的特點，如何透過對專業或境外觀眾數據分析（如參觀人數、觀眾分布區域、觀眾部門、觀眾職位、觀眾的興趣、觀眾參觀目的、觀眾對展覽的評價等）將展覽數據或資訊進行整合，使各種數據能夠有效地為展覽組織機構所利用，這也是展覽組織機構長期需要研究的課題。

觀眾數據分析的目的與意義：針對展覽組織機構與目標客戶對不同展覽的數據要求和展覽選擇所提供客觀數據資訊來提升展覽組織工作中的透明度與標準化，是以「事實為依據，用數據說話」的重要舉措。展後數據統計分析，為展覽組織機構與目標客戶消除了後顧之憂。本著展覽組織機構對目標客戶積極、熱情的態度，有效延伸展覽組織工作的服務，真正體現展覽組織機構對目標客戶始終不變的服務態度，是展覽組織機構滿足目標客戶個性化需求並視其為一條基本服

務準則貫徹到展覽服務工作中的具體體現。對展覽品牌的創立與接軌國際具有重要的現實意義。

觀眾數據分析是將先進的管理思想、成功的展覽經驗與現代IT技術成功進行融合，提出有效針對展覽組織機構自身展覽項目特徵、提高展覽效率、展覽質量和展覽滿意度的一體化展覽系統工程解決方案。透過相關的展覽調研來深刻地分析、評價當前的展覽市場環境和走向，經過持續性的展覽經驗總結、積累與持續改進，及時調整展覽發展方向、運作管理方式來完善展覽品牌的建設與維護。

觀眾分析報告

· 中國國內觀眾來源區域統計：

按照行政區域分析（除展覽本地外），可以看到，來自展覽鄰近地華東地區的觀眾占了69.91%的較高比例，其他的華中占9.50%，華北占8.01%，華南占5.70%，東北占3.39%，西南占2.14%，西北占1.36%。展覽會的舉辦可以帶動展覽本地及周邊地區的旅遊、交通、餐飲等各相關行業的發展。同時也可以看出下屆展覽還要加強在其他區域的宣傳力度。

· 海外觀眾來源區域統計：

從單獨對海外觀眾進行的分析來看，亞洲的觀眾所占的比例較大，占到了63.95%，歐洲占24.37%，北美洲占8.38%，非洲占1.78%，大洋洲占1.02%，無法判別的占0.51%。

· 觀眾部門分類統計

來源最多是管理類觀眾，占相對比例的35.35%，可以看出管理人員對此次展覽的重視，同時也說明本展覽得到了專業觀眾的肯定和認可。其次是技術類觀眾，說明來自生產商的觀眾較多，我們作為參展商和觀眾的溝通橋梁，建議下屆展覽能為他們提供更直接、更方便的洽談交流條件。

· 觀眾職位統計：

作為工作的具體實施者，中級職員（往往對企業的決策具有影響力）占了

64.14%，而具有決策權的觀眾、高級職員也占了16.47%。

為了把下屆展覽辦得更加完善，吸引更多的專業觀眾，我們必須瞭解觀眾對我們的需求。以下是在展覽現場對264位觀眾進行有效抽樣問卷調查的結果。

．觀眾的興趣統計：

從數據中可以看出，以整車為參觀目標的觀眾還是占大多數，約43.37%，其次是配件類和公交客運類，分別為24.31%和16.85%。

．觀眾參觀目的統計：

許多觀眾關心客車行業的發展趨勢，說明我們的觀眾比較專業，多為業內人士；而「尋找新產品」和「建立新客戶」也是展商最希望看到的。

．觀眾對展覽的評價：

總體來說，觀眾對展覽的評價比較高，滿意率達75%。

國家圖書館出版品預行編目(CIP)資料

會展基礎知識 / 盧曉、丁蓉、李萌、傅國林等人 合著.
-- 第一版. -- 臺北市 : 崧博出版 : 崧燁文化發行, 2019.02

　　面 ；　　公分
POD版
ISBN 978-957-735-665-9(平裝)

1.會議管理 2.展覽

494.4　　　　108001814

書　名：會展基礎知識

作　者：盧曉、丁蓉、李萌、傅國林等人 合著

發行人：黃振庭

出版者：崧博出版事業有限公司

發行者：崧燁文化事業有限公司

E-mail：sonbookservice@gmail.com

粉絲頁　　　　　　　　網　址：

地　址：台北市中正區重慶南路一段六十一號八樓815室

8F.-815, No.61, Sec. 1, Chongqing S. Rd., Zhongzheng
Dist., Taipei City 100, Taiwan (R.O.C.)

電　話：(02)2370-3310 傳　真：(02) 2370-3210

總經銷：紅螞蟻圖書有限公司

地　址：台北市內湖區舊宗路二段121巷19號

電　話：02-2795-3656　　傳真：02-2795-4100　網址：

印　刷：京峯彩色印刷有限公司（京峰數位）

定價：550元

發行日期：2019年 02 月第一版

◎ 本書以POD印製發行